国家重大土木工程施工新技术应用丛书

天津117大厦关键建造技术 ——基础与结构

主　编　侯玉杰
副主编　周鹏华　余地华

U0285522

中国建筑工业出版社

图书在版编目（CIP）数据

天津117大厦关键建造技术——基础与结构/侯玉杰
主编. —北京：中国建筑工业出版社，2017.5
（国家重大土木工程施工新技术应用丛书）
ISBN 978-7-112-20422-9

Ⅰ.①天…　Ⅱ.①侯…　Ⅲ.①高层建筑-工程施工
Ⅳ.①TU974

中国版本图书馆CIP数据核字（2017）第029989号

随着建筑科学技术的不断进步，超高层建筑已经成当今世界建筑业发展的焦点。尤其是500m以上的超高层建筑，其建造技术异常复杂，结构形式各有特点，可供借鉴的建造技术经验又十分有限。

天津117大厦主楼高度为597m。作为世界超高层建筑领域的杰出代表，天津117大厦拥有大量技术创新，多项关键技术达到了国际领先水平。本书总结了117大厦施工过程中，基础与主体结构所涉及的大量关键技术要点，以及诸多超高层建筑施工的核心重难点，包括大厦工程与合约概况、施工总体部署、基坑工程、基础工程、外框巨型结构施工、核心筒结构施工、大型设备部署与特殊技术应用、钢结构深化设计与加工、BIM技术研究与应用等方面。

本书可供建筑工程施工人员、技术人员、管理人员、设计人员，工程监理单位，建筑材料供应商，以及相关的研究人员参考使用。

责任编辑：刘瑞霞　刘婷婷
责任校对：焦　乐　张　颖

国家重大土木工程施工新技术应用丛书
天津117大厦关键建造技术——基础与结构
主　编　侯玉杰
副主编　周鹏华　余地华
*
中国建筑工业出版社出版、发行（北京海淀三里河路9号）
各地新华书店、建筑书店经销
霸州市顺浩图文科技发展有限公司制版
北京云浩印刷有限责任公司印刷
*
开本：787×1092毫米　1/16　印张：21　字数：494千字
2017年7月第一版　2017年7月第一次印刷
定价：**66.00**元
ISBN 978-7-112-20422-9
（29925）

编委会名单

主　　编：侯玉杰

副 主 编：周鹏华　余地华

编　　委：叶　建　朱海军　汪　浩　周杰刚　李干椿　董志国
　　　　　冯　源　范宗臣　赖国梁　张凤超　胥　光　李国喜
　　　　　司清海

编写人员：叶　建　付　国　王　伟　刘浩昆　刘　磊　熊德成
　　　　　张植伟　王余强　邓德儒　宫　健　周晓帆　胡佳楠
　　　　　殷允辉　曲鹏翰　张　飞　陈　宇　陈芍桥

前　言

近年来，城市发展日新月异，曾经只存在于古人幻想中的"手可摘星辰"的幻境，正在随着建造技术逐渐成熟，一点点在中国建筑人的手中变成现实。一座座超高层，勾勒出城市新的天际线，描绘出中国经济的新画卷，绘制出建筑业发展新的蓝图。天津 117 大厦，便是其中的代表作之一。

天津 117 大厦建筑高度 597m，结构高度 596.5m，地上共 117 层（结构层 130 层），裙楼 4 至 5 层，主要使用功能为办公楼及超五星级酒店；地下 3 层，局部有夹层，主要为商场、停车场、溜冰场、电影院及设备用房。塔楼主体为含有巨型框架支撑的钢筋混凝土框架筒体结构，由核心筒、4 根钢管混凝土巨型柱、楼层钢梁、9 道环形带状桁架、防屈曲支撑和巨型斜撑共同组成。

天津 117 大厦的结构高度在国内已建成和在建的工程中独占鳌头。此外，其复杂的地质条件与周边环境、庞大的钢结构用量、复杂的钢结构构件节点、纷繁复杂的工作面、众多的分包单位，都给我们带来了全新的技术和管理挑战。项目总建筑面积 84.7 万平方米，混凝土总用量 61 万立方米，钢结构总用钢量约 28 万吨；地处天津中心城区西南部，场地属于华北平原东部滨海平原地貌；核心筒 C60 混凝土泵送高度达到 621 米，创吉尼斯世界纪录；项目底板超厚超大，混凝土强度 C50，施工要求极高；核心筒剪力墙为钢—混凝土组合截面，剪力墙钢板与结构纵向受力钢筋、箍筋、拉钩等相互交错，钢板最厚达 70mm，施工难度及焊接变形及应力控制难度极大；大部分钢构件以超厚、特厚钢板组成，尺寸大、单件重、数量多，其中巨柱采用变截面形式，首层处最大截面面积约为 45 平方米；项目分包众多，各专业、各分包立体交叉施工，总承包管理协调工作任务繁重；此外，还有复杂钢构件的深化设计难度大，超高层建筑施工测量与监测精度要求高等特点。

本书共分为九个章节，针对天津 117 大厦项目的结构特点和施工重难点，从基坑工程施工关键技术、基础工程施工关键技术、外框巨型结构施工关键技术、核心筒结构施工关键技术、大型设备部署与特殊技术应用、钢结构深化设计与加工制作及 BIM 技术研究与应用等七个方面全面、具体地阐述了北方 550 米以上超高层建筑建造的关键施工技术和创新，既是对天津 117 大厦项目关键施工技术的总结和科技成果的提炼，也希望通过本书，为日后超高层建设项目提供参考和借鉴。我们在项目建造过程中，虽然受紧张的工期及现有技术条件等因素的限制，但通过项目技术攻关，深入思考与总结，提炼出各项技术新的研究方向，希望能为日后超高层的建设拓展新的思路，取得更大的成绩。

至本书发稿时止，天津 117 大厦关键技术中的多项创新中共获得 1 项国家级工法、11 项发明专利和 7 项实用新型专利；参与申报的《深大长基坑安全精细控制与节约型基坑支护新技术及应用》获得了国家科技进步奖二等奖；四项技术通过鉴定，分别达到两项国际领先水平和两项国际先进；并获华夏奖一等奖一项，二等奖一项；项目先后在《施工技术》等核心期刊上发表论文 100 余篇；BIM 技术在第二届中国工程建设 BIM 应用大赛、中国建筑业建筑信息模型（BIM）邀请赛及第四届"龙图杯"全国 BIM 大赛中均获一等奖，天津 117 大厦项目同时获评"中国工程建设 BIM 应用示范工程"；此外，项目于 2013 年被评为第三批全国建筑业绿色施工示范工程。

天津 117 大厦项目关键施工技术的攻关研究与实施应用，不仅凝聚了项目部全体工作人员的智慧与汗水，也得到了企业内各位领导和行业内众多专家、学者的指导与帮助，在此对他们无私的奉献和勤勉的工作表示衷心的感谢。

本书中若有不当之处，敬请各位读者和专家指正。

目 录

第1章 工程综述

1.1 工程概况

1.1.1 工程合作方

天津 117 大厦工程合作方信息见表 1.1-1。

工程合作方信息 表 1.1-1

工程名称	天津高新区软件和服务外包基地综合配套区—中央商务区一期工程(简称:天津 117 大厦)
项目地点	天津市西青区海泰南北大街与津静公路交口
建设单位	高银地产(天津)有限公司
监理单位	上海市建设工程监理咨询有限公司
设计单位	华东建筑设计研究院有限公司
顾问单位	建筑顾问:巴马丹拿建筑设计咨询(上海)有限公司 结构顾问:奥雅纳工程咨询(上海)有限公司
总承包单位	中建三局集团有限公司

1.1.2 工程简介

本工程位于天津市中心城区西南部,西外环线外侧,是天津滨海高新区的重要组成部分。地处京津冀发展轴,与中心城区唇齿相连,临近高速公路、铁路枢纽、航空港及海港。交通十分便利,具有优越的地理位置和区位优势(图 1.1-1)。

本工程总建筑面积:84.7 万 m²,其中地库:34.97 万 m²,包含两栋塔楼,即 597m 高的天津 117 大厦(主楼)和 197m 高的总部办公楼(图 1.1-2)。天津 117 大厦 7~92 层为甲级写字楼,94 层~顶层为六星级豪华酒店,其中最高两层为观景台及特式酒吧;总部办公楼为甲级写字楼,共 37 层,首层~37 层用作甲级写字楼,屋面层设空中花园;商业廊位于天津 117 大厦及总部办公楼的两侧,宽约 40m,长约 338m,3~5 层,主要设置了商业、餐饮及健身中心;精品商业位于天津 117 大厦及总部办公楼之间的广场上,总共 4 间 2 层精品商业,主要设置商业及咖啡室。

图 1.1-1　天津 117 大厦地理位置示意图

图 1.1-2　天津 117 大厦项目鸟瞰图

1.1.3　工程建筑概况

天津 117 大厦工程建筑概况及功能分区见表 1.1-2 和图 1.1-3。

工程建筑概况　　　　　　　　　　表 1.1-2

序号	项 目		内 容
1		耐火等级	一级
		防水等级	地下室防水一级,屋面工程防水 I 级,防水层合理使用年限 25 年
		防水设计	主要采用 SBS 改性沥青防水卷材、双色单组分聚氨酯防水涂料
		设计使用年限	50 年
		工程标高	±0.000＝大沽高程 3.450m
2		建筑面积及高度	地上总建筑面积 37 万 m², 建筑高度 597m, 裙楼高度 34m
		层数	天津 117 大厦 117 层,裙楼 4～5 层
		建筑分类	一类超高层公共建筑
	天津 117 大厦主要建筑功能及层高	首层	首层至 2 层主要为酒店及办公楼入口大堂,首层连夹层高 6.95m
		2 层	设少量商店及连接商业廊通道,层高 7.4m
		3 层	附属酒店的餐厅、宴会厅及厨房,层高 5.6m
		4 层	会议室及冷却塔机电层,层高 6.8m
		5 层	餐饮及空中花园,层高 6m
		7～92 层	9、13、17、22、26、30、36、40、44 为交易层,其中 9、22、26、36、40、44 层高 4.92m,13、17、30 层高 5.04m;其余为标准办公层,层高 4.32m/4.440m,32 及 32 夹层为往办公中区的电梯大堂,层高分别为 4.32m 及 6m;63 及 63 夹层为往高区的电梯大堂,层高分别为 4.32m 及 6m
		94、94 夹层	为酒店空中电梯大堂,层高均 6m
		95～114	为酒店客房层,其中 114 及 114 夹层为复式套房,层高分别为 3.675m 及 4.040m 净高分别为 2.5m 及 2.8m;其余层层高 3.985m,净高 2.8m
		115 层	酒店会所,设置健身室、蒸汽室游泳池等,核心筒层高 3.9m 其余部分层高 7.25m
		116 层	餐厅,东南西北四个方向设四个不同主题餐厅,层高 7.005m
		116 夹层	对外开放的观景平台,层高 5.05m
		117 层	旋转酒廊,层高 3.45m
		说明	4 层夹层、6、18、30、30 层夹层、47、62、62 层夹层、78、92、92 夹层、105、114 夹层二、115 夹层均为机电设备层,高度为 3.9～6.32m;6、18、47、78、93、105 设备层加上 32 及 32 夹层、63 及 63 夹层办公电梯大堂为避难层
	裙房主要建筑功能及层高		裙房 4～5 层,高约 34m,主要功能为写字楼及酒店电梯大堂,3～4 为附属酒店的高级餐饮、宴会厅及会议室,5 层为裙房屋顶,为附属酒店的餐饮区及空中花园

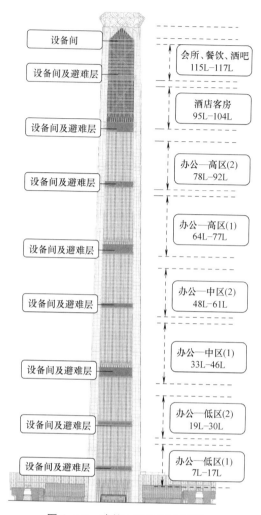

设备间

设备间及避难层

会所、餐饮、酒吧
115L-117L

酒店客房
95L-104L

设备间及避难层

办公——高区(2)
78L-92L

办公——高区(1)
64L-77L

设备间及避难层

设备间及避难层

办公——中区(2)
48L-61L

设备间及避难层

办公——中区(1)
33L-46L

设备间及避难层

办公——低区(2)
19L-30L

设备间及避难层

办公——低区(1)
7L-17L

图 1.1-3　建筑立面功能分区图

1.1.4　工程结构概况

1.1.4.1　结构基本概况（表 1.1-3）

结构基本概况　　　　　　　　　　　　　　　　　表 1.1-3

工程名称	天津 117 大厦
地上层数	130 层(结构楼层)
地面以上高度	596.5m(结构高度)
结构类型	巨型框架支撑＋钢-混凝土组合截面核心筒
结构安全等级	一级
结构耐火等级	一级
结构使用年限	50 年
结构耐久性年限	100 年
建筑抗震设防类别	乙类
抗震设防烈度	7 度

续表

工程名称	天津 117 大厦
抗震措施烈度	8 度
抗震构造措施烈度	8 度基础上适当提高
设计基本地震加速度	0.15g
设计地震分组	第二组

地上抗震等级	核心筒(剪力墙)	特一级
	钢筋(型钢、钢管)混凝土框架	巨柱特一级,其余三级
	钢框架	二级

1.1.4.2 混凝土概况 (表 1.1-4)

混凝土基本概况   表 1.1-4

项 目		天津 117 大厦			
楼层及标高	墙	柱		梁、板	组合楼板
		巨柱(自密实)	其余柱		
±0.000 至屋面	C60	1~35 层 C70 36~66 层 C60 66~117 层 C50	C40	C40	C30
其他构件	连梁:同楼层与之相连墙的混凝土强度等级				
	楼梯梁、板:C35				
	水池、水箱:C40P8				
	构造柱、圈梁、压砖槛、过梁等:≥C20				
	设备基础:≥C20				
说明	当混凝土强度等级大于 C30 时,禁止采用卵石作为粗骨料;柱梁等钢筋密集区,宜采用相同强度等级的细石混凝土浇筑				

1.1.4.3 钢结构工程概况

天津 117 大厦结构形式为巨型框架支撑＋钢-混凝土组合截面核心筒结构,总部办公楼为钢框架-剪力墙结构。天津 117 大厦结构外框自下而上共有 9 道带状桁架,桁架间设置有巨型交叉斜撑,其中第一道支撑为人字形支撑,自由长度较大。为提高结构抗震性能,该位置人字形支撑设计为防屈曲支撑。单根防屈曲支撑长约 53m,重约 223.1t。防屈曲支撑是由芯材和套筒两部分组成的双层箱体结构。巨型斜撑两端与巨柱相连,分布于 B2~6 层、7~18 层、19~31 层、32~47 层、48~62 层、63~78 层、79~93 层、94~105 层、106~114M2 层。巨型斜撑安装高度最大跨越 82m,单道巨型斜撑最长达 79.3m,重量约为 640.92t。如图 1.1-4、图 1.1-5 所示。

天津 117 大厦外框筒共布置九道环形带状桁架,带状桁架在结构竖向分别位于 6~7 层、18~19 层、31~32 层、47~48 层、62~63 层、78~79 层、93~94 层、105~106 层、116M~117 层。环形桁架由箱型梁和组合节点构成,两端与巨柱相连。桁架长度随主体外立面的收缩,由 44m 逐渐减小至 35m。位于 31~32 层、62~63 层、93~94 层的桁架高度约为 11m,其余桁架高度为 5~6m。

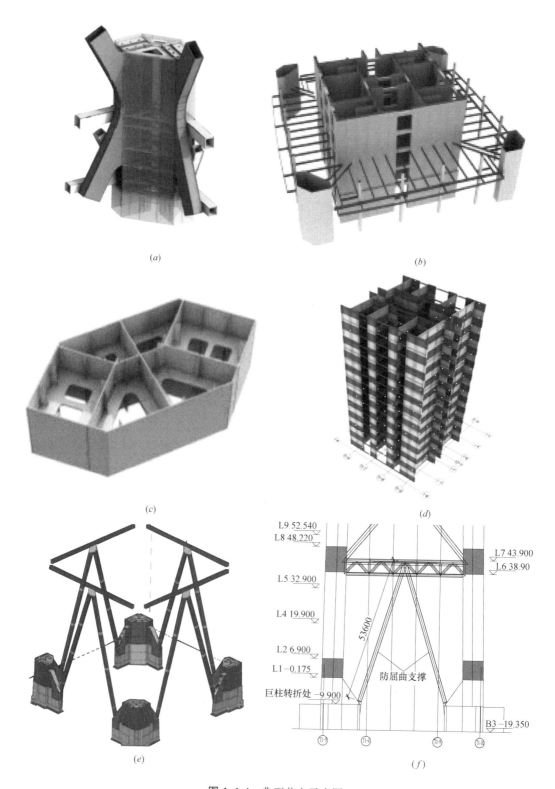

图 1.1-4 典型节点示意图

(a) 桁架层节点;(b) 楼层钢梁;(c) 巨型柱;(d) 钢板剪力墙;(e) 防屈曲支撑;(f) 防屈曲支撑剖面

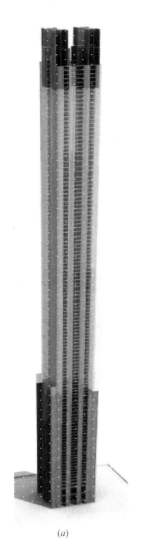

(a) (b) (c)

图 1.1-5 三种典型基本结构示意图

(a) 核心筒；(b) 巨型柱、桁架层、巨型斜撑；(c) 水平楼板

  天津 117 大厦核心筒剪力墙采用内含钢板的钢-混凝土组合截面。该组合截面分布在 B3 层～36 层、114～TOP 层。巨型柱位于建筑物平面四角并贯通至结构顶部，其平面轮廓结合建筑及结构构造连接要求，呈对称的六边形，首层处其截面面积约为 $45\mathrm{m}^2$。各构件部位钢材使用情况见表 1.1-5。

钢材表   表 1.1-5

构件部位	构件类型	构件形式	钢材等级
核心筒	钢板墙（含翼墙钢板）	钢板焊接组合	Q345GJ-C
	预埋钢柱	钢板焊接组合	Q345GJ-C
	连梁型钢	钢板焊接组合	Q345GJ-C
	楼面钢梁	型钢/钢板焊接组合	Q235-C/Q345-C

续表

构件部位	构件类型	构件形式	钢材等级
	巨柱(含加劲肋、隔板)	钢板焊接组合	Q345GJ-C/Q390GJ-D
	斜撑及水平横梁	钢板焊接组合	Q345GJ-C
外框架	带状桁架	钢板焊接组合	Q345GJ-C/Q390GJ-D
	次框架柱(含SRC柱钢骨)	钢板焊接组合	Q345GJ-C
	外框架边梁	型钢/钢板焊接组合	Q345GJ-C
其余	楼面次梁	型钢/钢板焊接组合	Q235-C/Q345-C
	钢楼梯	型钢/钢板焊接组合	Q235-C/Q345-C

1.2 工程承包范围

中建三局集团有限公司负责承建天津117大厦，并担任项目总承包管理。

本工程总承包范围包括：土方工程、支护工程、试桩工程、桩基工程、降水工程、地下及地上结构、建筑及普装、室外园林以及机电等承包工程。此外，还包括幕墙工程分包、电梯工程分包及弱电分包等。详见表1.2-1。

工程承包范围　　　　　　　　　　　　　　　　表1.2-1

自承建项目施工内容	土建工程	(1)基坑工程； (2)试桩及桩基工程； (3)桩帽的土方及结构工程；地下室的结构工程以及钢结构工程，包括一切所需预埋、预留工程； (4)工程的降水及现场环境监测 (5)±0.00以上结构工程； (6)±0.00以上至94层砌块墙工程、内隔墙工程； (7)屋面工程； (8)94层以下金属工程； (9)94层以下所有防水工程； (10)外墙保温工程； (11)门窗工程； (12)94层以下粗装修区之装修工程； (13)停车库护柱、防撞栏、墙角、沉降缝伸缩缝盖、铁器、人孔井盖、室内百叶、隔音板墙及吊顶、预留预埋工程、所有机房混凝土基座； (14)接收、保管及安装由其他承包商供应之预埋件
	机电工程	(1)空调、采暖及通风工程； (2)给排水工程； (3)电气工程； (4)消防工程； (5)动力工程
	园林工程	(1)栽植基础工程； (2)栽植工程； (3)园林施工期养护工程； (4)铺装、置石工程； (5)园林设施安装工程； (6)景观小品工程； (7)水景工程

续表

内部认可的分包工程	(1)幕墙工程； (2)样板间精装修工程； (3)橱窗供应及安装工程； (4)LED屏幕墙工程； (5)弱电工程； (6)弱电智能化工程； (7)厨房设备供应及安装工程； (8)洗衣房设备供应及安装工程； (9)影音系统工程； (10)停车场控制系统工程； (11)招牌、广告牌及标示牌工程； (12)游泳池供应及安装分包工程； (13)电梯及自动扶梯供应及安装分包工程； (14)精装修工程； (15)电影放映设备供应及安装工程； (16)机械式停车系统工程； (17)溜冰场设备供应及安装工程
直接或独立承包商	(1)燃气工程； (2)自来水工程； (3)变配电工程； (4)供热工程； (5)电信联通移动工程； (6)当地有线电视网络工程； (7)当地广播电影电视管理局
政府部门和市政单位照管服务	(1)修复道路和行人路及由此造成的道路临时封闭及交通改道； (2)供水管及消防设备的干管网搬迁与接驳； (3)地下排水系统搬迁与接驳； (4)电气干管搬迁与接驳； (5)煤气、天然气管搬迁与接驳； (6)各种通信电缆、装置的搬迁与接驳； (7)有线电视、卫星电视装置搬迁与接驳； (8)其他有关市政配套搬迁与接驳

1.3　工程特点与施工重点

1.3.1　工程特点

1. 结构高度中国第一

天津117大厦受航空管制不超过600m的限制，建筑总高度597m，核心筒顶混凝土楼板标高＋596.500m，为"中国结构第一高楼"。

2. 摩天高楼中体量巨大

本工程总建筑面积84.7万 m^2，地下室总建筑面积为34.97万 m^2。混凝土总量62.81万 m^3、总用钢量约29.13万 t，其中钢筋13.55万 t。

3. 典型"采购十建造"总承包管理模式项目

除酒店、大堂精装修之外，其他所有工作内容均由中建三局集团有限公司承担，包含：幕墙、电梯（含设备采购）、室外景观、园林、绿化等，由中建三局一家单位向业主履约和承担总包责任。

1.3.2 施工技术重点与特点

天津117大厦体量庞大、结构新颖、工期紧张、分包众多，其施工技术存在众多特点与施工重点。

1. 基坑工程施工技术重点与特点

（1）基坑面积大。整个基坑开挖面积约12.4万 m^2，土方开挖总量约210万 m^3。

（2）基坑分区施工。受基坑支护影响，整个基坑须分区施工。基坑施工与地下室结构施工密切相关。

（3）基坑施工过程中，受业主总体投资进度影响，分区施工流程进行调整，对基坑施工技术提出了更高、更严格的要求。

2. 基础工程施工技术重点与特点

（1）主楼底板超厚超大，整体厚6.5m，面积1万余 m^2，混凝土浇筑总量6.5万 m^3。

（2）主楼底板钢筋分层多，主筋直径达50mm，钢筋总量2万余吨，施工任务量巨大。

（3）主楼直径1m的基础桩共941根，成孔深度近100m，施工技术难度大，工艺质量要求高。

3. 上部工程施工技术重点与特点

（1）主楼建筑高度597m，结构高度596.5m，保障垂直运输是建造的重点。

（2）主楼混凝土最大泵送高度超过600m，最低强度等级C30，低等级混凝土超高泵送是超高层混凝土施工技术控制的重点。

（3）主楼四个角部是4根以0.88°倾斜的巨型钢管混凝土柱，其测量控制、组装精度控制是外框结构施工质量的重点。

（4）电气工程竖井大截面电缆敷设距离大，质量控制要求高（最长一根电缆长达460m）。

（5）本工程幕墙总面积25万 m^2，幕墙种类多，造型新颖，结构形式复杂。

第2章 施工总体部署

2.1 组织机构及部门设置

天津高新区软件和服务外包基地综合配套区—中央商务区一期工程是采购＋建造的总承包项目，总承包的正确定位和管理到位对整个一期工程的成功建设具有极其重要的意义。根据工程建设不同阶段的特点，对总承包构架分三个阶段进行设置。

2.1.1 职能式组织架构图

天津117大厦在土方、支护、降水及地上主体结构前期施工阶段，总承包部采用职能式的组织架构（图2.1-1）。

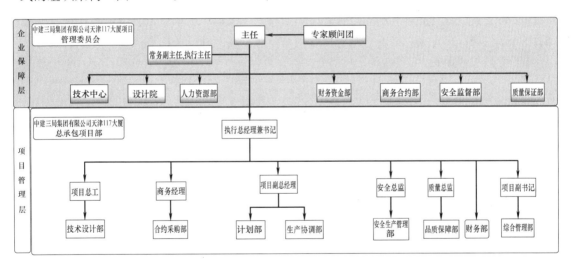

图2.1-1 总承包管理部职能式组织架构图

2.1.2 平衡矩阵式组织架构图（专业负责制）

天津117大厦主体结构施工中后期，机电、幕墙等专业插入施工。此阶段，各专业内工艺增多，专业间接口也相对较多，现场协调工作量增加，增加了管理难度。因此，为满足各专业协调管理的需求，组织架构转换为专业负责制的平衡矩阵式组织架构（图2.1-2）。

专业负责制矩阵式组织架构中，横向设置专业组，包括结构、机电、装修、幕墙、景

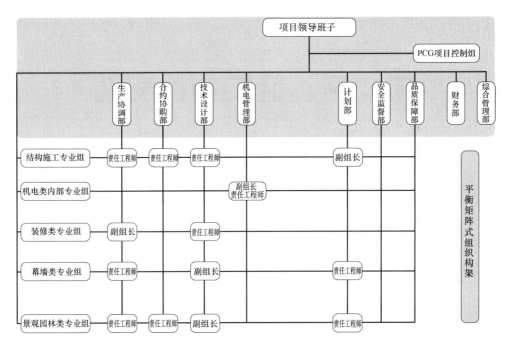

图 2.1-2 总承包管理部平衡矩阵式组织架构图（专业负责制）

观园林类专业组。专业负责制的矩阵式组织架构，主要以专业组推进施工进度，把职能部门中与分包项目部直接对接的协调工作放到专业组，将专业间的协调分解到专业组，有效提高了协调与管理效率。

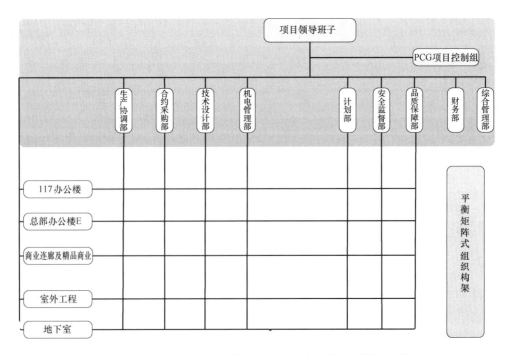

图 2.1-3 总承包管理部平衡矩阵式组织架构图（区域负责制）

2.1.3 平衡矩阵式组织架构图（区域负责制）

区域负责制矩阵式组织架构中，横向设置施工区域，有效地解决了此时现场协调量大、各专业接口多等问题。

总承包管理的组织架构须根据工程建设的不同阶段动态调整，以适应工程建造。本着提高协调和管理效率，实现完美履约为目的，本项目已进行两次架构调整，而随着现场情况的变化，组织架构仍将继续调整完善（见图2.1-3）。

2.2 施工流程与关键结点

2.2.1 施工流程

2.2.1.1 施工总体流程

本工程根据支护设计要求采用分区施工，A＋B区先开挖至－6.500m进行地连墙、工程桩施工，再开挖至－9.200m，并完成第一道内支撑施工，之后根据建设方要求，优先保证天津117大厦施工进度，对分区施工流程进行了调整，在A＋B区施工完成第一道内支撑后，优先施工C＋D区，在C＋D区B2楼板混凝土浇筑完成并达到设计强度后完成换撑，再进行A＋B区－9.200m以下土方开挖，第二道内支撑及地下室结构施工，待地下结构施工完毕后再进行地上主体结构施工，总体施工流程及平面分区图分别如图2.2-1和图2.2-2所示。

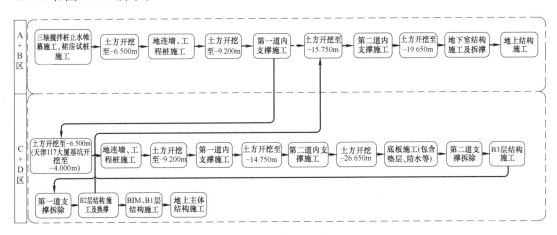

图2.2-1 总体施工流程

2.2.1.2 上部结构施工阶段

天津117大厦上部结构体量巨大，工期紧张，施工工艺复杂且工序较多。主楼位于本工程基坑的中央，在顶板上通道未形成前，利用东西侧重型栈桥作为1～4夹层钢构件等材料运输的通道。天津117大厦上部结构采用"不等高同步攀升"工法施工（图2.2-3），核心筒采用低位顶升模架施工。

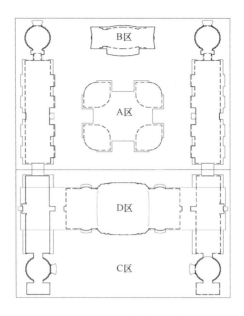

图 2.2-2　平面分区图

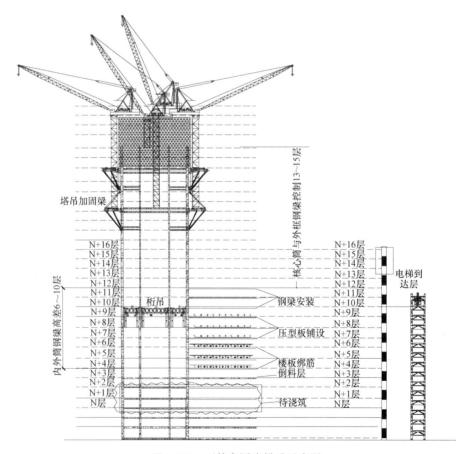

图 2.2-3　不等高同步攀升示意图

2.2.2 施工关键节点

2.2.2.1 主要里程碑（关键节点）

天津 117 大厦关键节点见表 2.2-1。

天津 117 大厦关键节点　　　　　　　　　表 2.2-1

序号	关 键 事 项	时　间	备　注
1	工程开工	2008 年 10 月 8 日	基坑开挖面积 12.41 万 m²，最大开挖深度 −25.000m
2	C＋D 区地下室封顶	2012 年 7 月 30 日	
3	A＋B 区地下室封顶	2013 年 1 月 30 日	
4	上部结构开工	2012 年 7 月 30 日	
5	结构高度突破 100m	2013 年 7 月 25 日	核心筒结构标高达＋103.110m，核心筒进入"12 天一个标准层"的施工阶段
6	结构高度突破 200m	2013 年 12 月 29 日	结构标高达＋200.940m，水平楼板施工至 18 层，巨柱施工至 36 层。核心筒进入"8 天一个标准层"的施工阶段
7	结构高度突破 300m	2014 年 5 月 26 日	核心筒 61 层混凝土浇筑完成，核心筒进入"6 天一个标准层"的施工阶段
8	结构高度突破 400m	2014 年 9 月 3 日	核心筒第 81 层混凝土浇筑完成。结构高度达＋403.950m，天津 117 大厦从 300m 到 400m，仅耗时 100 天，平均每天攀升 1m
9	结构高度突破 500m	2015 年 1 月 19 日	核心筒第 101 层混凝土浇筑完成，标高达到＋502.630m
10	结构封顶	2015 年 9 月 8 日	结构高度达＋596.500m，成为仅次于哈利法塔的世界结构第二高楼、中国结构第一高楼

2.2.2.2 天津 117 大厦竖向结构验收分区图

竖向结构验收分区如图 2.2-4 所示。

2.2.2.3 天津 117 大厦核心筒钢-混凝土组合截面单层施工斜线图

核心筒钢-混凝土组合截面单层施工斜线图如图 2.2-5 所示。

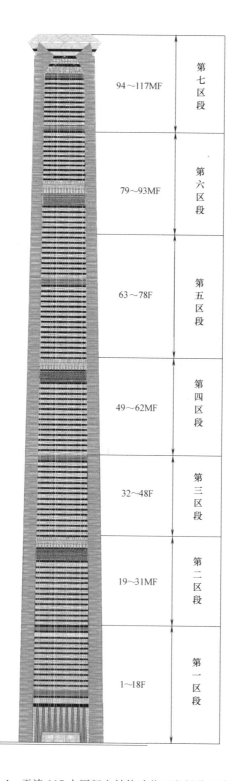

94～117MF	第七区段
79～93MF	第六区段
63～78F	第五区段
49～62MF	第四区段
32～48F	第三区段
19～31MF	第二区段
1～18F	第一区段

图 2.2-4 天津 117 大厦竖向结构验收区段划分示意图

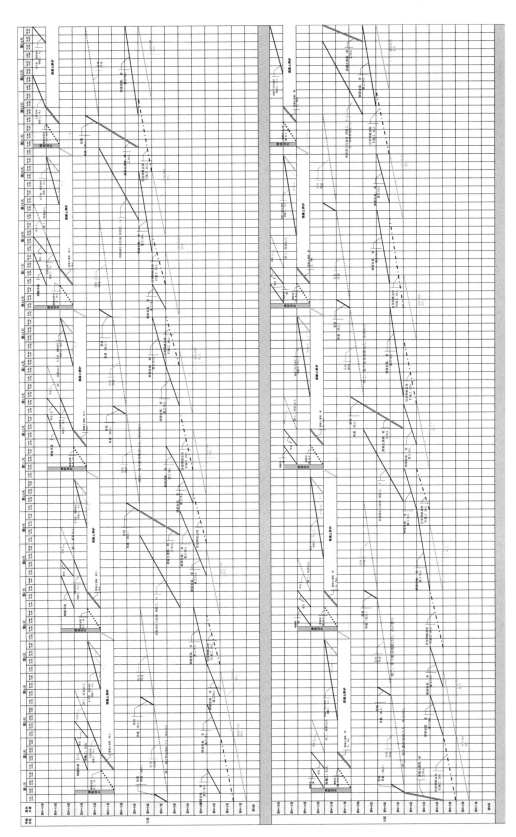

图 2.2-5 天津 117 大厦核心筒钢-混凝土组合截面单层施工斜线图

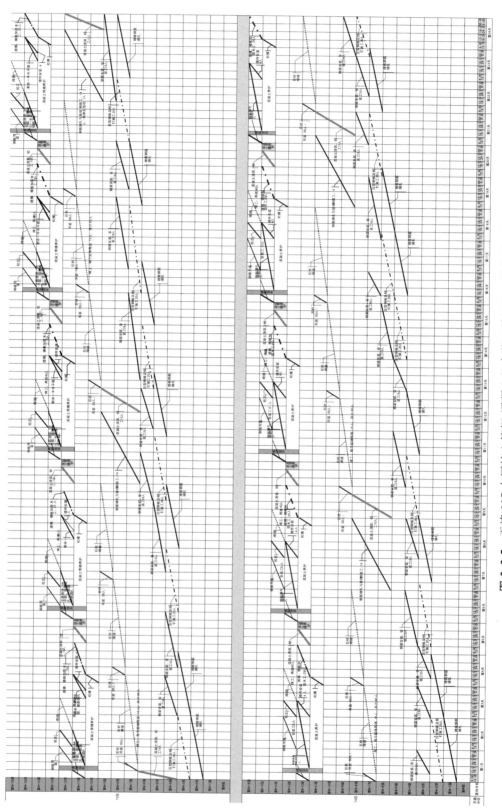

图 2.2-5　天津 117 大厦核心筒钢-混凝土组合截面单层施工斜线图（续）

2.3 施工总平面

本工程多专业交叉施工，根据不同时期现场需求，总承包项目部对总平面适时进行动态调整，以最大程度减小对本工程施工影响，主动消除总平面使用矛盾。本节简要介绍几个主要施工阶段的平面布置。

2.3.1 桩基工程施工阶段

（1）A＋B区工程桩、地下连续墙施工阶段，总平面布置如图2.3-1所示。

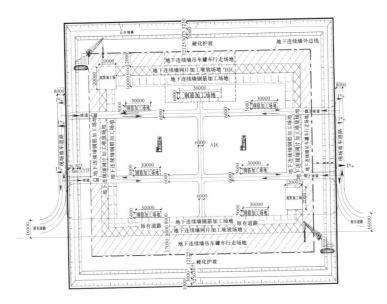

图2.3-1 A＋B区桩基工程（地连墙）施工阶段总平面布置

（2）主楼基础桩及坑中坑地下连续墙施工阶段，总平面布置如图2.3-2所示。

2.3.2 地下室结构施工阶段

总平面布置如图2.3-3所示。

2.3.3 主楼核心筒4夹层施工完成

本阶段核心筒4夹层完成，利用钢栈桥进行结构施工，钢结构及钢筋等材料在栈桥处进行转运，混凝土采用布料机进行浇筑。总平面布置如图2.3-4所示。

2.3.4 主楼核心筒32层施工完成（砌体幕墙插入施工）

本阶段32层核心筒结构施工完成，外框钢结构27层完成，楼板25层完成，砌体13层完成，幕墙构件2层完成，车道形成。总平面布置如图2.3-5所示。

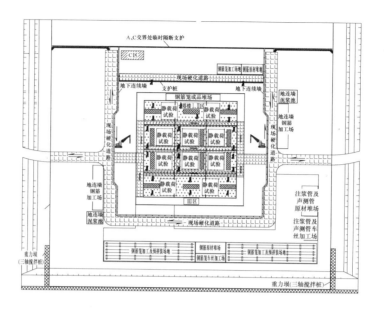

图 2.3-2 主楼桩基工程施工阶段总平面布置图

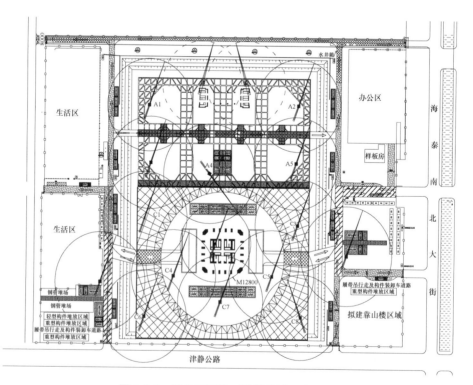

图 2.3-3 基坑工程施工阶段总平面布置图

2.3.5 主楼结构封顶

本阶段主楼结构封顶，结构高度达＋596.500m。总平面布置如图 2.3-6 所示。

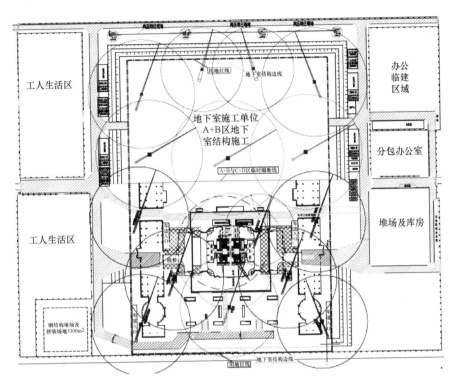

图 2.3-4 主楼核心筒 4 夹层施工完成总平面布置图

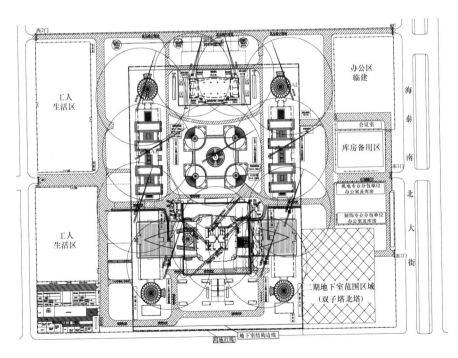

图 2.3-5 主楼核心筒 32 层施工完成总平面布置图

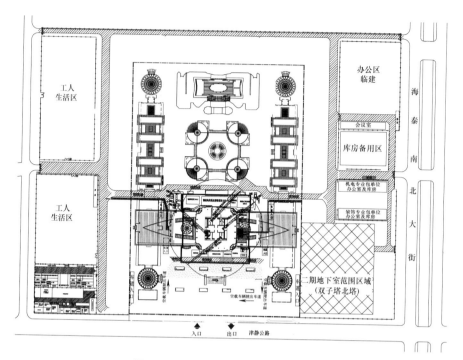

图 2.3-6　主楼结构封顶总平面布置图

第3章 基坑工程施工关键技术

3.1 基坑工程概述

3.1.1 深基坑简介

本工程基坑坡顶平面尺寸为 394m×315m，开挖面积 12.41 万 m^2，土方总量 210 万 m^3。由地连墙形成的地下室平面尺寸约为 368m×264m，地下室单层面积 9.7 万 m^2。±0.000m 相当于大沽高程＋3.450m，基坑顶面标高为－0.950m，开挖底标高最低为－26.050m，开挖深度 25.100m。基坑分为 A、B、C、D 四个区。A 区、C 区开挖深度为 18.700m，B 区（总部办公楼）开挖深度为 20.100m，D 区（117 大厦）开挖深度为 25.100m。如图 3.1-1 所示。

3.1.2 周边建筑物概况

本工程位于天津市滨海高新区海泰南北大街与津静公路交口处（图 3.1-2）。基坑东侧距海泰南北大街 120m，道路宽度约 15m，街对面为天津商业大学宝德学院 7 层砖混结构宿舍楼；基坑西侧为闲置场地，基坑东西两侧与建筑红线之间约有 150m 范围的空地；基坑北侧距已建成厂房约 30m；基坑南侧紧贴建筑红线，最小间距约为 5.5m，红线以外为津静公路（海泰东西大街）。

3.1.3 地质及水文条件

3.1.3.1 地质条件简介

本工程场地属于华北平原东部滨海平原地貌，属海相与陆相交互沉积地层。整体地形基本平坦，局部有小型冲沟及堆土。地表以下 100m 范围内，土层可划

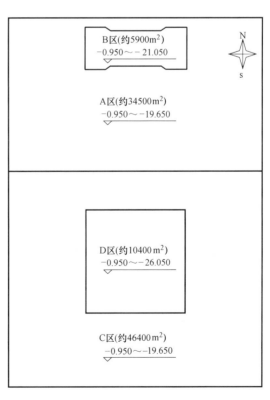

图 3.1-1 基坑分区示意图

(a)　　　　　　　　　　　　　*(b)*

(c)　　　　　　　　　　　　　*(d)*

图 3.1-2　基坑周边环境

（*a*）东侧周边环境；（*b*）西侧周边环境；（*c*）南侧周边环境；（*d*）北侧周边环境

分为人工堆积层和第四纪陆相、海相、沼泽相沉积层两大类。场地浅层分布有③2、③3、④、⑤2 等多层渗透性较强的粉土或粉砂层，与粉质黏土层交替分布。

据现场勘探原位测试及室内土工试验成果显示，按地层沉积年代、成因类型，岩土层从上至下分布详见表 3.1-1。

土层分布一览表　　　　　　　　　　　　　表 3.1-1

成因年代	地层层号	岩性	湿度	顶层标高(m)	备注
人工堆积层	①1、①2	杂填土和素填土	湿~饱和	1.55~2.97	相对含水层
第四纪沉积层	②1、②2、③1、③2、③3、④	以粉土和粉砂为主	饱和	−1.14~0.55	
	⑤1、⑤2、⑥1、⑥2、⑦1	以黏性土为主	饱和	−17.69~−15.24	相对隔水层
	⑦2	粉砂	饱和	−32.65~−27.90	相对含水层
	⑦3、⑦4	以黏性土和粉土为主	饱和	−36.43~−32.77	相对隔水层
	⑦5	粉砂	饱和	−51.64~−48.09	相对含水层
	⑧1	粉质黏土	饱和	−53.75~−49.49	相对隔水层
	⑧2	粉砂	饱和	−67.53~−63.65	相对含水层
	⑨1、⑨2、⑩1、⑩2	以黏性土为主	饱和	−67.14~−65.86	相对隔水层
	⑩3、⑩4、⑩5	以粉砂为主,层中含黏性土夹层	饱和	−92.18~−87.45	相对含水层
	⑪1	粉质黏土	饱和	−102.95~−99.01	相对隔水层

3.1.3.2　水文条件简介

场地地下水按其赋存条件分为上层滞水和孔隙承压水两种类型，其中上层滞水主要赋存于上部填土层的孔隙之中，其补给来源主要为大气降水、地表水及生产生活用水；孔隙承压水主要赋存于粉细砂、粉土层之中，地表下约110m深度范围内主要分布5个相对含水层（图3.1-3），地下水总体流向为自北西向南东。

（1）第1层相对含水层　潜水含水层：分布于标高−17.690～−15.240m（底板埋深17.700～20.500m）以上，岩性以粉砂和粉土为主。该含水层在场区内普遍分布，厚度17.700～20.500m。

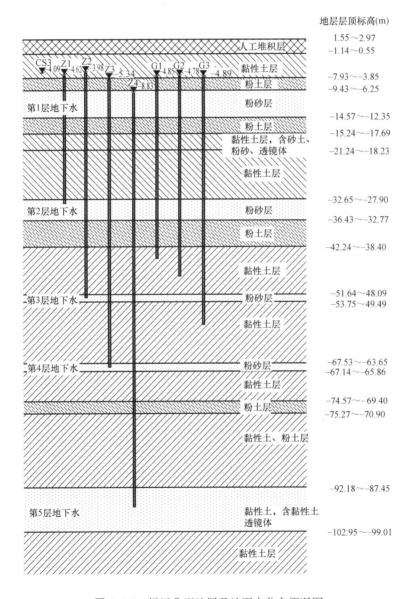

图 3.1-3　场区典型地层及地下水分布概况图

（2）第2相对含水层 承压水含水层：顶板位于标高－32.650～－27.900m（埋深30.500～35.000m），底板位于标高－36.430～－32.770m（埋深34.700～38.600m），岩性以粉砂（局部粉土）为主，即工程场区典型剖面图中的⑦2层。该相对含水层在场区普遍分布，厚度1.000～6.400m。

（3）第3相对含水层 承压水含水层：顶板位于标高－51.640m～－48.090m（埋深50.000～54.500m），底板位于标高－53.750m～－49.490m（埋深52.300m～56.000m），岩性以粉砂为主，即工程场区典型地层剖面图中的⑦5层，该相对含水层在场区呈透镜分布，最大厚度约5.000m。该层地下水静止水位埋深为6.250～6.900m，静止水位标高为－4.090m～－3.440m。

（4）第4相对含水层 承压水含水层：顶板位于标高－67.530m～－63.750m（埋深65.900～69.900m），底板位于标高－67.140m～－65.860m（埋深67.900m～69.900m），岩性以粉砂为主，即工程场区典型地层剖面图中的⑧2层，该相对含水层在场区呈透镜分布，最大厚度约2.000m。该层地下水静止水位埋深为7.880～8.210m，静止水位标高为－5.440m～－5.110m。

（5）第5相对含水层 承压水含水层：顶板位于标高－92.180m～－87.450m（埋深89.400～94.800m），底板位于标高－102.950m～－99.010m（埋深101.800m～104.900m），岩性以粉砂为主，即工程场区典型地层剖面图中的⑩3和⑩5层，该相对含水层在场区普遍分布，厚度8.800～12.900m。该层地下水静止水位埋深为11.600～11.850m，静止水位标高为－9.060m～－8.810m。

3.1.4 基坑支护设计简介

基于本工程特点，基坑支护结构形式确定如表3.1-2所示，其中C区水平圆环支撑直径188m，C区与D区交界处采用地下连续墙＋预应力锚索，第一道水平支撑中心标高－8.350m，第二道水平支撑中心标高－15.350m（图3.1-4～图3.1-7）。

基坑支护结构形式一览表   表3.1-2

分区支护	分段支护	分阶支护	
		浅层支护	深层支护
A＋B区	东、西、北侧	卸土放坡	地下连续墙＋两道钢筋混凝土内支撑（对撑＋角撑）
	南侧	排桩＋地下连续墙（与C区北侧共用）	
C区	东、西侧	卸土放坡	地下连续墙＋两道钢筋混凝土圆环支撑
	北侧	排桩＋地下连续墙（与A＋B区南侧共用）	
	南侧	重力坝＋斜支撑	地下连续墙＋两道钢筋混凝土圆环支撑
D区	东、西、南、北侧	（坑中坑）地下连续墙＋预应力锚索	

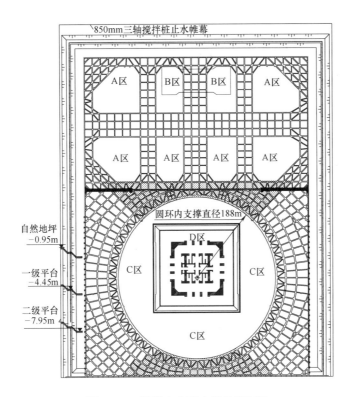

图 3.1-4 混凝土水平支撑总平面图

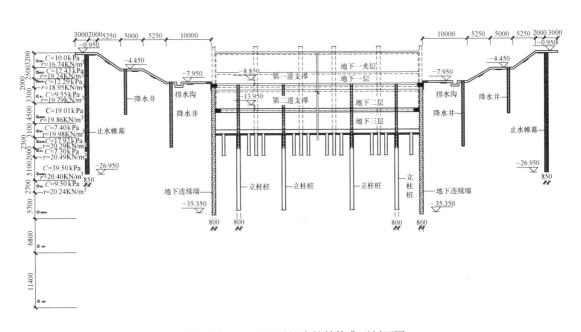

图 3.1-5 A＋B区基坑支护结构典型剖面图

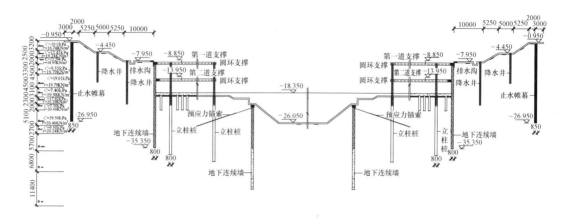

图 3.1-6 C+D 区基坑支护结构典型剖面图（东西向剖面图）

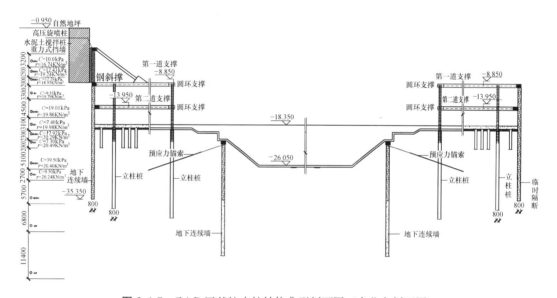

图 3.1-7 C+D 区基坑支护结构典型剖面图（南北向剖面图）

3.2 土方开挖与降水施工关键技术

3.2.1 土方开挖关键技术

本工程基坑分为 A、B、C、D 四个区，A+B 区与 C+D 区通过排桩及地连墙分隔为两个大区。因基坑面积巨大，从支护设计角度出发，整个基坑分区施工，先施工 A+B 区，待 A+B 区地下两层结构施工完成后，再进行 C+D 区施工，后因建设单位投资计划调整，对分区施工流程进行调整。分区施工流程调整后，优先施工 C+D 区，流程调整时 A+B 区土方已开挖至 −9.200m，且第一道内支撑及施工栈桥已施工完毕，C+D 区第一层土方已开挖至 −6.500m（图 3.2-1）。

C+D区为主楼及附属楼区域，开挖最深，基坑支护结构形式最复杂，土方开挖难度最大，本节将重点介绍C+D区土方开挖施工技术。

3.2.1.1 土方开挖施工重难点解析

1. 基坑土方开挖量超大，施工工期紧迫

本工程基坑开挖面积达12.41万 m^2，其中C+D区约为6.8万 m^2，占地面积超大。大面积挖深−19.650m，主楼下局部挖深达到−26.050m；土方开挖量达210万 m^3，其中C+D区约为105万 m^3。如此大规模的土方工程，工期仅有约150日历天，工期非常紧迫。

2. 基坑支护体系分布复杂，土方施工组织难度大

基坑浅层−7.950m采用放坡开挖，−7.950m以下采用地下连续墙和混凝土内支撑作为支撑体系。C+D区基坑内竖向设两道大圆环支撑，支撑内环直径188m，为不对称受力体系，土方开挖组织难度大；支撑覆盖区梁水平间距最小处不足5m，竖向间距6.5m，机械挖运难度大。

3.2.1.2 土方开挖施工部署

1. C+D区施工区段划分

(1) C+D区土方开挖平面分区

大圆环支撑体系中部圆环空间大，有利于大机械开挖与出土，将C+D区土方开挖分为周边区和中心区，中心区以圆环中心为圆心，半径85m范围，详见图3.2-2。

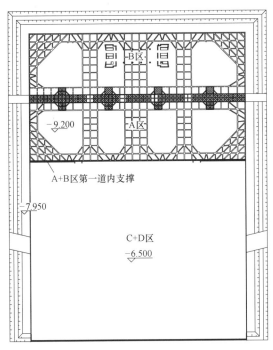

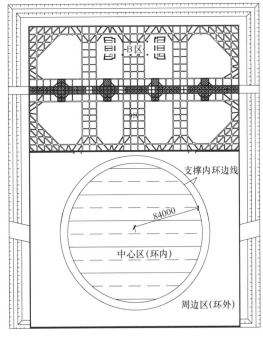

图 3.2-1　C+D区土方大面积开挖前基坑整体情况　　　图 3.2-2　C+D区施工分区

(2) C+D区土方开挖竖向分层

圆环支撑体系结构与受力成南北不对称、东西基本对称的特点，在竖向分区中，按东西对称开挖形式进行开挖；在中心区域，采取先开挖周边，保留中心后挖的策略，在中部保留一部分土层以防止开挖底面隆起。

C＋D区－6.5m以下土方竖向开挖分为4层，分7步开挖完成（图3.2-3），C区剩余1、2、3层土，D区剩余1、2、3、4层土需要开挖，各层标高详见表3.2-1。

C＋D区－6.5m以下土方量统计表　　　　　　　　　表 3.2-1

区　　域	土 方 分 层	开挖厚度(m)	面积(m²)	土方量(万 m³)
C＋D周边区域	第1层 (－6.500m～－9.200m)	2.7	34300	10.12
	第2层 (－9.200m～－15.750m)	6.55	34300	22.47
	第3层 (－15.750m～－19.650m)	3.9	34300	13.38
C＋D中心区域	第1层 (－6.500m～－12.000m)	5.5	22700	13.62
	第2层 (－12.000m～－16.000m)	4	22700	9.08
	第3层 (－16.000m～－21.000m)	5	22700	11.35
	第4层 (－21.000m～－26.050m)	5.05	10000	5.05

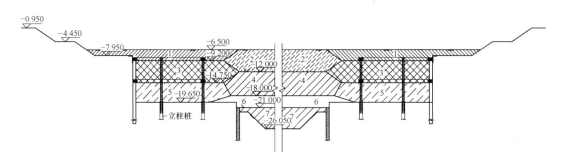

图 3.2-3 C＋D区土方竖向分层

2. C＋D区土方开挖施工流程

施工流程如图3.2-4所示。

3. 土方开挖关键技术要求

（1）本基坑工程采用岛式与盆式开挖相结合、先岛式后盆式的方式进行土方开挖，支护与土方开挖同步进行，边挖边撑，先撑后挖，遵循"分区、分层、留土护壁、对称、限时开挖支撑"的原则，保证基坑施工安全。

（2）本基坑工程的支撑开挖施工遵循"先撑后挖"的原则，原则上需在每一道支撑完全形成并达到设计强度80％之后方可开挖下一皮土方。

（3）基坑内部挖土遵循"分区、岛式与盆式相结合、交替流水作业"的原则开挖，基坑内严禁多区域大面积同时开挖，每区开挖至基底标高后及时浇筑混凝土垫层及基础底

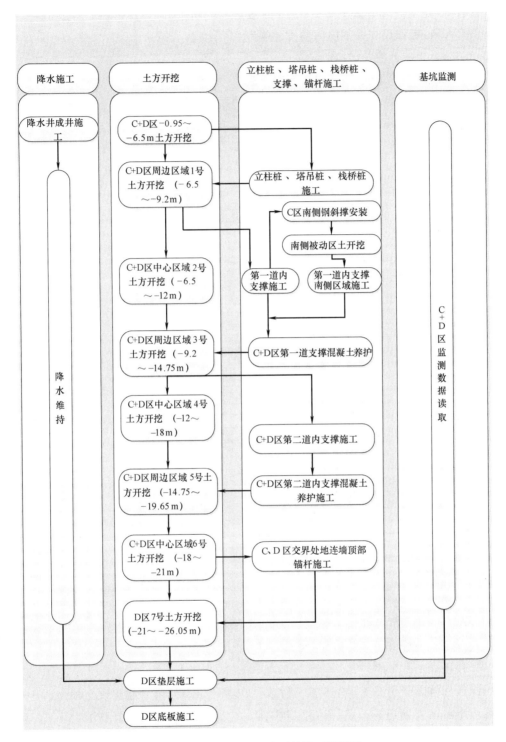

图 3.2-4 C+D区土方开挖施工流程图

板，以减少基坑大面积暴露时间，控制基坑的回弹隆起。

（4）C+D区基坑内的土方严格遵循中心区与周边区交替施工的原则，中心区开挖施工时与周边区相交处边坡留土按 1：1.5 放坡；并严格把握周边区圆环支撑的插入时间，中心区土方开挖后该层支撑强度达到设计强度 80% 以上。

3.2.1.3 土方开挖关键施工技术

1. C＋D 区－0.950～－6.500m 土方开挖

本层土方开挖分四个区施工，先沿基坑周边西、南侧施工一区，为护坡和地连墙导墙及临时道路施工提供工作面和施工时间，后由基坑西面往东面退挖施工二、三区，二区和三区之间采用 1：1.5 放坡，待 C 区南侧重力坝、高压旋喷桩施工完毕后，将四区土方开挖至－4.950m，待一、二、三区第一道内支撑及 C 区南侧钢管斜支撑施工完毕后再开挖四层土方至－9.200m（图 3.2-5）。

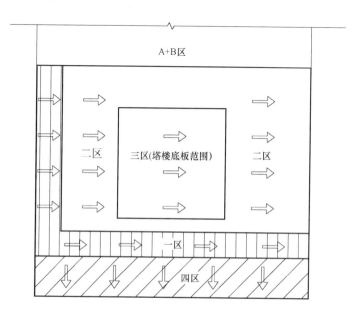

图 3.2-5 C＋D 区－0.950～－6.500m 土方开挖流向示意图

2. C＋D 周边区－6.500m～－9.200m 土方开挖

（1）施工流向

本层土开挖与栈桥施工密切相关，为保证栈桥区开挖进度，开挖时先开挖东西侧栈桥区 30m×43m 范围及北侧栈桥 20m×78m 范围。整体施工流向采用中心岛开挖方式，由 C 区 4 个角向圆心退挖（图 3.2-6）。

（2）栈桥处土方开挖

为保证栈桥区开挖进度，先开挖栈桥区（东西侧重型栈桥、北侧取土栈桥），东西向栈桥区由中心向坡脚退挖。北侧取土栈桥区由中心向两侧退挖，放坡坡度 1：1.5（图 3.2-7、图 3.2-8）。

（3）2 级平台处土方开挖

2 级平台标高为－7.950m，此处开挖由坡脚向中央退挖，同时进行剩余的二级边坡护坡施工（图 3.2-9）。

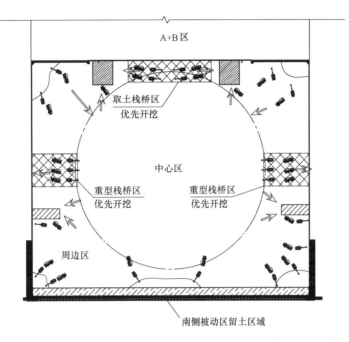

图 3.2-6 C＋D 周边区－6.500m～－9.200m 土方开挖流向示意图

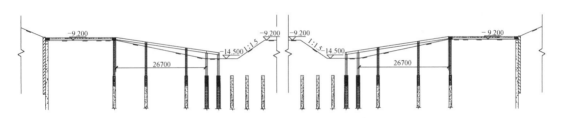

图 3.2-7 C＋D 区重型栈桥区土方开挖剖面图（东西向剖面）

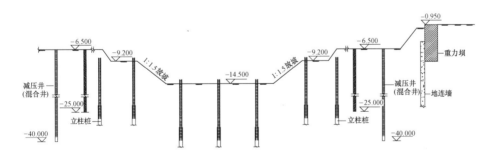

图 3.2-8 C＋D 区－6.500m～－9.200m 土方开挖时栈桥区施工剖面图（南北向剖面）

3. C＋D 中心区－6.500m～－12.000m 土方开挖

（1）施工流向

第一道内支撑施工及养护期间，开挖中心区－6.500～－12.000m 土方。采用盆式开挖方式，由中心岛中心向东、西、北三个方向退挖，由 4 个临时道路上坡（图 3.2-10）。

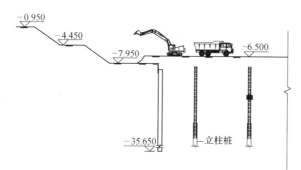

图 3.2-9　2 级平台坡脚处土方开挖

（2）挖土方法

中心区－6.500～－12.000m 土层厚 5.5m，分两步开挖。第一步开挖至－9.200m，第二步开挖至－12.000m。进行第一步开挖时，利用临时坡道上坑，东、西侧栈桥施工完成后，切断临时坡道，补全该处支撑。C 区南侧钢斜撑安装完毕后，开挖 C 区南侧留土（图 3.2-11～图 3.2-13）。

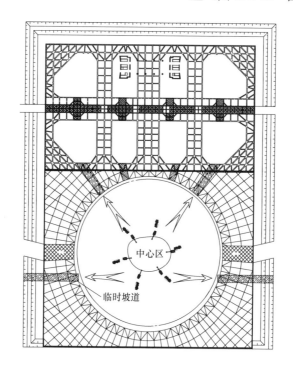

图 3.2-10　C＋D 中心区－6.500～－12.000m 土方开挖流向示意图

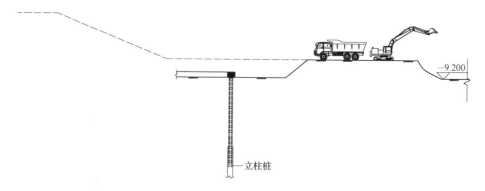

图 3.2-11　C＋D 中心区－6.500m～－9.200m 土方开挖剖面图

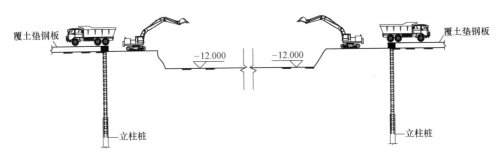

图 3.2-12 C+D中心区－9.200m～－12.000m土方开挖剖面图

4. C+D周边区－9.200～－15.750m 土方开挖

（1）施工流向

第一道支撑达到设计80％强度后，开挖周边区－9.200～－15.750m土方，利用栈桥作为出土通道，第一道支撑采用挖掘机将土方转运至－12.000m平台附近，再用挖掘机上车（图3.2-14）。

（2）施工方法

第一道支撑下的土方采用挖掘机转运倒土，利用－12.000m标高中心岛平台出土（图3.2-15）。

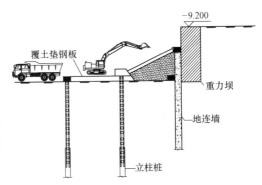

图 3.2-13 C区南侧留土开挖剖面图

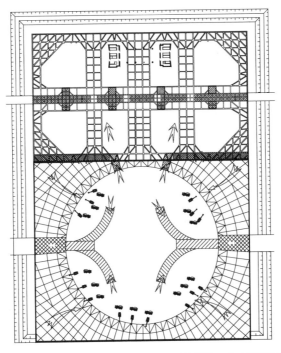

图 3.2-14 C+D周边区－9.200m～－15.750m土方开挖平面图

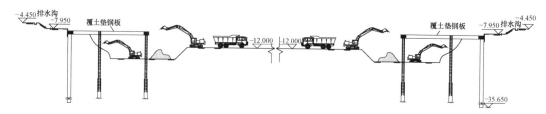

图 3.2-15 C＋D 周边区－9.200～－15.750m 土方开挖剖面图

5. C＋D 中心区－12.000～－16.000m 土方开挖

（1）施工流向

在第二道支撑施工及养护期间，将中心半径 85m 平台从－12.000m 开挖至－16.000m，同时在东西重型栈桥第二段处局部开挖至－19.650m，进行栈桥第二段钢栈桥施工，施工完成后作为出土通道（图 3.2-16）。

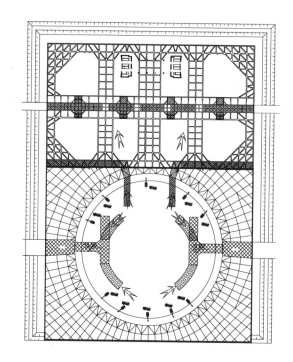

图 3.2-16 C＋D 中心区域－12.000～－16.000m 土方开挖流向示意图

（2）施工方法

留出上坡道路，利用盆式开挖方式，由中心到四周开挖（图 3.2-17）。

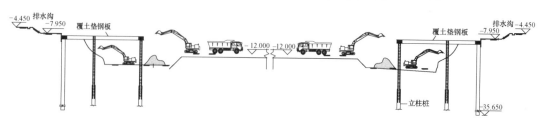

图 3.2-17 C＋D 中心区域－12.000～－16.000m 土方开挖剖面图

6. C+D 周边区－15.750～－19.650m 土方开挖

（1）施工流向

待第二道支撑施工完毕并达到设计 80％设计强度，开挖周边区域－15.750～－19.650m土方，挖掘机在－16m 土平台上进行装土上车（图 3.2-18）。

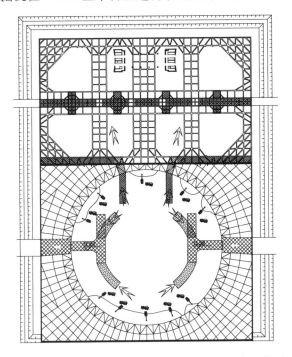

图 3.2-18 C+D 周边区－15.750～－19.650m 土方开挖平面图

（2）施工方法

受工程桩超灌混凝土影响，该层土方分两步开挖，第一步开挖至－18.450m，第二步开挖至垫层底标高（－19.650m）以上 300mm，剩余土采用人工清底。设计图纸要求 C区工程桩混凝土超灌 1.2m，现场实际一般超灌达 2m 以上，在第一步开挖时，同时破除－18.450m 以上工程桩超灌部分（图 3.2-19、图 3.2-20）。

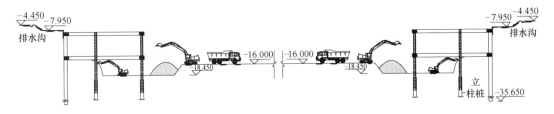

图 3.2-19 －15.750～－18.450m 土方开挖剖面图

7. C+D 中心区－16.000～－21.000m 土方开挖

第二道支撑下方大面土方开挖完毕后，将中心区－16.000m 土平台开挖至－19.650m，其中 D 区地连墙内侧开挖至－21.000m，以便 C 区与 D 区交界处预应力锚杆施工（图 3.2-21～图 3.2-23）。

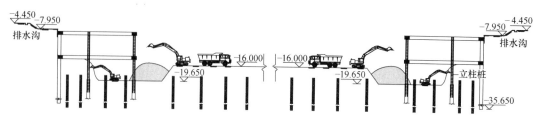

图 3.2-20　−15.750～−19.650m 土方开挖剖面图

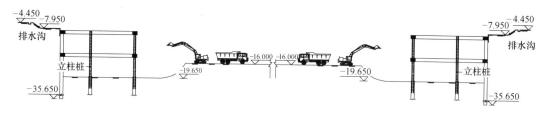

图 3.2-21　C+D 中心区土平台开挖至−19.650m 剖面图

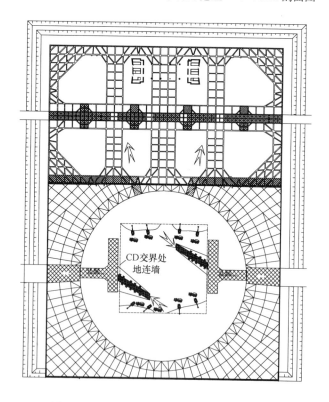

图 3.2-22　D 区土方开挖至−21.000m 平面图

8. D 区−21.000～−26.050m 土方开挖

（1）施工流向

D 区地连墙处预应力锚索施工并张拉完毕后，开挖 D 区−21.000m 以下土方，自中心向四周退挖，并逐步向土坡道退挖，利用土坡道作为运输通道（图 3.2-24）。

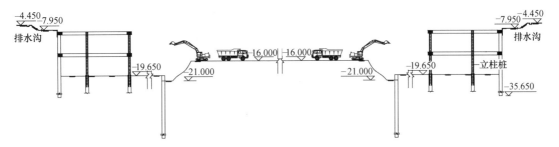

图 3.2-23 D区土方开挖至−21.000m剖面图

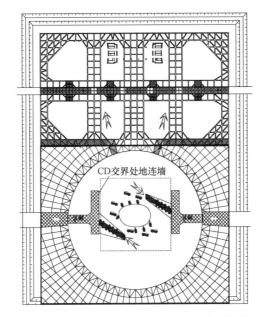

图 3.2-24 D区−21.000~−26.050m土方开挖平面图

（2）施工方法

D区（即主楼区域）工程桩直径1m，桩中心距3m，净距2m，桩截面面积0.785m^2，工程桩每延米混凝土重量约2t，图纸要求D区工程桩超灌2m。即使超灌混凝土高度未超过2m，也分2次破除桩头（图3.2-25）。

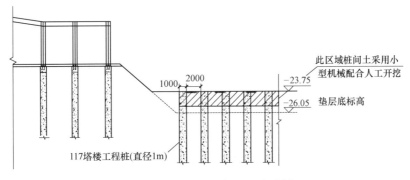

图 3.2-25 D区长桩与基坑关系剖面

D区大面积开挖同时，采用小型挖掘机清理桩间土，并用人工清底（图 3.2-26）。

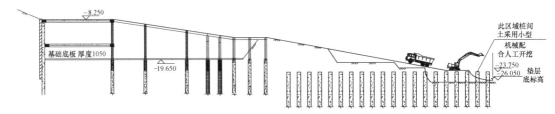

图 3.2-26 D 区—21.000～—26.050m 土方开挖剖面图（一）

在第五层土开挖至后期，1 台挖掘机无法直接至坑底—26.050m 标高取土并抛至车内，在过程中由 1 部挖掘机接力，如图 3.2-27 和图 3.2-28 所示。

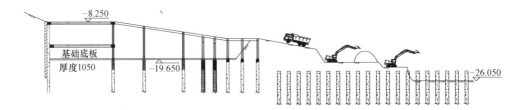

图 3.2-27 D 区—21.000m～—26.050m 土方开挖剖面图（二）

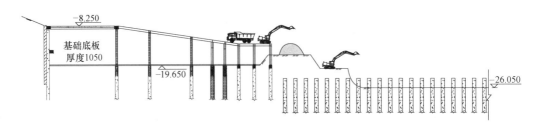

图 3.2-28 D 区—21.000m～—26.050m 土方开挖剖面图（三）

土坡道处最后一定量的土方无法采用 PC-210-8 挖掘机倒运收尾，采用长臂挖掘机以栈桥作为收土口，进行收土（图 3.2-29）。

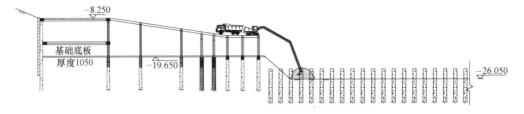

图 3.2-29 D 区—21.000～—26.050m 土方开挖剖面图（四）

9. A＋B 区—9.200～—15.750m 土方开挖

在 C＋D 区两层地下室结构施工完毕后，开挖 A＋B 区—9.200m 以下土方，本层土方采用盆式开挖（基坑周边留土、中部盆式）的方式，施工顺序为：先施工 1 区，再施工 2 区，最后施工 3 区（图 3.2-30）。

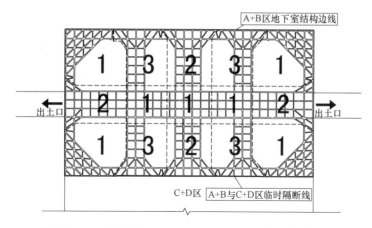

图 3.2-30　A＋B 区－9.200～－15.750m 土方开挖分区图

10. A＋B 区－15.750～－20.500m 土方开挖

本层土方采用盆式开挖（基坑周边留土、中部盆式）的方式，挖土机在栈桥上挖土，用挖掘机在坑底将离栈桥较远的土方倒运到栈桥上挖土机作业半径内，每个区配备一定数量的挖掘机进行倒运土方，挖土平台采用 1：2 放坡，施工顺序同－9.200～－15.750m 土方开挖：先施工 1 区，再施工 2 区，最后施工 3 区（图 3.2-31）。

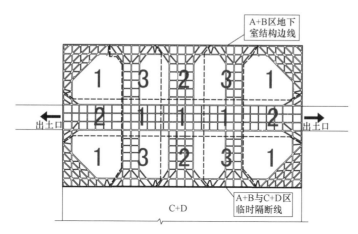

图 3.2-31　A＋B 区－15.750～－20.500m 土方开挖分区图

3.2.2　滨海地区超大深基坑双层地下水控制关键技术

本节针对滨海地区超大深基坑地下水位高、富含双层地下水等施工难点，分别从滨海地区超大深基坑双层地下水降水设计分析技术、滨海地区超大深基坑双层地下水降水施工关键技术两个方面进行阐述。

3.2.2.1　滨海地区超大深基坑双层地下水降水分析及设计技术

1. 基坑降水必要性分析

（1）地层及水文地质条件

场地地下水按其赋存条件分为上层滞水和孔隙承压水两种类型，其中上层滞水主要赋存于上部填土层的孔隙之中，其补给来源主要为大气降水、地表水及生产生活用水；孔隙承压水主要赋存于粉细砂、粉土层之中，地表下约 110m 深度范围内主要分布 5 个相对含水层，根据设计资料，本工程建筑主要位于第 1 相对含水层（潜水）底板附近以及第 1 相对含水层（潜水）与第 2 相对含水层（承压水）之间的相对隔水层中，与设计、施工有直接影响的主要为第 1 相对含水层（潜水）和第 2 相对含水层（承压水），其分布特征值见表 3.2-2。

（2）地下水疏干必要性分析

根据设计文件要求，基坑底板大部分开挖深度为 18.7m，由表 3.2-2 可知，整个坑底基本已揭穿第 1 相对含水层（潜水），故该层地下水需疏干处理。

本工程场区开挖深度范围各地下水分布特征统计表　　　　表 3.2-2

地下水层号	水位标高（m）	水位埋深（m）	层顶标高（顶板埋深）（m）	底板标高（底板埋深）（m）	地下水类型	地下水分布特征	赋水地层岩性
0			—		上层滞水	局部分布	人工填土层
1	0.06～0.73	2.09～2.71	19.04～−14.77（—）	（17.50～21.50）	潜水	连续分布	黏性土②层；粉土③₁层，③₂层；粉砂③层
2	−0.17～0.36	2.06～2.91	−33.07～−27.30（29.70～35.80）	−37.64～−32.48（34.90～40.00）	承压水	连续分布	粉砂⑥层（局部粉土）

（3）坑底抗承压水突涌稳定性验算

当基坑底部地层之下存在承压水含水层时，随着基坑开挖深度的增加，坑底隔水顶板土体厚度变薄，土体自重应力逐渐减小，当承压水水压超过顶板土体自重应力（或挖穿顶板土体）时，就会产生涌水、流砂等基坑失稳工程事故。因此，对于基坑底存在承压水含水层的基坑开挖施工，需按规范进行坑底抗承压水突涌稳定性验算（图 3.2-32）。

$$\gamma_{ty} = \frac{H\gamma}{H_w \gamma_w}$$

式中　γ_{ty}——坑底突涌抗力分项系数，对于大面积普遍开挖应大于 1.2，对于局部承台分别开挖，应大于 1.0；

H——坑底至承压水层顶板的距离；

γ——开挖范围内土的平均天然重度；

H_w——承压水水头高度；

γ_w——水的重度。

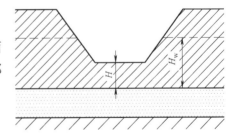

图 3.2-32　坑底抗承压水突涌稳定性验算示意图

根据设计资料，天津 117 大厦建筑主要位于第 1 相对含水层（潜水）底板附近以及第 1 相对含水层（潜水）与第 2 相对含水层（承压水）之间的相对隔水层中。根据水文地质勘察和岩土工程勘察结果，本工程自然地面标高为 −0.95m，场区第 2 相对含水层—承压水含水层顶板标高为 −33.07～−27.30m，静止水位标高为 −0.17～0.36m。因此，承压水含水层的承压水头高为 33.43～27.13m，取为 30m。根据基坑开挖深度的不同，基坑开挖至坑底后，下伏尚存在一定厚度的隔水底板，大部分厚 7.65m，开挖最深处厚度仅为 1.25m。考虑到尚存的隔水底板厚度较小、承压水含水层中地下水的高承压性引起的基坑施工安全风险较大。为确保坑底稳定，需根据相关规程规范进行抗承压水突涌稳定性验算，验算结果见表 3.2-3。

工程各区段坑底突涌抗力分项系数及降水要求统计表　　　表 3.2-3

区段	开挖深度(m)	坑底标高(m)	含水层顶板标高(m)	D (m)	R (m)	静水位(m)	H_w (m)	γ_w	分项系数	减压要求(m)
裙楼地下室	18.7	−19.65	−27.3	7.65	19.5	0	30	10	0.50	17.57
总部办公楼	20.1	−21.05	−27.3	6.25	19.5	0	30	10	0.41	19.84
117办公楼	25.1	−26.05	−27.3	1.25	19.5	0	30	10	0.08	27.97

计算结果表明，在基坑施工开挖过程中，极易发生承压水突涌或管涌问题，为保证该基坑开挖及底板施工的顺利进行，必须对场地承压水进行有效治理。另一方面，本工程场地属于海相与陆相交互沉积的软土地区，地下水位高，场地浅层分布有多层渗透性较强的粉土或粉砂层，且与粉质黏土层交替分布，基坑开挖中容易发生流砂现象。

2. 降水设计原则

（1）上层滞水及粉土夹层水体的设计原则

① 坡间及平台排水明沟：基坑开挖后立即在基坑坡顶及平台上做表面硬化处理，并在硬化层外及坡间平台处施工排水沟。表面硬化层宜做成反坡，防止地表水流入基坑内，排水沟应不漏水，排水沟做成后可方便基坑内向外排水。为便于其间的上层滞水排泄，在基坑坡面上每隔一定距离应设置泄水孔。

② 坑内排水明沟：在坑内土方开挖施工期间，对于坑内土体间赋存的上层滞水，采用明沟抽排，排水沟沟底低于挖土面 0.5～1.0m，随着基坑开挖逐步加深，开挖至坑底后，在基坑坡脚距围护结构体 5m 之外处设置汇水沟、集水坑集中抽排。

③ 轻型井点抽水帷幕：在 SMW 工法桩和地下连续墙止水帷幕与放坡坡体之间，两级平台及放坡距离多为 25.5m，层间水体易于水平流向坡脚处，产生渐土流水。布置轻型井点可以直接拦截补给基坑坡脚的地下水源，消除或减小基坑边坡支护结构的静水压力和渗透性，且机具设备简单，使用灵活，装拆方便，降水效果好。可提高边坡的稳定，防止基坑侧壁涌水现象的发生，保证上部坡间平台及放坡区域土体的干燥。

（2）深层承压水设计原则

① 由于本基坑底板底已经揭穿第一含水层顶板，故本层地下水降水设计按疏干法考虑；另外，基底距第二含水层顶板尚有一定厚度的下伏隔水底板，故本层地下承压水降水设计按减压法考虑。

② 根据含水层埋藏深度的不同，疏干井采用网格状均布的方式布设；根据塔楼部分基坑开挖深度较深、裙楼部分开挖相对较浅的特点，减压降水井采用深密—浅疏原则布设。

③ 利用含水层渗透性能及埋深的特性，采用完整井抽水，保证降深。

④ 及时疏干上部承压含水层水体，并降低下部承压水层的水头高度，防止基坑深挖过程中发生突涌现象。

⑤ 设计参数参考现场抽水试验成果确定，降水井施工过程中随时进行群井抽水试验，进一步核定水文地质参数优化和调整设计方案。

3. 降水井井结构设计关键技术

天津 117 大厦降水井设计分别采用 3 种不同井结构，其中混合开采井针对前期桩基础施工减压设计，深层承压水减压井及部分混合井针对 117 塔楼及总部办公楼深基坑降水设计，疏干集水井针对土方开挖期间第一承压含水层水体疏干设计。如图 3.2-33 所示。

基坑内最多布置 274 口降水井，用于分层治理地下承压水。其中混合开采井 50 口（AB 区 18 口，CD 区布置 32 口），减压井 57 口（AB 区 17 口，CD 区布置 40 口），疏干井 167 口（其中坑外 54 口、坑内 113 口），单井涌水量分别不小于 8t/h。混合开采井、减压井、疏干井的具体结构设计要求如下：

（1）混合开采井

① 地面以下 0～−8.0m、−20.0～−30.0m 为实管，−8.0～−20m、−30.0～−40.0m 为滤水管。实管为钢卷管，外径 250mm，侧壁密封无孔隙，滤管为钢卷管，外径 250mm，侧壁钻孔，孔径 18mm，孔距 5cm，呈梅花状交错布置，滤管外包缠 12 目钢丝网一层，60 目尼龙网三层。

② 井管与孔壁之间 0～−7.0m、−20.0～−29.0m 填黏土球，−7.0～−20.0m、−29.0～−40.0m 围填反滤料，黏土球为直径 20～40mm，反滤料为直径 ϕ2～6mm 豆石滤料。

（2）减压井

① 地面以下 0～−30.0m 为实管，−30.0～−40.0m 为滤水管。实管为钢卷管，外径 250mm，侧壁密封无孔隙，滤管为钢卷管，外径 250mm，侧壁钻孔，孔径 18mm，孔距 5cm，呈梅花状交错布置，滤管外包缠 12 目钢丝网一层，60 目尼龙网三层。

② 井管与孔壁之间 0～−29.0m 填黏土球，−29.0～−40.0m 围填反滤料，黏土球为直径 20～40mm，反滤料为直径 ϕ2～6mm 豆石滤料。

（3）疏干井

① 井深为 25m，井径 500mm，地面以下 0～−8.00m 为实管，−8.00～−25.0m 为滤水管。实管为钢卷管，外径 250mm，侧壁密封无孔隙，滤管为钢卷管，外径 250mm，滤管外包缠 12 目钢丝网一层，60 目尼龙网三层。

② 井管与孔壁之间 0～−8.0m 填黏土球，−8.0～−25.0m 围填反滤料，黏土球为直径 20～40mm，反滤料为直径 ϕ2～6mm 豆石滤料。

③ 单井涌水量不小于 8m³/h，单井抽水含砂量不超过 1/20000。

④ 洗井充分，水位反应灵敏。

3.2.2.2　滨海地区超大深基坑双层地下水降水施工关键技术

1. 深基坑混合井降水施工关键技术

（1）技术背景

本工程建筑地层分布有多个含水层，主要位于第 1 相对含水层（潜水）底板附近以及

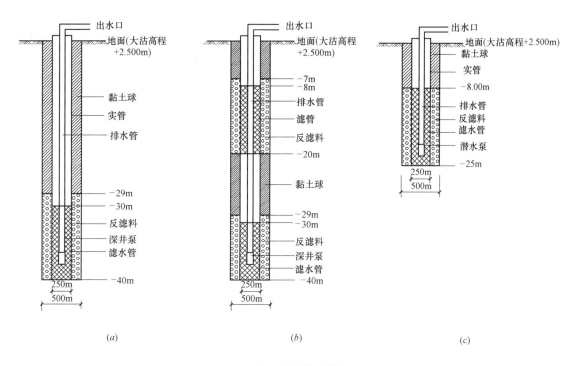

图 3.2-33　降水井井结构设计示意图

(a) 深层减压井；(b) 混合井采井；(c) 疏干井

第 1 相对含水层（潜水）与第 2 相对含水层（承压水）之间的相对隔水层中，如采用常规降水方式，需同时在潜水层设疏干井，在承压含水层设减压井，从而导致降水井布置数量过多、施工工期长、总体降水效率低、维护成本高。

（2）混合井降水施工关键技术

混合井是针对两个或两个以上含水层同时作用而设计的降水井。根据各个含水层的厚度，通过构造措施，从地面向下交替布设实管（隔水层）与滤管（含水层），将降水井设计成集"疏干、减压"功能为一体的混合井，同时具备疏干井和降压井的特点与功能，即开挖浅部土层时混合井起疏干作用，开挖中部及深部土层时起减压作用。相对于常规降水井管，混合井具有一井多能、同时起效的特点（图 3.2-34）。混合井对于孔隙率较小、土层致密、渗透系数较小的地层降水优势更为显著。混合井的滤管部分在管井不抽水的时候，上层滞水缓慢地渗透到管井中；在基坑抽水时，通过承压含水层，使管井中水位迅速降低。

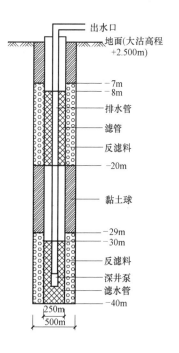

图 3.2-34　混合井井结构
设计示意图

（3）技术创效

天津 117 大厦深基坑面积大，开挖深，最大挖深 25.1m，降水井需求量大，降水要求高，集"疏干、减压"为一体的混合井，同时具备疏干井和降压井的特点与功能，降水实施效果好，明显减少了降水井数量，降低了降水井施工量，缩短了施工工期，节约降水人力物力资源，经济效益显著。

2. 混合井降水的"连通器"效应关键技术

（1）关键技术应用

由于混合井需钻孔至中部或深部含水层中，各混合井蓄积的土层渗流水最终与深部相对含水层中的水相连通，而该含水层中的地下水往往是具有流动性的，从而形成混合井与深部相对含水层的"连通器效应"（图 3.2-35）。此时通过优化设置的混合井点水泵即可将汇集在深部相对含水层中的水排出，无需所有井点布置水泵设施。

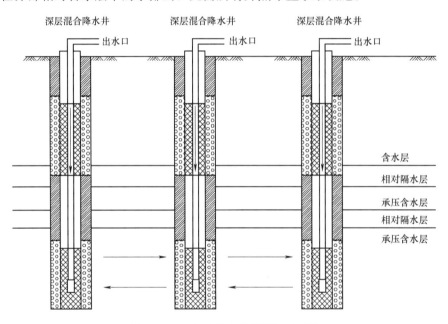

图 3.2-35　疏干井"连通器"原理图

（2）技术创效

利用混合井与承压含水层形成的"连通器效应"，将混合井蓄积的潜水层渗流水引至承压水层后，通过优化设置的混合井点水泵将汇集在含水层中的水排出，避免了国内常规深井降水方式中所有井点均需布置水泵的缺点，减少了降水的人力物力投入，节约资源，经济效益显著。

3. 基坑管井降水自动维持控制关键技术

（1）技术背景

天津 117 大厦基坑及地库施工阶段，降水井投入数量多，范围广，基坑内布置降水井数量最多为 274 口，采用人工手动控制管井降水的方式实施一段时间后发现，存在以下三方面缺点：一是需要投入大量人力不断人工观测水位，用手动开启或关闭管井降水控制电闸，造成工作量大、无法及时开启与关闭，人工费较高等缺陷，而且水泵容易由于空转而烧坏；二是观测井中水位人工观测误差较大，且与降水井中实际水位存在差异，无法做到水位标高精确；三是观测井和降水井会随施工工况的变化，要采取相应加固措施或割除悬臂过高的管井，措施费增加，且人工观测水位比较困难。

（2）基坑管井降水自动维持控制关键技术

针对以上问题，天津117大厦深井降水发明并采用了一种建筑施工领域中基坑管井降水自动维持控制系统，弥补了人工手动控制管井降水中的人工费用高、设备损耗率大、手动操作不便和精确度低的缺点。

该系统包括水泵电机、电闸、液位继电器、连接带有探针的电线，指示灯等。三根带有探针的电线末端的探针标高分为低位、中位、高位；低位探针电线末端低于水位控制标高；中位探针电线末端等同水位控制标高；高位探针电线末端高于水位控制标高。当水位下降时，水位低于中位后，液位继电器控制电闸关闭，开始停止降水。停止降水后，管井四周水开始涌入降水井。当水位达到中位时，电闸依然不启动；当水位超过高位时，液位继电器控制电闸自动启动，排水开始进行。此设置避免了因降水井中水涌入过快造成的电闸连续开启和关闭，从而保护电闸和水泵电机不易烧坏（图3.2-36～图3.2-38）。

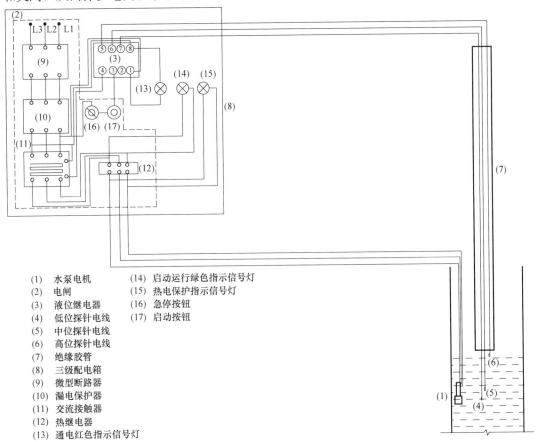

(1) 水泵电机　(14) 启动运行绿色指示信号灯
(2) 电闸　(15) 热电保护指示信号灯
(3) 液位继电器　(16) 急停按钮
(4) 低位探针电线　(17) 启动按钮
(5) 中位探针电线
(6) 高位探针电线
(7) 绝缘胶管
(8) 三级配电箱
(9) 微型断路器
(10) 漏电保护器
(11) 交流接触器
(12) 热继电器
(13) 通电红色指示信号灯

图3.2-36 系统理论电器元件平面布置示意图

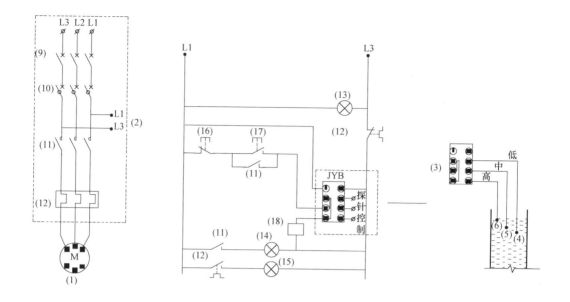

图 3.2-37　理论电路示意图

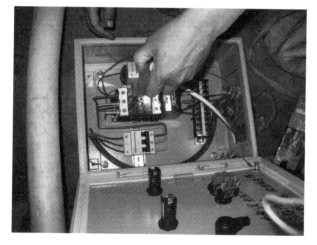

图 3.2-38　液位继电器实物图

（3）技术创效

① 常规基坑管井降水需要安排专人不断检查、监测控制。基坑降水自动维持控制系统，通过液位继电器控制水泵电闸的开启和关闭，自动实现对管井水位的控制，节约了降水人力物力的投入，在取得良好降水效果的同时，经济效益显著。

② 不同施工阶段、不同区域位置对于降水井开启的数量及位置、降水深度等要求均有所变化。尤其当场地内土层透水性较差，现场需采用间歇性降水时，降水的控制要求难度更大。对此，常规深井降水方法首先需要投入大量人工不断观测井中水位，误差较大，无法做到水位标高精确。然后再根据水位高低与施工工况间关系判定是否手动开启或关闭管井降水的电闸，工作量大，具有一定滞后性，水泵容易由于空转而烧坏。

基坑降水自动维持控制系统，可预先设置液位继电器三种不同回路对应的降水深度，然后通过液位继电器控制水泵电闸的开启和关闭，实现与低、中、高三种水位对应回路的开闭，达到了自动、精确、实时降水的效果，避免了人工观测的不准确性和滞后性，降水效果好。

3.3 直径 188m 圆环支撑施工关键技术

3.3.1 直径 188m 混凝土圆环非对称受力支撑体系设计

3.3.1.1 支护结构选型要求

1. 深基坑支护结构体系选型的基本要求

（1）确保基坑围护体系能起到挡土作用，基坑四周边坡保持稳定。

（2）确保基坑四周相邻的建（构）筑物和地下管线、道路等的安全，在基坑土方开挖及地下工程施工期间，不因土体的变形、沉陷、坍塌或位移而受到危害。

（3）在有地下水的地区，通过排水、降水、截水等措施，确保基坑工程施工在地下水位以上进行。

2. 深基坑支护结构体系选型的基本原则

（1）要求技术先进，结构简单，因地制宜，就地取材。

（2）尽可能与工程永久性挡土结构相结合，作为结构的组成部分或材料能够部分回收重复使用。

（3）受力可靠，能确保基坑边坡稳定，不给邻近已有建（构）筑物、道路及地下设施带来危害。

（4）保护环境，保证施工安全。

（5）便于土方开挖与后续结构施工。

（6）经济合理。

3. 本工程基坑特点

基于本书 3.1 节工程简介及周边环境概况可知，本工程基坑有如下特点：

（1）基坑场地属于滨海复杂软土地层，且地下水位高于基坑底面，开挖深度范围内含有双层相对含水层。

（2）基坑北、东、西三侧场地开阔、环境要求相对宽松。基坑南侧紧邻地下管线及市政道路，环境要求较高。

（3）基坑场区与中心区域地下室均呈矩形，两个矩形的南北向、东西向各边分别存在 26m、51m 的中间地带，具备放坡条件。基坑大面（A 区、C 区）开挖深度为 18.70m，局部（D 区）开挖深度为 25.70m。

（4）C 区与 D 区合并为一个整体基坑（C＋D 区）开挖，A 区与 B 区合并为一个整体基坑（A＋B 区）开挖。

（5）D 区与 C 区基本同步施工，且 D 区开挖深度较 C 区更深。

（6）后期 D 区主楼结构尺寸巨大、施工繁杂，施工工期要求高，需动用大型施工作业设备。

（7）基坑面积超大，开挖超深，工期较为紧张，需采用大型挖土作业设备。

基于本工程特点选型考虑，同时综合安全等级、施工作业设备要求，在保证安全前提下以尽量节约工程造价为原则，本工程初始（施工分区流程调整前）基坑支护结构形式确定如表 3.1-2 所示。

3.3.1.2 支撑体系设计

调整前分区施工流程为：先施工基坑 A＋B 区，待 A＋B 区基坑工程结束之后（完成地下一层结构施工），进行 C＋D 区基坑工程的施工（图 3.3-1）。

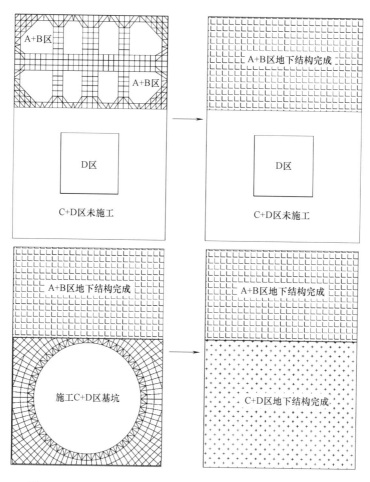

图 3.3-1 调整前 A＋B 区～C＋D 区工况流程图（从左往右）

1. C 区支撑体系

考虑本工程主楼施工及土方开挖的便利性，C＋D 区基坑区域竖向共设置两道钢筋混凝土圆环支撑体系，南侧增设一道钢斜撑（图 3.3-2）。

（1）支撑体系

C 区采用圆环支撑的平面布置形式，圆环支撑已完全避让了主楼竖向承重构件，对主楼地下结构的施工不会造成不利影响，而且提供了较大的便利性。同时根据目前本工程圆环支撑体系的布置形式，在本基坑平面形成的无支撑面积达到 50％左右，为挖运土的机械化施工提供了良好的多点作业条件，同时也为工程提供了下坑施工的可能性。在圆环撑布置条件下，土方开挖可采用竖向分层、岛式开挖为主，可提高挖土速度，缩短深基坑的挖土工期。

结合基坑平面形状，坑内设置直径为188m的圆环支撑。基坑整体设置两道钢筋混凝土支撑，第一道水平支撑混凝土设计强度等级为C30，第二道支撑混凝土设计强度等级为C35，地下连续墙及排桩顶部设置压顶圈梁兼作第一道支撑的围檩。C区竖向两道混凝土支撑杆件截面尺寸及中心标高如表3.3-1所示。

（2）立柱和立柱桩

基坑支撑系统临时立柱采用角钢格构柱，采用4L160×16或4L140×14角钢格构柱，截面为460×460，格构柱插入作为立柱桩的钻孔灌注桩中，新增支撑立柱桩直径为600mm，桩顶4m范围内扩径至800mm。支撑立柱桩尽量利用主体工程桩，支撑竖向支承钢格构立柱在穿越底板的范围内需设置止水片。

混凝土支撑杆件截面尺寸及中心标高统计表　　　　表3.3-1

项目	支撑系统中心标高	压顶圈梁/围檩（mm）	内环（mm）	中环（mm）	外环（mm）	角撑（mm）	径向杆件（mm）
第一道支撑系统	−8.850	1200×700 1300×700	2200×1100	1500×700	1200×700	1000×700	900×700
第二道支撑系统	−14.350	1200×800 1300×800	2400×1200	1600×800	1200×800	1000×800	900×800

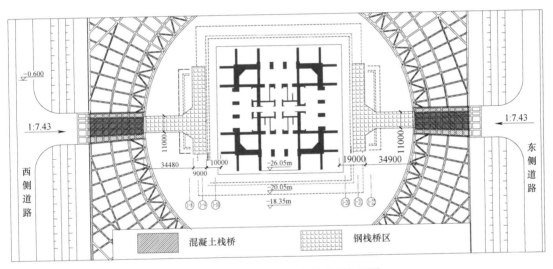

图3.3-2　C＋D区基坑支撑平面布置图

2. D区支撑体系

D区基坑开挖深度达25.70m，相对C区落深约7m。若在D区设置一道钢筋混凝土支撑，需另行设置大量的临时钢立柱，支撑的设置会对6.5m厚基础底板的浇筑带来一定的困难，故D区考虑采用地下连续墙＋预应力锚索的设计思路。

通过对锚索施加张拉力以加固地连墙使其达到稳定状态或改善内部应力状况的支挡结构，锚索是主要承受压力的杆状构件，它是通过钻孔及注浆体将钢绞线固定于深部稳定地层中，在地连墙表面对钢绞线张拉力产生预应力，从而达到使地连墙稳定或限制其变形的目的。

3.3.1.3　圆环支撑非对称受力诱因重难点分析与对策

1. 圆环支撑非对称受力诱因分析

（1）外部荷载的非对称

根据调整前施工分区施工流程，C＋D 区圆环支撑体系施工时，A＋B 区基坑工程已结束，且已经完成地下一层结构施工。此时 C 区北侧为已建的 A 区地下室结构梁板，不存在水土压力，而 C 区南、东、西三侧为高地下水位土层，均存在不同程度的水土压力。

（2）边界条件的非对称

C＋D 区第一道圆环支撑北侧边界为已施工完成的 A＋B 区第一道支撑（对撑＋角撑），C＋D 区第一道圆环支撑南侧及第二道圆环支撑南北均为深层土体，基坑东、西、北浅层为两级放坡，而南侧为悬臂结构。

（3）圆环支撑体系杆件分布的非对称

由于受基坑几何尺寸的影响，整个圆环支撑体系平面呈长方形，东西向尺寸大于南北向，导致南北侧杆件较东西侧少，使得整个圆环支撑体系南北向刚度较东西向弱，呈非对称分布。

（4）土方开挖施工的非对称

由于基坑开挖面积、深度、体量均较大，在有限的施工条件下无法做到土方开挖的完全均衡、对称。

上述诱因综合作用，导致基坑 C 区围护体东西两侧受力相对平衡，而南北侧所受水土压力具有非对称、不平衡的特征，使得 C 区基坑内钢筋混凝土圆环支撑体系在南北方向非对称受力。以往类似工程表明，如不采取针对性的技术对策，水土压力大的一侧围护体将产生较大的坑内整体变形，水土压力小的一侧围护体有朝坑外变形的趋势，对周边的环境将造成较大的影响。

2. 圆环支撑非对称受力对策

C 区南侧由于受到场地空间限制，不能与东侧、西侧一样采用卸土放坡以及降水的方式解决浅层水土压力问题，目前针对南侧重力坝结合增设钢斜撑的方式进行处理。该处理方式只能解决浅层土体的支护问题，但并不能像东西两侧一样减少浅层的水土压力，基坑实施阶段势必产生 C 区南北两侧围护体的土压力不平衡问题。针对此问题拟采取如下技术对策：

（1）增大南侧支撑结构体系整体刚度

① 将南侧地下连续墙围护体厚度由初始设计值 800mm 增加至 1000mm，并适当加大其插入深度，以增大南侧地下连续墙围护体的抗弯刚度。

② 对南侧地下连续墙围护体外侧增加水泥土搅拌桩地基加固，以增大其抵抗水土压力的土体抗力，进而达到控制基坑的整体变形。

③ 将整个支撑体系朝北偏移，以增大南侧水平支撑的刚度，同时对支撑南侧局部区域辅以加强板带。

（2）南侧换撑设计

C＋D 区基坑南侧由于邻近津静公路，且紧邻用地红线，该侧无法和基坑东、西两侧一样坑外采用二级卸土放坡的方式，而采用双轴水泥土搅拌桩重力坝结合钢管斜抛撑对土体进行支护。相较东西两侧，该侧坑外未进行降水，作用于该侧地连墙的水土压力将比东、西两侧大许多。为保证拆除支撑时，围护结构在非对称受力情况下的安全，减小支撑拆除时对周边环境的影响，考虑在拆除第二道支撑前和拆除第一道支撑前分别在基础底板和地下一层结构梁板上设置型钢换撑。

在第二道钢筋混凝土支撑拆除前，应在基础底板和地墙间设置型钢斜换撑，斜向支撑采用预埋件与地墙及基础底板相连。待斜向换撑全部架设完成后，方可拆除第二道支撑。待地下二层结构梁板浇筑完成并到设计强度后方可拆除型钢斜换撑。

在第一道钢筋混凝土支撑和斜向钢管支撑拆除前，应在压顶圈梁和地下一层结构梁板间设置型钢斜换撑，斜向支撑采用预埋件与压顶圈梁及结构梁板底板相连。待斜向换撑全部架设完成后，方可拆除第一道支撑。待地下一夹层结构梁板浇筑完成并到设计强度后方可拆除型钢斜换撑。

3.3.2 施工顺序调整引起的直径 188m 混凝土圆环非对称受力支撑体系设计及优化

3.3.2.1 施工分区流程调整

1. A＋B 区工程现状（图 3.3-3）

（1）已完成基坑工程外侧四周浅层止水帷幕的施工。

（2）已完成坑外四周二级卸土放坡、坡体的护坡面层以及设置坡体降水井等工作。

（3）已完成 A＋B 区基坑内混合降水井的施工，并根据工程桩和地墙施工的需要已启用。

（4）已完成 A＋B 区东侧、西侧及北侧地下连续墙、A＋B 区与 C＋D 区之间临时隔断围护桩以及地下连续墙、临时支撑立柱桩以及工程桩桩基的施工。

（5）已完成 A＋B 区第一道支撑的施工，A＋B 区目前的地坪标高为 −8.000m（相对标高）。

图 3.3-3　施工分区流程调整前 A＋B 区坑内现场图

2. C＋D 区工程现状（图 3.3-4）

（1）已完成基坑东侧、西侧浅层止水帷幕及基坑南侧搅拌桩重力坝的施工。

（2）已完成基坑东侧和西侧二级卸土放坡、坡体的护坡面层以及设置坡体降水井等工作。

（3）已完成 C＋D 区基坑周边地下连续墙的施工以及 D 区地下连续墙的施工。

（4）已完成 C 区和 D 区的工程桩、立柱桩的施工。

（5）C 区普遍区域地坪标高为－6.500m（相对±0），D 区地坪标高为－4.500m（相对±0）。

图 3.3-4　分区流程调整前 C＋D 区现场图

3.3.2.2　调整后施工分区流程

调整后基坑的施工分区流程为：首先施工 C＋D 区基坑，待 C＋D 区基坑施工完成后（完成地下一层结构的施工之后），再进行 A＋B 区基坑的施工。调整后的施工流程示意图如图 3.3-5 所示。

3.3.2.3　施工顺序调整后支撑体系设计重难点分析及对策

1. 施工难点：C＋D 区圆环支撑体系的非对称受力及变形问题

（1）圆环支撑体系边界条件改变

原施工分区流程设计工况下，C＋D 区基坑应待 A＋B 区地下结构施工完成后才开始施工，C＋D 区基坑开挖时，支撑的北侧为已经完成的 A＋B 区地下结构，考虑到已完成的地下结构刚度远大于支撑体系，抗变形能力强，支撑体系设计时可考虑该侧的边界条件为支座，基坑南侧传递而来的水平力可通过 C＋D 区的支撑体系传至 A＋B 区已完成的地下室结构。

施工分区流程调整后，C＋D 区先施工，C＋D 区的支撑的边界条件发生改变：C＋D 区第一道支撑体系北侧为已经施工完成的 A＋B 区第一道支撑体系，两个区域的支撑体系共同作用，形成复杂的受力体系；C＋D 区第二道支撑体系北侧为未开挖的 A＋B 区的土体，两道支撑体系的边界条件均与原施工分区流程设计工况存在较大的差异。

（2）南北侧水土压力不平衡

基坑南侧由于场地限制，不具备卸土放坡的条件，而北侧（A＋B 区）浅层土体已开挖完成且在 C＋D 区基坑开挖时需进行 A＋B 区的降水工作，C＋D 区南北两侧的水土压力差异较大，导致 C＋D 区基坑开挖时支撑体系的南北向受力不平衡，C＋D 区支撑体系

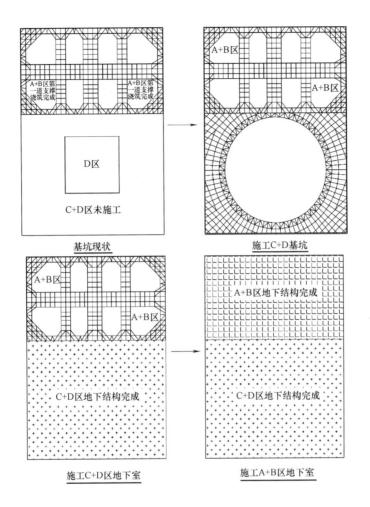

图 3.3-5 调整后基坑设计方案 C+D 区~A+B 区工况流程图（从左往右）

存在整体向北偏移的趋势。

由于支撑体系边界条件发生改变及南北向受力不平衡问题导致 C+D 区的支撑体系的设计原则及受力模式发生较大改变，但施工分区流程调整前 C+D 区支撑立柱桩已经施工完毕，该支撑体系的可调整余地不大（图 3.3-6、图 3.3-7）。该区域支撑体系的受力及变形问题是施工分区流程调整时需重点考虑的问题。

2. 解决办法：增加 C＋D 区支撑体系整体刚度

针对基坑施工分区流程调整后，支撑体系整体刚度较小、变形较大的问题，采取 C＋D 区第一道支撑体系南侧和北侧增设加强板带；第二道支撑体系南侧增设加强板带，北侧增设弦杆和加强板带；与 C＋D 区支撑相邻的 A＋B 区支撑南侧亦增设加强板予以解决。

由于 C＋D 区支撑体系的受力原则和受力模式均发生改变，原设计工况下，C＋D 区支撑体系北侧为已经施工完成的 A＋B 区地下结构，无坑外的水土压力；施工分区流程调整后，C＋D 区北侧为未开挖的土方，且第一道支撑将与 A＋B 区的支撑体系共同作用，形成共同的受力体系，如图 3.3-8 和图 3.3-9 所示。

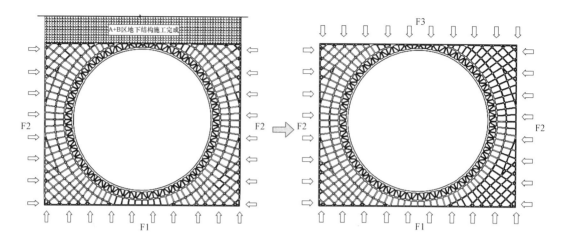

图 3.3-6　原分区流程设计工况下 C＋D 区　　　图 3.3-7　分区流程调整后设计工况下 C＋D 区
　　　　　支撑体系的受力模式　　　　　　　　　　　　　支撑体系的受力模式

　　由于南北荷载的不平衡，且北侧土体的刚度小于原设计工况下地下室结构的刚度，若按施工分区流程调整前原支撑布置进行计算，支撑体系的变形较大；为减小基坑开挖期间支撑体系的变形，增加支撑体系的整体刚度，施工分区流程调整后 C＋D 区第一道支撑体系南侧和北侧增设加强板带；C＋D 区第二道支撑体系南侧增设加强板带，北侧增设弦杆和加强板带；与 C＋D 区支撑相邻的 A＋B 区支撑南侧亦增设加强板带。

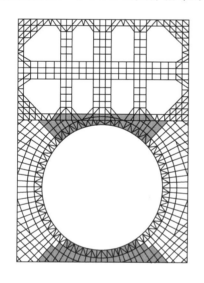

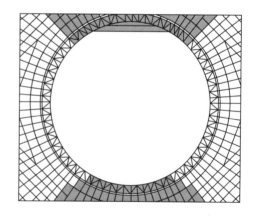

图 3.3-8　分区流程调整后 C＋D 区、　　　　　图 3.3-9　分区流程调整后 C＋D 区
　　　　　A＋B 区第一道支撑体系　　　　　　　　　　　第二道支撑体系

3.3.2.4　支撑结构优化

原设计中圆环内撑周围的刚度分布不均匀，角部刚度过大，而中部刚度相对较小，故

优化时可减小圆环直径，增大中间刚度。支撑优化的具体措施是多加一道内环，原来的内环尺寸变为 1600mm×800mm，地连墙变形结果如图 3.3-10 所示。计算结果显示，支撑优化后，支撑本身位移减小了 30%，地连墙的总位移减小了约 10%。支撑的优化对基坑南侧总体位移减小有一定作用，但作用不大，对支撑自身的变形和受力有较大影响。

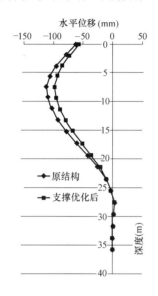

图 3.3-10 支撑优化后地连墙变形曲线

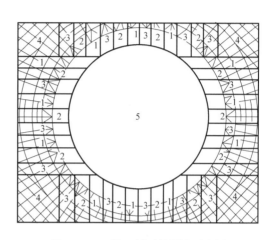

图 3.3-11 第三层开挖顺序示意图

3.3.2.5 圆环支撑施工优化

为了进一步减小基坑的位移，在施工上也可采取一些措施，从实测结果可以看出，在第二道支撑施工完成后，第三层开挖时，第二道支撑下面的地连墙也发生了很大位移，这主要是由于第三层开挖深度较深，且开挖时间较长，导致第三层开挖到底板施工之前产生了较大位移。

对于这一点，施工上可以通过分块开挖和加厚垫层同时进行的方法来控制位移。开挖第三层时，可采用如图 3.3-11 所示施工顺序进行开挖，首先开挖标号 1 的土方，开挖到底后立即施工加厚垫层 20～30cm，加厚垫层可以已开挖部分的地连墙形成较好的约束；完成后开挖标号 2 的部分，开挖到底后立即施工垫层，这样地连墙在第三层底的深度在区域 1、2 对应的部分都形成了有效约束；依此类推施工标号 3、4 的部分，从而充分利用开挖土方的空间效应和时间效应来控制基坑变形（图 3.3-12）。

从图 3.3-12 可以看出，由于优化是针对第三层开挖，因此，优化前后上部地连墙变形几乎没有变化，且优化对第一层支撑的受力和位移没有改善作用，对第二层支撑的受力

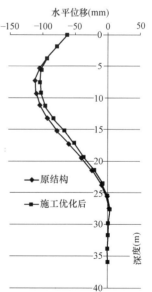

图 3.3-12 施工优化后地连墙变形曲线

和位移略有改善，但变化较小，施工优化主要使得地连墙下部变形有所减小，从结果来看，最大值减小了9%。

从以上分析可以看出，采用第三层基坑开挖分块和加厚垫层同时进行的方法来改善基坑变形，对减小基坑变形和支撑受力也起了一定的作用，相对前两种优化方法来说效果相对较差，而且也可能会增加施工造价，因此，实际施工时应兼顾安全性和经济性综合选择施工方案。

3.3.3　内支撑施工关键技术

3.3.3.1　施工重点难点

（1）基坑内两道混凝土内支撑混凝土量约2万 m³，浇筑及拆除量巨大，工期紧迫。

（2）圆环支撑结构受力复杂，拆除支撑梁和换撑过程中易出现基坑支护变形过大，从而影响基坑内主体结构的施工空间及周围环境的安全。

3.3.3.2　内支撑施工分区与流程

1. 施工分区

根据大圆环支撑体系结构与受力特点及现场施工总体部署，将C区第一、二道水平支撑均分为4个施工区段（图3.3-13）。

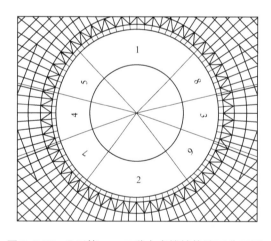

图 3.3-13　C区第一、二道内支撑结构施工分区图

2. 施工工艺流程

C区内支撑结构实施过程中必须本着"先撑后挖、对称开挖、跳仓浇筑"的原则进行施工。

（1）将第二层土开挖至−9.000m，人工清理至−9.200m。挖土过程中合理安排土方开挖施工和支撑的设置，保证地下结构的均匀、对称受力。同时必须坚持"先撑后挖"的原则，在对称、间隔的前提下，待第一道支撑体系达到设计强度的80%后，再开挖第三层土方，至−15.550m，人工清理至−15.75m，施工第二道支撑；待第二道支撑体系达到设计强度的80%后，再开挖第四层土方，至−19.650m标高处，进行垫层、防水及防水保护层和底板的施工；待底板达到设计强度的80%后，进行第二道支撑系统的拆除；待负二层底板混凝土达到设计强度80%后，进行第一道支撑系统的拆除，采用爆破拆除的形式。

（2）施工时，土方开挖分块边线与钢筋混凝土支撑的施工缝留设位置相结合，土方开挖的顺序与局部支撑体系的形成相结合，做到随挖随撑，确保分块土方开挖的时间与支撑施工时间控制在设计允许范围内，以控制基坑及周边环境的变形。

3.3.3.3　混凝土浇筑关键技术要求

C区第一道支撑混凝土强度等级为C30，第二道支撑混凝土强度等级为C40。针对不同部位不同强度等级要求的混凝土，提出的主要技术指标如下：

1. 坍落度

本工程内支撑结构所用混凝土均采用泵送方式进行施工，混凝土坍落度需控制在 170±20mm。

2. 和易性

为了保证混凝土在浇筑过程中不离析，在搅拌时，要求混凝土要有足够的黏聚性，要求在泵送过程中不泌水、不离析，保证混凝土的稳定性和可泵性。

3. 混凝土初、终凝时间

为了保证各个部位混凝土的连续浇筑，要求混凝土的初凝时间控制在7~8h；为了保证后道工序的及时插入，要求混凝土终凝时间控制在12h以内。

4. 浇筑连续性

为保证支撑梁结构整体的施工质量，浇筑过程中必须保证各区段混凝土连续浇筑，并按照施工部署顺序施工，不可因操作不当或混凝土供应不及时而导致混凝土结构出现冷缝。

3.3.3.4 混凝土浇筑施工关键技术

1. 混凝土分区浇筑关键技术

（1）支撑结构施工顺序：严格按照"对称、限时"的原则施工。先浇筑第一道环撑1~4区结构混凝土，后进行5~8区环撑结构混凝土施工，同时插入南侧钢管斜撑及压顶圈梁结构施工。第二道环撑施工顺序同上。

（2）栈桥区域施工时，在混凝土中加入适量早强剂，以增加栈桥区域混凝土的早期强度。

（3）各区段混凝土浇筑时均采用两台地泵配合退步浇筑施工，确保已浇筑部分混凝土初凝前被新浇筑混凝土覆盖，避免出现冷缝。以5区内支撑混凝土为例，施工流程如图3.3-14所示。

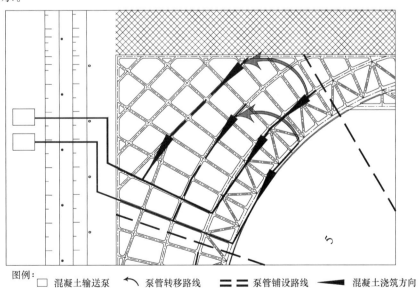

图例：□ 混凝土输送泵　↰ 泵管转移路线　▬▬ 泵管铺设路线　◢ 混凝土浇筑方向

图 3.3-14　C区内支撑混凝土浇筑示意图

（4）支撑结构混凝土浇筑过程如图 3.3-14 所示，浇筑过程中利用混凝土流动性斜面分层，尽量减少接管次数以提高施工效率。

（5）混凝土振捣采用插入式振捣器，振捣混凝土时要求下插到下层混凝土 50mm，保证混凝土分层处密实，振捣棒要求快插慢拔，保证振捣棒下插深度和混凝土有充分的时间振捣密实。振捣点的间距按照振捣棒作用半径的 1.5 倍一般以 400～500mm 进行控制。振捣时间控制具体以混凝土不再下沉并无气泡产生为准。振捣应随下料进度，均匀有序地进行，不可漏振，亦不可过振。

（6）结构混凝土振捣完成后在表面做找平处理，在找平时随找平随用刮杠将表面刮平，同时用木抹子将表面进行原浆搓毛，不得在表面浇水或撒干灰。

（7）为避免混凝土硬化过程中因失水产生温度裂缝及收缩裂缝，混凝土浇筑及振捣完成后，立即在结构表面覆盖塑料薄膜并待混凝土强度达到 1.2MPa 后浇水养护。

2. 施工缝浇筑关键技术

施工缝处必须待已浇筑混凝土的抗压强度不小于 1.2MPa 时，才允许继续浇筑，在继续浇筑混凝土前，施工缝混凝土表面要剔毛，剔除浮动石子，用水冲洗干净并充分润湿，然后刷素水泥浆一道，下料时要避免靠近缝边，机械振捣点距缝边 30cm，缝边人工插捣，使新旧混凝土结合密实。

临时支撑结构与连续墙连接部位都要按照施工缝处理的要求进行清理：剔凿连接部位混凝土结构的表面，露出新鲜、坚实的混凝土；剥出、扳直和校正预埋的连接钢筋。需要埋设止水条的连接部位，还须在连接面表面干燥时，用钢钉固定遇水膨胀型止水条。压顶圈梁上部需通长埋设刚性止水片，在混凝土浇筑前应做好预埋工作，保证止水钢板埋设深度和位置的准确性。在浇筑混凝土前要冲洗混凝土接合面，使其保持清洁、润湿后方可进行混凝土浇筑。

3.4　地下连续墙施工关键技术

3.4.1　技术应用背景

地下连续墙开挖技术于 1950 年起源于意大利：Santa Malia 大坝下深达 40m 的防渗墙及 Venafro 附近的储水池及引水工程中深达 35m 的防渗墙。日本于 1959 年引进该技术，广泛应用到建筑物、地铁、市政下水道的基础开挖及支护中并作为地下室外墙承受上部结构的垂直荷载。我国将地下连续墙首次用于主体结构是在唐山大地震（1976）后，在天津修复一项受震害的岸壁工程中实施。1977 年上海研制成功导板抓斗和多头钻成槽机。

地下连续墙是基础工程在地面上采用一种挖槽机械，沿着深开挖工程的周边轴线，在泥浆护壁条件下，开挖出一条狭长的深槽，清槽后，在槽内吊放钢筋笼，然后用导管法灌筑水下混凝土筑成一个单元槽段，如此逐段进行，在地下筑成一道连续的钢筋混凝土墙壁，作为止水防渗、承重、挡土结构（围护墙兼作地下室外墙）。

地下连续墙一般适用于如下条件：

（1）开挖深度超过 10m 的深基坑工程。

（2）围护结构亦作为主体结构的一部分，且对防水、抗渗有较严格要求的工程。

（3）采用逆作法施工，地上和地下同步施工时，一般采用地下连续墙作为围护墙。

（4）邻近存在保护要求较高的建（构）筑物，对基坑本身的变形和防水要求较高的工程。

（5）基坑内空间有限，地下室外墙与红线距离极近，采用其他围护形式无法满足留设施工操作要求的工程。

（6）在超深基坑中，例如 30～50m 的深基坑工程，采用其他围护体无法满足要求时，常采用地下连续墙作为围护结构。

117 大厦项目基坑平面尺寸 394m×315m，基坑开挖深度最深为 25.1m，地下室防水等级为 1 级，且基坑内空间有限，地下室外墙与红线距离极近。综合考虑本项目特点，基坑支护形式采用地下连续墙＋两道钢筋混凝土圆环支撑。

3.4.2　地下连续墙概述

3.4.2.1　地下连续墙概况

根据总体施工部署，地下室施工阶段总体分为 A、B、C、D 四个施工区域。

A＋B 区地下室周边及 C 区东、西侧采用 800mm 厚、C 区南侧采用 1000mm 厚的地下连续墙作为开挖阶段的围护结构，同时作为正常使用阶段的主体结构外墙。A＋B 区地下室周边的地下连续墙根据开挖深度以及内部结构支撑情况等共分为 A～C 三种类型，常规侧为 A 型地下连续墙，靠山楼北侧为 B 型地下连续墙，东西两侧局部车道位置为 C 型地下连续墙；C 区地下室分为 E、F 两种类型，东侧和西侧采用 E 型地下连续墙，南侧采用 F 型地下连续墙。地下连续墙有效长度为 27m 和 26.5m，该连续墙既作为基坑围护结构，同时作为地下室结构外墙，即"两墙合一"。地下连续墙混凝土强度等级为 C30（水下混凝土提高一个等级）。地下连续墙相邻槽段之间采用圆形锁口管柔性接头，地下连续墙接缝外侧设置两根直径 1000mm 高压旋喷桩封堵止水，搭接 300mm。

3.4.2.2　工程地质概况

本工程典型地质剖面图如图 3.4-1 所示。

3.4.2.3　地下连续墙槽段划分

本工程地下连续墙槽段划分见表 3.4-1。

表 3.4-1

地下连续墙槽段划分表

槽段编号	槽段形式	槽段宽度（mm）	槽段长度（mm）	厚度（mm）	幅数	夹角 α
A1（常规侧）		$L=6000$			30	
		$L=4500$			3	
		$L=3900$			1	
		$L=5100$			1	
A2（常规侧）		$L=6000$	26500	800	30	—
		$L=4500$			3	
		$L=3900$			1	
		$L=5100$			1	

续表

槽段编号		槽段形式	槽段宽度（mm）	槽段长度（mm）	厚度（mm）	幅数	夹角 α
A3（常规侧）	A3-1		$L_1=3500$ $L_2=3000$	26500	800		90°0′00″
A4（常规侧）	A4-1		$L_1=3000$ $L_2=3500$				90°0′00″
B1（靠山楼侧）	B1-1		$L=6000$	27000	800	6	—
	B1-2		$L=4500$			2	
B2（靠山楼侧）	B2-1		$L=6000$			6	
	B2-2		$L=4500$			2	
C1（车道旁）	C1-1		$L=6000$	26500	800	6	—
C2（车道旁）	C2-1		$L=6000$			6	
E1（C区基坑东、西侧）	E1-1		$L=6000$			31	
	E1-2		$L=4500$			2	
E2（C区基坑东、西侧）	E2-1		$L=6000$			30	
	E2-2		$L=4500$			2	
E3（C区基坑东、西侧）	E3-1		$L=6000$			3	
F1（C区基坑南侧）	F1-1		$L=6000$	31800	1000	21	—
F1（C区基坑南侧）	F2-1		$L=6000$			24	
F3（C区基坑南侧）	F3-1		$L_1=3050$ $L_2=3000$			2	90°0′00″

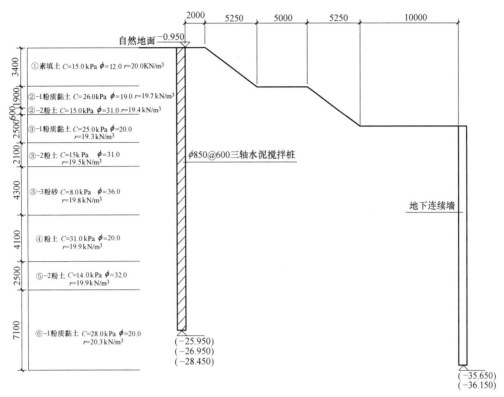

图 3.4-1 典型地质剖面图

3.4.2.4 槽段修改

因现场施工工序需要，图纸中相应槽段"双雄槽"、"双雌槽"改为"一端雄槽一端雌槽"（首开幅、闭合幅除外），在修改段幅两端接头类型时必须保证地连墙平面布置图中，分幅线定位不变，且该槽段对应的配筋不变，具体如图 3.4-2 所示。

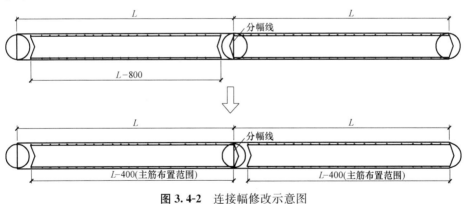

图 3.4-2 连接幅修改示意图

3.4.3 总体施工部署

3.4.3.1 C区施工部署

根据施工总体部署，先进行地下连续墙 C 区东、南、西三侧施工，为满足地连墙施工工期要求，计划先投入一台成槽机，用于施工 C 区南侧地连墙，根据 CD 区土方开挖情况，计划再投入两台成槽机用于施工 C 区东、西侧地连墙施工。

C 区南侧地连墙施工首开幅为 3 个槽段，采用跳打方式施工连接幅，具体如图 3.4-3 所示。

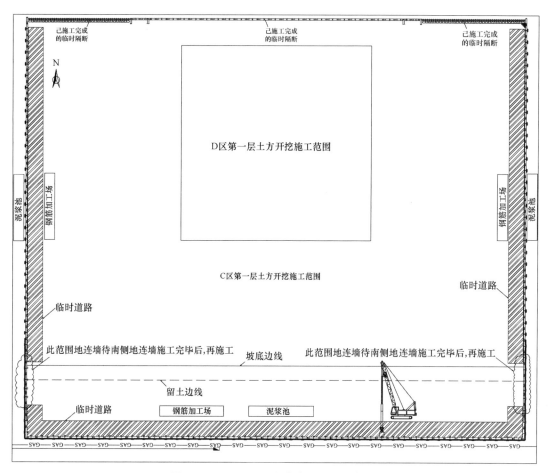

图 3.4-3　C 区地下连续墙施工平面布置

3.4.3.2　A＋B 区施工部署

根据施工总体部署，待 A＋B 区土方开挖至－6.5m 时开始施工 A＋B 区地下连续墙东、北、西三侧，为满足地连墙施工工期要求，计划投入两台成槽机，地连墙首开幅为 5 个槽段，采用跳打方式施工连接幅，具体如图 3.4-4 所示。

3.4.4　地下连续墙施工重难点控制技术

3.4.4.1　沉渣厚度控制难度大

1. 重点难点解析

地下连续墙沉渣厚度根据规范要求不得超过 100mm，施工过程中，如沉渣过厚，钢筋笼将无法安装就位，沉渣过厚亦影响混凝土持力层深度控制。因此沉渣厚度控制是地下连续墙质量控制重点。

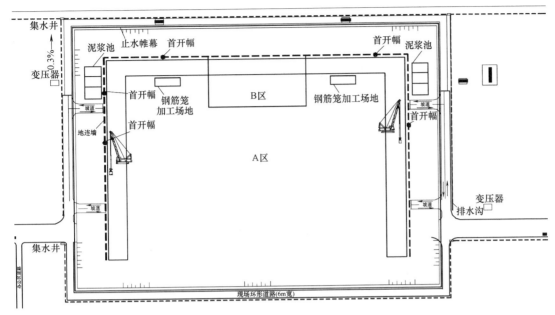

图 3.4-4 A＋B区地下连续墙施工平面布置图

2. 解决措施

（1）泥浆质量控制

泥浆的主要作用是护壁、携渣。科学的配置和正确的使用泥浆是保证成槽的关键。泥浆应具有一定的密度和黏度，在槽内对槽壁有一定的静水压力，相当于液体支撑，同时泥浆能渗入土壁形成一层透水性很低的泥皮，从而有利于墙壁稳定。

① 物理的稳定性

泥浆长时间静置，在重力作用下泥浆中的固体颗粒会产生离析而沉淀，泥浆上部成为普通的清水。由于清水或接近于清水的泥浆没有稳定槽壁的功能，所以应使泥浆静置相当长时间而不致产生性质变化。

② 化学的稳定性

泥浆经过多次使用，水泥、地下水和土壤中的阳离子会混入泥浆使其性质逐渐产生变化，会使泥浆从悬浮分散状态向凝聚状态转化，泥浆出现聚凝时，泥浆中呈悬浮胶体状态的颗粒就要增大，失去形成泥皮的能力，而且与水分离产生沉淀。所以，泥浆应具备一定的化学稳定性，其性质不至于很快就恶化。

③ 合适的流动性

黏度、屈服度和胶凝强度都是代表流体流动特性的指标，这些指标的数值大，泥浆悬浮土渣的能力强，土渣不会沉淀，泥浆渗漏就少；但是数值如果过大，泥浆输送时摩擦阻力大，增加泥浆处理的困难，亦影响混凝土浇筑质量。

④ 良好的泥皮形成能力

泥浆如含有适量的优质膨润土，会形成薄而韧的不透水泥皮，如果泥浆质量恶化，则形成厚而脆的阻水性能差的泥皮。

⑤ 适当的密度

泥浆与地下水之间的压力差可抵抗作用在槽壁上的压力和水压力，维护槽壁的稳定。泥浆密度是一项极为重要的指标，必须严加控制。

⑥ 各阶段泥浆性能指标控制（表 3.4-2）

地下连续墙泥浆主要性能指标控制标准表　表 3.4-2

阶段	密度	漏斗黏度(s)	失水量(mL/30min)	泥皮厚(mm/30min)	pH 值	含砂量(%)
新制泥浆	1.04～1.15	18～25	<20	1～3	8～10.5	<4%
供应到槽内泥浆	1.04～1.15	18～25	<20	1～3	8～10.5	<4%
槽内泥浆	<1.15	25	30	<3	8～10.5	<4%
混凝土灌注前槽内泥浆	<1.15	25	30	<3	8～10.5	<4%

⑦ 泥浆质量控制要点

泥浆质量控制贯穿于整个地下连续墙施工过程，主要的控制程序见图 3.4-5。

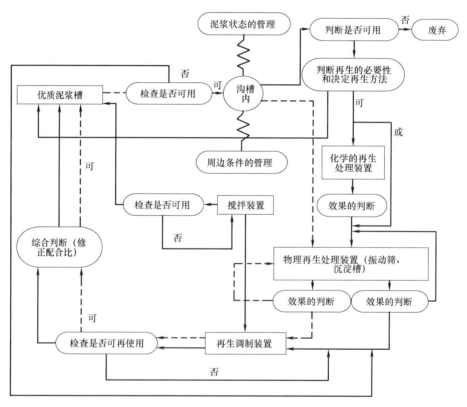

图 3.4-5　泥浆质量控制程序图

针对新制泥浆、供应到槽内泥浆、槽内泥浆、混凝土置换出来的泥浆这 4 种使用状态进行泥浆质量控制，控制过程泥浆主要性能指标检测内容如下：

A. 新制泥浆质量控制检测

取样时间和次数：每搅拌泥浆 100m³ 时取样一次，分别在搅拌时和放置 24h 后各取一次；

取样地点：搅拌机内；

试验检测项目：密度、黏度、胶体率、含砂率、稳定性、过滤试验、pH 值。

B. 供应到槽内泥浆质量控制检测

取样时间和次数：开挖前及挖完各取样一次

取样位置：泥浆池送浆泵吸入口

试验检测项目：密度、黏度、胶体率、含砂率、稳定性、过滤试验、pH 值。

C. 槽内泥浆质量控制检测

取样时间和次数：每当土壤条件变化时或至少每进 5m 取一次。

试验检测项目：密度、黏度、胶体率、含砂率、稳定性、过滤试验、pH 值。

D. 混凝土置换出来的泥浆质量控制检测

取样时间和次数：浇灌混凝土后每隔 5m、4m、3m、2m 取样一次，泥浆再生处理前和处理后各取样一次。

试验检测项目：密度、黏度、胶体率、含砂率、稳定性、过滤试验、pH 值。

⑧ 泥浆施工质量控制注意事项：

A. 新制泥浆在贮存 24h 后方可使用，确保膨润土充分溶胀。

B. 泥浆系统中贮浆池、沉淀池、单元槽段等均须挂牌，标明泥浆各项性能控制指标。

C. 每批新制泥浆均须进行主要性能指标检测，达到要求后才可使用。

D. 对泥浆池中合格泥浆，每班坚持连续检查，将供浆量和抽查结果记录完整，以备施工考查。

E. 回收泥浆经过调制处理达到标准后方可重复使用，对性质已恶化的泥浆予以废弃，废弃泥浆运送到业主指定地点集中排放。

（2）清孔换浆质量控制

成槽结束后，首先进行槽底沉渣清除工作，然后进行泥浆置换，泥浆置换采用封闭式换浆法。将喷导管插入槽体底部，利用空气压缩机产生的气压将槽底二次沉淀的沉渣和密度过大的泥浆缓缓喷入泥浆槽内，当泥浆槽内泥浆快溢出后，利用泥浆泵将泥浆池内的泥浆排出，同时注入经过 24h 发酵的泥浆，周而复始直至置换出的泥浆同进入的泥浆一致，换浆结束。

这种方法换浆彻底，清渣完后整个槽内充满了新鲜泥浆，在混凝土浇筑过程中，对排出的泥浆进行回收利用。换浆工作结束后需进行二次清槽，使槽体内全部成为置换的新鲜泥浆，浆体中不再含有泥沙混合物，有效减少了沉渣厚度，避免了因下放钢筋笼、安放灌灰导管等工序停滞时间较长、沉渣过大引起的再次清槽。

3.4.4.2 地下连续墙成槽垂直度控制难度大

1. 重点难点解析

本工程地下连续墙有效长度为 27m 和 26.5m，地下连续墙成槽垂直度是否满足要求将直接影响后期钢筋笼安装。因此地下连续墙成槽质量控制是重点。

2. 解决措施

（1）导墙制作

① 导墙设计

为了更好地控制地下连续墙成槽垂直度，在槽段上部设计 1500mm 深的导墙。导墙采用"┐┌"形整体式钢筋混凝土，导墙净距 850mm，肋厚 300mm，高度为 1500mm，混凝土强度等级为 C25。导墙脚须坐落于密实原状土上。导墙设计大样见图 3.4-6。

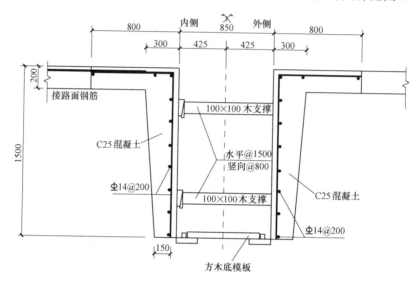

图 3.4-6 导墙设计大样图

② 导墙施工

导墙对称浇筑，强度达到 70% 后方可拆模。拆模后沿竖向设置三道 100mm×100mm 的方木支撑，水平间距为 1000mm。并在导墙顶面铺设安全网，以保障施工安全。

遇深度小于 2.5m 的暗浜、基础等障碍物时，挖出障碍物的杂填物至基底或完全破除导墙范围内的基础混凝土块，将导墙的中心线引至槽底，在导墙背后用黏土分层回填密实。

遇深度大于 2.5m 的暗浜、基础等障碍物时，挖出障碍物的杂填物至基底或完全破除导墙范围内的基础混凝土块，回填三合土混合物进行地基加固处理，再施工常规导墙。三合土回填配合比为：粉煤灰∶黄砂∶水泥＝260kg∶1000kg∶100kg。回填应充分拌和并分层回填，厚度为 30~50cm，夯实并适当均匀加水。

（2）成槽垂直度双向控制

对于地下连续墙垂直度控制采用双向控制的施工方法，一方面利用成槽机的垂直度显示仪和自动纠偏装置来控制成槽过程中的槽壁垂直度，另一方面采用经纬仪和全站仪对成槽机抓斗进行垂直度监控，确保垂直度控制在 1/400 以内。

3.4.4.3 连接幅接口处理

1. 重点难点解析

连接幅接口处理常用方式有止水钢板接头、钢筋混凝土预制接头。采用钢板接头工艺时，由于钢板接头的宽度要比连续墙槽段宽度稍小，在成槽浇筑混凝土时容易产生绕流的现象，给后期槽段的施工带来困难，钢板接头处钢板用量较大，造价相对较高，对钢板焊接的施工精度要求也较高。钢筋混凝土预制接头一般分节制作，在槽口分段吊装，采用预埋钢板焊接连接。施工中要求槽壁垂直度好，一旦不能下放到位，需将整个桩体拔出，适用于超深、超厚地下连续墙设计。

2. 解决措施

本项目采用连接幅结构采用锁口管连接，由于锁口管加工方便，可重复利用，成本相对较低。接头管属于柔性接头，具有一定的抗剪能力。锁口管接头具有刷壁方便，后期槽段钢筋笼下放容易，造价相对低廉等优点。但在施工过程中要求施工队伍具有一定的施工素质，能较好地掌握好接头管的起拔时间。锁口管施工控制要点如下：

（1）防止接口处混凝土绕流

地连墙施工过程中，在墙幅接头处混凝土易发生绕流，在未浇筑槽段凝固成块，下幅槽段挖槽时，成槽机抓斗不能将其彻底除去，残留斜坡混凝土，中间存在贯通墙体的泥缝，在基坑开挖后，形成漏水孔，给基坑开挖埋下安全隐患。

为避免地下连续墙在混凝土浇筑过程中接口处产生绕流，在锁口管北侧填充黏土，在顶部填满沙袋以防止混凝土在端口产生绕流。

（2）锁口管吊放

槽段清基合格后，立刻吊放锁口管。用履带吊分节吊放拼装，垂直插入槽内，在槽口逐段拼接成设计长度后，下放到槽底。

锁口管的中心应与设计中心线（分幅线）相吻合，为防止混凝土从锁口管跟脚处绕流，底部插入槽底土体30cm左右（不下沉为止）。如图3.4-7所示。

（3）顶拔锁口管

锁口管提拔与混凝土浇筑相结合，混凝土浇筑记录作为提拔锁口管时间的控制依据，根据水下混凝土凝固速度的规律及施工实践，混凝土浇筑开始后3～5h左右开始拔动。其幅度不宜大于0.5m，以后每隔30min提升一次，其幅度不宜大于0.5～1.0mm，并观察锁口管的下沉。待混凝土浇筑结束后6～8h，将锁口管一次全部拔出并及时进行清洁和疏通工作（图3.4-8）。

3.4.4.4 钢筋笼制作、安装难度大

1. 重点难点解析

本工程钢筋笼长为26.7～27.2m，厚度约为0.68m，钢筋笼的制作与吊装及预埋筋的精

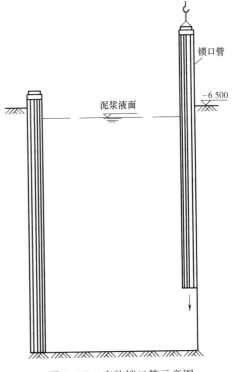

图3.4-7 安装锁口管示意图

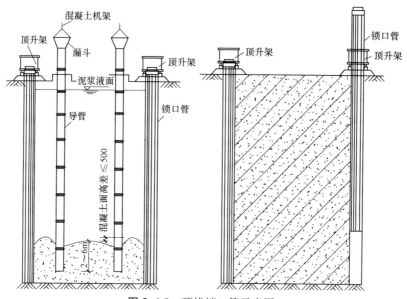

图 3.4-8 顶拔锁口管示意图

准定位是影响钢筋工程及后续衔接工程质量的关键。

2. 解决措施

（1）钢筋笼制作平台

根据施工场地的实际情况，采用槽钢搭设两个钢筋笼现场制作的平台，平台尺寸为 7m×30m；为便于钢筋放样布置和绑扎，在平台上根据设计的钢筋间距、预埋件的设计位置画出控制标记，以保证钢筋笼和各种埋件的布设精度。

（2）钢筋笼制作

本工程钢筋笼长为 26.7～27.2m，厚度约为 0.68m，首开幅钢筋笼宽度为 $L-800$，连接幅钢筋笼宽度为 $L-400$，闭合幅钢筋笼宽度为 L，钢筋笼最大重量为 23t。钢筋笼采用现场制作加工，对于直径不大于 28mm 主筋在平台上整体施焊，钢筋连接采用闪光—预热闪光对焊。对于直径大于 28mm 主筋采用直螺纹套筒连接，套筒为一级，钢筋笼的纵横向钢筋交点处用点焊固定。并根据实测导墙标高来确定钢筋笼吊筋的长度，以保证结构和施工所需要的预埋件、插筋、保护铁块、预留空洞位置。

钢筋制作允许偏差、检验数量和方法见表 3.4-3。

钢筋制作允许偏差及检查数量表   表 3.4-3

序号	项目	允许偏差(mm)	检验单元和数量
1	钢筋笼长度	±30	每片钢筋网检查上、中、下三处
2	钢筋笼宽度	±20	
3	钢筋笼厚度	±10	
4	主筋间距	±10	任取一断面，连续量取间距，取平均值作为一点，每片钢筋网上测四点
5	分布筋间距	±20	
6	预埋件中心位置	±20	抽查

（3）注浆管安装

每幅地下连续墙设注浆管两根，非预埋声测管槽段，注浆管为直径 25mm 钢管，预埋声测管槽段，注浆管与声测管合用，采用套丝连接，须保证连接处密闭性良好，注浆管间距约为 3m。注浆管用铁丝绑扎固定在钢筋笼外侧，下端进入槽底 20～50cm，并用塑料布将注浆器包裹严密、用胶带缠绕粘贴牢固。上端高出导墙顶面 15cm，并用塑料布包裹，防止杂物落入。

注浆管喷浆嘴要求：喷浆范围为 20cm，每 5cm 设置一圈喷浆嘴，一圈有 4～5 个喷浆嘴，共设 4 圈（梅花形布置），喷浆嘴直径 4～5mm，喷浆嘴应用胶带包裹，防止混凝土进入。

（4）保护层设置

为保证混凝土保护层的厚度，在钢筋笼宽度上水平方向设三排 400×200×3 钢板垫块，垫块竖向间距 4m，交错布置，以保证地连墙迎土面保护层厚度为 70mm，迎坑面保护层厚度为 50mm。

（5）钢筋笼内预埋钢筋及接驳器放置措施

① 壁柱插筋、楼板环梁插筋（楼板施工时扳直）、集塑板、底板钢筋接驳器、止水条预留槽等均须在钢筋笼上固定，准确预留预埋，水平、竖向位置预埋偏差控制在 10mm 内。

② 控制钢筋笼的搁置点。以钢筋笼顶端水平筋为标准，计算钢筋笼上的标高，并做好记录，拉好麻线并在每层钢筋及接驳器位置处增设水平筋与预埋钢筋及接驳器连接，控制连接件的垂直位置。

③ 控制导墙面标高。导墙面标高应较平整，不应高差太大，在下放钢筋笼前应对该幅槽段导墙面标高用水准仪进行复核，提供调整搁置点高低的依据，并标出该槽段的中心线。

④ 控制钢筋笼的中心线。钢筋笼制作时，应准确确定吊筋的位置，并在现场挂牌明示，在下放钢筋笼时通过 4 根吊筋进行钢筋笼平面定位。

⑤ 在钢筋笼制作时，埋设预埋筋及接驳器之前应在钢筋笼上标出位置，拉设麻线保证定位线的水平要求（即纵向标高的平面尺寸），并在上、下层钢筋网片上焊好定位措施筋。

⑥ 对连接器做好验收，确保集塑板封堵。应用线锤控制埋设的垂直度，保证与底板钢筋连接，受力正常。

⑦ 为确保预埋筋及接驳器最终埋设标高，对导墙的顶面标高应严格控制，并做好顶面标高的复测工作，随时调整钢筋笼搁置吊攀筋长度。严格做好各道工序的验收工作，不放过每个环节的偏差值，将偏差值控制到最小。

⑧ 接驳器需固定牢固，每根接驳钢筋至少有三点点焊在主筋或水平筋上。同时紧固接驳器与钢筋的连接，表面用 $\phi 4$ 钢筋保护网片固定集塑板。

（6）钢筋笼吊装加固

6m 宽槽段钢筋笼重约 23t，钢筋笼采用整幅起吊入槽（图 3.4-9），考虑到钢筋笼起吊时的刚度，在钢筋笼内布置 4 榀竖向桁架和 4 榀横向桁架（图 3.4-10），桁架的布设位置根据吊点位置而确定，具体如图 3.4-11 所示。转角槽段除设置纵、横向起吊桁架和吊点之外，另要增设 Φ28 钢筋为斜拉杆支撑进行加强，每 2m 一根，以防钢筋笼在空中翻转角度时发生变形。

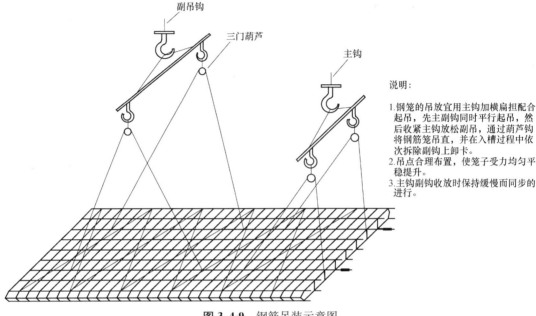

说明：

1.钢笼的吊放宜用主钩加横扁担配合起吊，先主副钩同时平行起吊，然后收紧主钩放松副吊，通过葫芦钩将钢筋笼吊直，并在入槽过程中依次拆除副钩上卸卡。

2.吊点合理布置，使笼子受力均匀平稳提升。

3.主钩副钩收放时保持缓慢而同步的进行。

图 3.4-9　钢筋吊装示意图

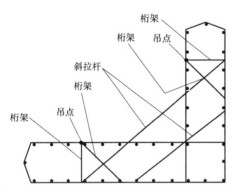

图 3.4-10　折线型钢筋笼加强方法示意图

（7）钢筋笼吊放

钢筋笼下放前须对槽段垂直度、沉渣厚度、清孔质量及槽底标高进行严格检查，起吊钢筋笼时，先用 150t 履带吊（主吊）和 50t 履带吊（副吊）双机抬吊，将钢筋笼水平吊起，然后升主吊、放副吊，将钢筋笼凌空吊直。

吊运钢筋笼单独使用 150t 履带吊（主吊），使钢筋笼呈垂直悬吊状态，吊运钢筋笼入槽后，因主吊是 4 个吊点，先后两次用"扁担"穿入钢筋笼横向桁架，卸掉吊点上的钢丝绳，最终使钢丝绳连接吊环，将"扁担"搁置在导墙顶面上。钢筋笼下放过程中如遇到阻碍，钢筋笼放不下去，不得强行下放；如发现槽壁土体局部凸出或坍落至槽底，则必须整修槽壁，并清除槽底坍土后方可下放钢筋笼。

校核钢筋笼入槽定位的平面位置与高程偏差，并通过调整位置与高程，使钢筋笼吊装位置符合设计要求。

（8）钢筋笼标高控制

钢筋笼吊装过程中，需严格控制标高。在制作钢筋笼前，应测量目前场内导墙的实际标高，并根据实测标高制作钢筋笼吊钩，同时在整个施工过程中应对导墙进行复测，导墙

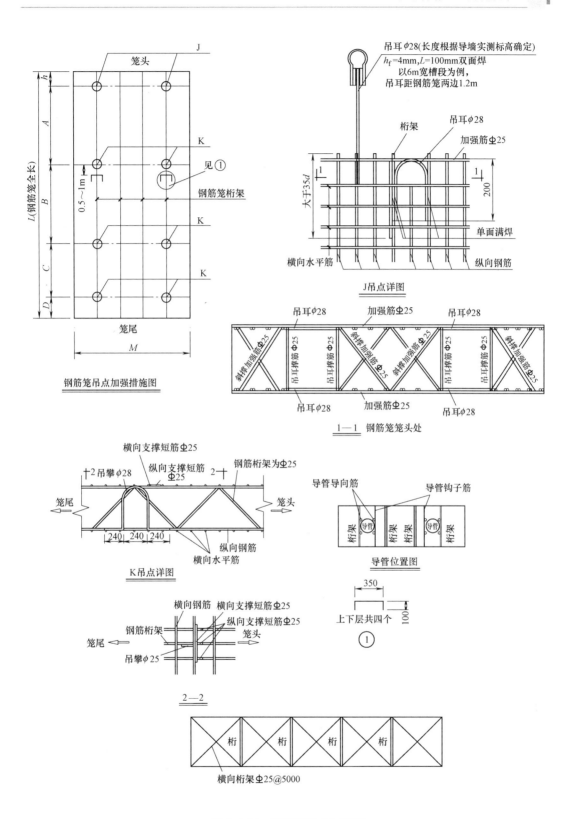

图 3.4-11 钢筋笼吊点加固图

定位出现偏差应及时纠正。在钢筋笼下放过程中用水平仪对钢筋笼标高进行监控，必须保证钢筋笼定位准确。

（9）钢筋笼水平定位

以钢筋笼顶 4 根吊筋位置为基准，用经纬仪观测钢筋笼下放过程中平面定位是否准确，若出现偏差应及时纠正，确保钢筋笼下放准确。

3.4.5　应用效果

（1）工效高、工期短、质量可靠、经济效益高。

（2）施工过程中振动小，噪声低，非常适于在城市施工。

（3）占地少，可以充分利用建筑红线以内有限的地面和空间，充分发挥投资效益。

（4）防渗性能好，由于墙体接头形式和施工方法的改进，使地下连续墙几乎不透水。

（5）墙体刚度大，用于基坑开挖时，可承受很大的土压力，水平位移基本控制在 2cm，几乎无沉降。

（6）与水平结构钢筋接驳标高控制好，钢筋利用率高达 95％。

（7）墙体光感质量良好，混凝土无杂泥情况。

如图 3.4-12～图 3.4-14 所示。

图 3.4-12　地下连续墙表面光感

图 3.4-13　地下连续墙抽芯取样　　　　**图 3.4-14　地下连续墙钢筋笼**

3.5 重型栈桥施工关键技术

3.5.1 重型栈桥应用背景

超高层建筑建造期间普遍受场地狭小的影响，一般采用主楼顺作、裙楼逆作的施工方法。天津 117 大厦施工场地充足，因而主楼、裙楼均顺作，施工更安全、更经济。但由此也带来了主楼距坑边远、地下室钢结构吊装困难的难题，为此在主楼东西侧各搭设一座重型栈桥，作为构件运输通道、塔吊安装平台、地下室结构吊装平台、挖土平台，也可以作为钢构件的临时堆场。

本工程重型栈桥钢柱为圆钢柱，最大截面为 $\phi 600 \times 14$mm，柱最大长度 11m，可供 500t 汽车吊行走。

3.5.2 重型栈桥概况

3.5.2.1 平面定位

重型栈桥结构分为东西对称两部分，西侧重型栈桥位于轴线 1-P～1-N，1-4～1-10，东侧重型栈桥位于轴线 1-P～1-N，1-20～1-25（图 3.5-1）。

重型栈桥斜坡段宽 11m，自两侧混凝土栈桥（标高 −8.25m）起，以 1：7 坡度向基坑内侧延伸 34.5m，至重型栈桥平台段（标高 −13.55m）。重型栈桥平台在 C 区底板上宽 9m，长约 60m。栈桥剖面物图 3.5-2 和图 3.5-3 所示。

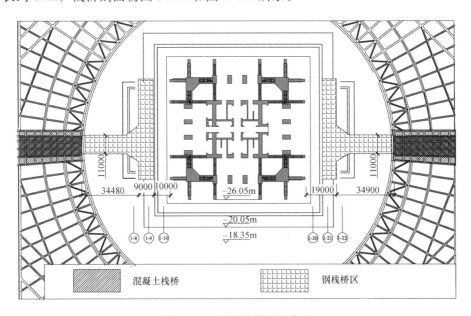

图 3.5-1 重型栈桥平面布置

3.5.2.2 结构形式

重型栈桥钢柱采用 $\phi 600 \times 12$ 的圆管，柱间支撑采用 $\phi 180 \times 5$ 的圆管，钢梁主要采用

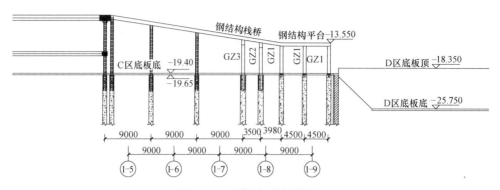

图 3.5-2 西侧重型栈桥剖面

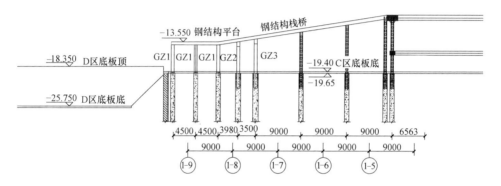

图 3.5-3 东侧重型栈桥剖面

截面为 HN700×300×13×24、HN600×200×11×17 的型钢。为了保证整体承载力满足要求，钢梁布置较为密集，斜坡段钢梁间距为 1.1m，平台段钢梁间距为 0.9m（图 3.5-4、图 3.5-5）。

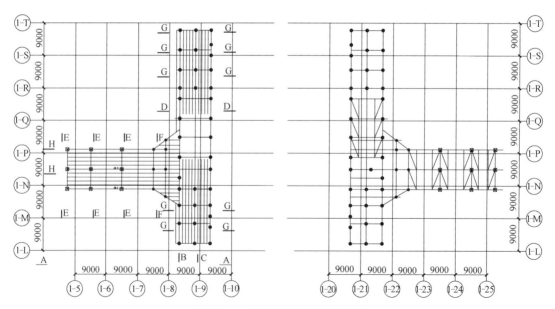

图 3.5-4 钢柱及钢梁平面布置图

3.5.3 重型栈桥安装技术

3.5.3.1 施工平面布置

重型栈桥施工分为混凝土段施工、斜坡段施工和平台段施工。混凝土段栈桥施工时，同时进行中心区土方开挖以及第一道内支撑施工，本阶段 C 区下基坑坡道位于栈桥区域南侧。栈桥混凝土及周转架料用量较少，材料堆场及加工场放置于基坑两侧，半成品由 C1、C3 塔吊运至施工部位。混凝土浇筑设置两台 HBT60 位于 C 区基坑边坡上，混凝土由基坑内部向外部进行浇筑（图 3.5-6）。

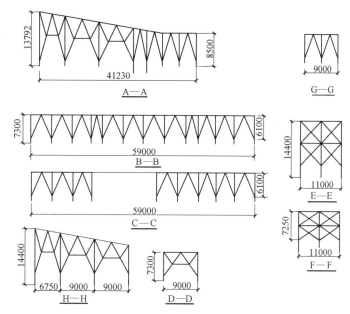

图 3.5-5　钢柱及支撑剖面布置图

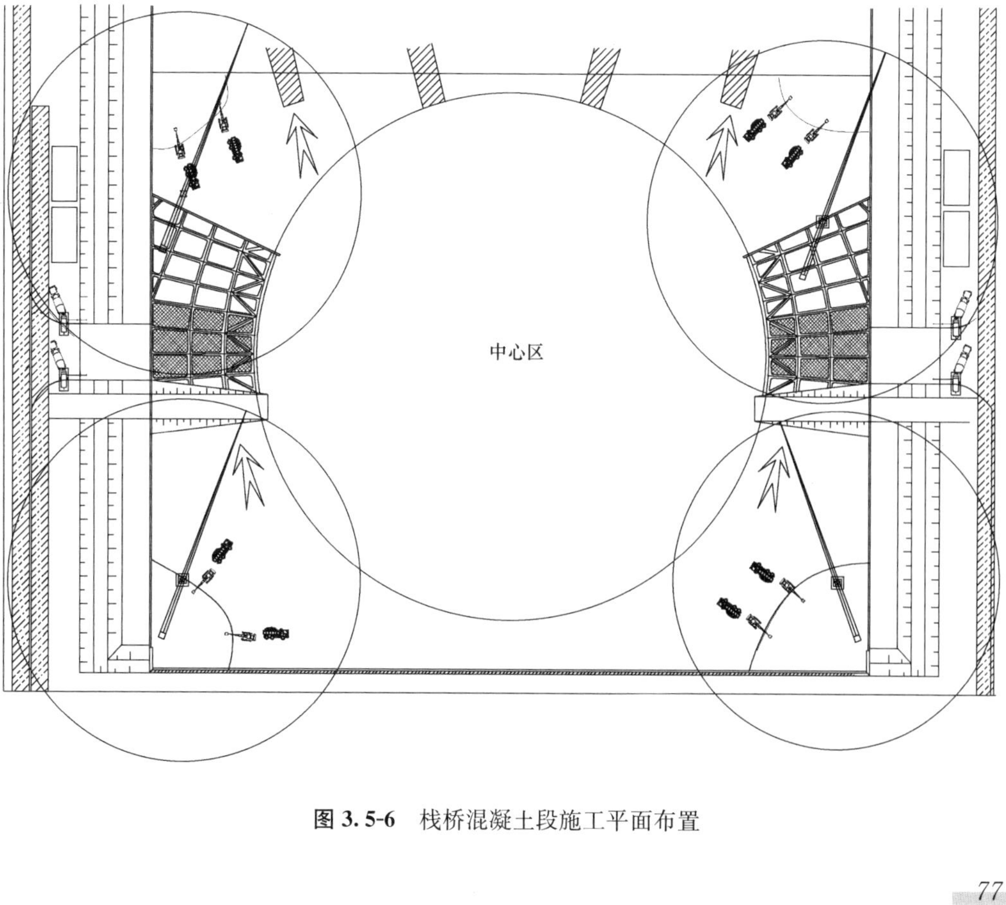

图 3.5-6　栈桥混凝土段施工平面布置

　　重型栈桥斜坡段安装期间，C 区土方开挖至－9.2m，栈桥区域土方开挖至－16m。栈桥附近塔吊并未安装，使用一台 55t 汽车吊进行构件的吊装。汽车吊和构件运输车辆由基坑两侧坡道进入基坑（图 3.5-7）。

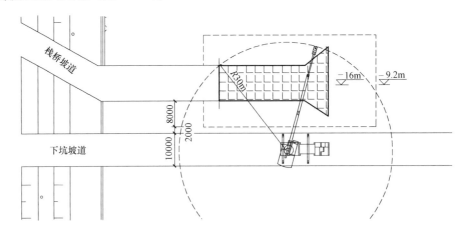

图 3.5-7　栈桥斜坡段施工平面布置

　　重型栈桥平台段安装期间，附近 C1、C3、C4、C5 塔吊已安装完毕，可以覆盖施工区域。构件运输车辆停在混凝土段栈桥，利用 C1、C3 将构件卸在栈桥附近堆场，再利用 C4、C5 塔吊进行结构的安装（图 3.5-8）。

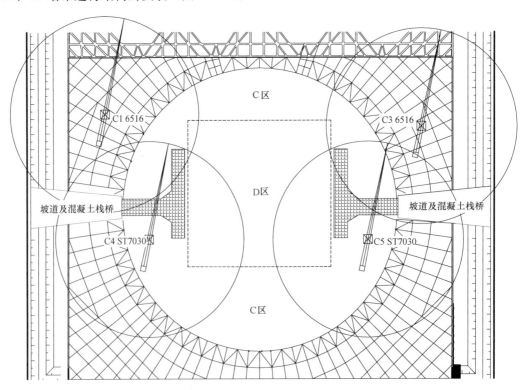

图 3.5-8　栈桥平台段施工平面图

3.5.3.2 安装总体思路

1. 混凝土栈桥段施工思路

（1）栈桥区域局部挖深至-10.8m。

（2）栈桥覆盖区域压顶圈梁及内支撑梁模板搭设。

（3）栈桥覆盖区域压顶圈梁及内支撑梁钢筋绑扎。

（4）栈桥覆盖区域压顶圈梁及内支撑梁混凝土浇筑。

（5）斜坡段模板搭设，钢筋绑扎。

（6）栈桥平直段模板支撑搭设、钢筋绑扎。

（7）栈桥混凝土整体浇筑。

2. 钢结构栈桥段施工思路

（1）14根埋入式钢柱随桩一同施工，打入地下。

（2）第一道环形支撑梁施工，栈桥斜坡段区域土方继续开挖。

（3）格构柱顶切割，钢柱钢梁安装。

（4）桩头破桩，钢柱钢梁安装。

（5）第二道环形支撑梁施工，栈桥平台区域土方继续开挖。

（6）栈桥桩露出地面800mm后，开始破桩，柱顶锚栓预埋。

（7）栈桥平台段钢柱、钢梁安装。

3.5.3.3 钢栈桥安装流程

（1）地面标高-6.5m，埋入式钢柱随栈桥桩一同打入地下（图3.5-9）。

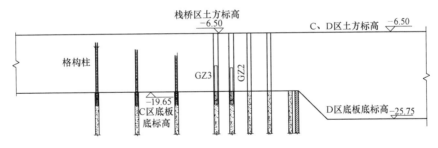

图3.5-9 栈桥桩施工

（2）总体土方开挖至-9.2m，栈桥区域继续开挖至-13m，斜坡段格构柱出地面。混凝土栈桥施工的同时，进行斜坡格构柱区域柱、梁的安装（图3.5-10）。

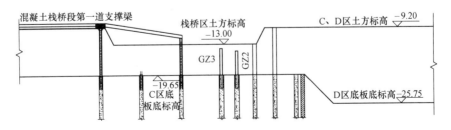

图3.5-10 斜坡格构柱区域柱、梁施工

（3）栈桥区继续开挖至－16m，所有格构柱及埋入式钢柱出地面。进行斜坡段钢柱钢梁的安装（图 3.5-11）。

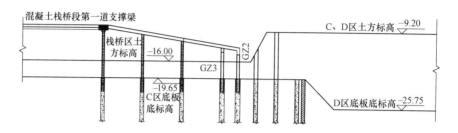

图 3.5-11　斜坡段钢柱钢梁施工

（4）总体土方挖至－14.75m，栈桥区土方挖至－19.65m。栈桥桩出地面，开始进行桩顶 GZ1 柱脚锚栓施工（图 3.5-12）。

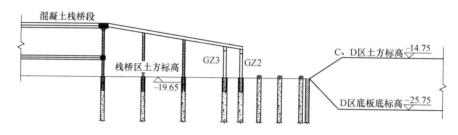

图 3.5-12　GZ1 柱脚锚栓施工

（5）进行 GZ1 区域柱、梁的安装，重型栈桥施工完毕（图 3.5-13）。

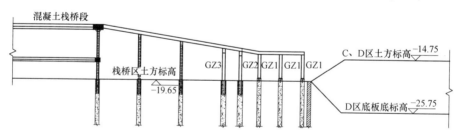

图 3.5-13　GZ1 区域柱、梁施工

3.5.4　关键部位施工技术

3.5.4.1　桩顶锚栓柱脚钢柱施工工艺

栈桥平台部位的 GZ1 布置在桩顶，采用预埋的 M30 锚栓与桩顶进行锚固。锚栓埋设时采用两个环形定位套板固定，套板采用 8mm 厚钢板制作。

首先挖土至基坑标高（20.450m）位置，预留出 800mm 的基坑操作空间。然后安装定位套板及 M30 锚栓，调节锚栓标高及轴线位置，套板与钢筋点焊固定，并补绑此部分箍筋、支模，浇筑时由专人进行跟踪复测，保证锚栓无松动、偏移。最后待所有工序完成后进行预留操作空间的回填。

3.5.4.2 格构柱顶施工工艺

1. 格构柱与重型栈桥连接节点形式

格构柱顶部焊接20mm厚钢板，在格构柱上部设置与格构柱同截面的箱形短柱，短柱高1.7m，截面尺寸口460mm×460mm×20mm，短柱上设置牛腿与钢梁连接，连接部位设置加劲板，以增强节点的稳定性（图3.5-14）。

短钢柱与平台焊接固定，钢柱与格构柱截面需竖向对齐，并焊接加劲板。如图3.5-15所示。

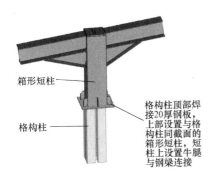

图3.5-14 格构柱柱顶节点

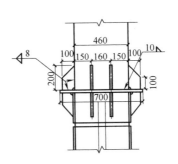

图3.5-15 短钢柱与格构柱顶连接节点

2. 支撑与格构柱连接处理

支撑下部与格构柱通过6mm角焊缝连接。格构柱在连接部位缀板加密，便于支撑焊接，如图3.5-16所示。

3. 格构柱部分施工流程

（1）安装钢结构短柱，焊接加劲板（图3.5-17）。

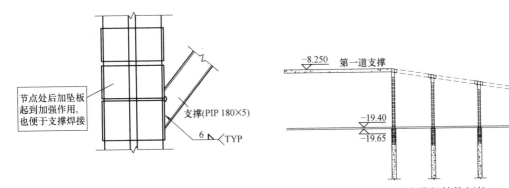

图3.5-16 格构柱与支撑连接节点

图3.5-17 安装钢结构短柱

（2）钢梁及支撑安装（图3.5-18）。

（3）格构柱外包混凝土施工，格构柱部分施工完成（图3.5-19）。

4. 格构柱混凝土部分施工

为保证格构柱的稳定性，在格构柱身包裹900×900混凝土。

混凝土外包在行走履带吊之前,由柱底(标高-19.65m)处至柱顶进行一次性浇筑。混凝土经过 7d 养护达到强度后,方可以行走履带吊等重型设备。

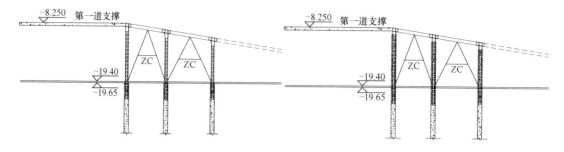

图 3.5-18　安装钢梁及支撑　　　　图 3.5-19　外包混凝土施工

3.5.4.3　栈桥面安全防护

重型栈桥上满铺 16mm 钢板,为避免行走车辆出现打滑现象,在钢板上焊接钢筋条作为防滑措施,钢筋规格为 $\phi16@200mm$。

桥面周围设置 I14 型钢安全护栏,斜坡段护栏直接与桥面钢梁焊接连接,栈桥平台四周护栏距桥面边缘 1000mm,护栏高度 1200mm(图 3.5-20,图 3.5-21)。

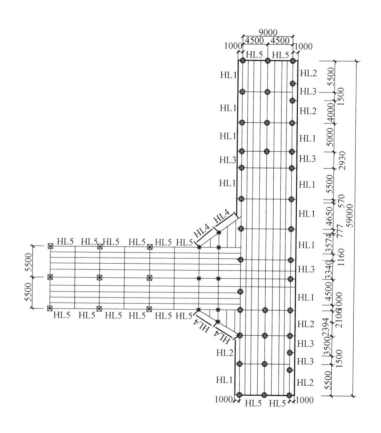

图 3.5-20　栈桥平台围护栏杆

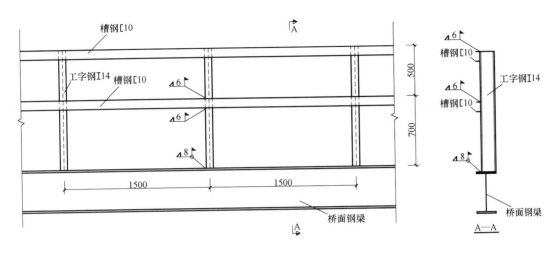

图 3.5-21 栈桥围护栏杆示意

第4章 基础工程施工关键技术

4.1 超大长径比全钢筋笼灌注桩施工关键技术

4.1.1 桩基工程概况

本工程主楼工程桩采用机械钻孔灌注桩，共计941根，单桩抗压竖向承载力特征值为16500kN。包含原位试桩10根（最大荷载36000kN）和40根反力桩（表4.1-1、表4.1-2）。

主楼工程桩设计参数 表 4.1-1

施工部位	有效长度	承台底/桩底标高	桩径	根数
117办公楼	76.5m	−25.75～−102.25m	$\phi1000$	891
混凝土设计强度等级	C50(水下浇筑)		主筋保护层厚度	70mm
主筋	$24\phi40+12\phi40$		螺旋箍筋	12@100/150
钢筋连接	桩身主筋与主筋连接采用接驳器连接			
桩顶标高允许误差	不超过±50mm		桩孔孔深允许误差	0～+300mm
桩孔垂直度允许偏差	<1/200		桩位中心允许偏差	≤100mm
桩孔底沉渣厚度误差	≤100mm		桩径允许误差	不超过±50mm
灌注桩的灌注充盈系数	≥1.1,并≤1.3			

泥浆性能指标 表 4.1-2

新鲜泥浆性能指标	检测项目	泥浆密度	pH 值	含砂率	黏度	泥皮厚度	失水量
	技术指标	<1.1	8～10	≤1%	18～22s	<3mm	30mL/30min
清孔后泥浆性能指标	检测项目	泥浆密度	pH 值	含砂率	黏度	泥皮厚度	失水量
	技术指标	<1.1	8～10	<3%	18～20s	<3mm	30mL/30min

工程前期试桩共4根试验桩、10根锚桩，桩径为1m，其中试验桩2根长120m、2根长100m，锚桩长100m。钢筋笼全长设置，桩主筋为$\phi50$mm三级钢，单幅钢筋笼最重达46t，混凝土等级C55，水下浇筑，桩底、桩侧均采用后注浆，桩上部26m范围为非有效摩擦段。

4.1.2 工程特点与施工重点

117大厦工程桩属超大长径比桩，桩身长，施工工序复杂。

（1）超大长径比桩，要保持桩的垂直度，同时要达到好的排渣效果，要求护壁泥浆性能良好，能在较长时间内维护孔壁稳定。

（2）全长设置钢筋笼，超长超重的钢筋笼制作、运输、下笼、接长过程的工艺如何控制，有超常的难度。

（3）超大长径比桩水下浇注混凝土的施工工艺和质量保持难度极大。

（4）在粉质黏土夹粉砂的土层中，对超长桩进行桩底、桩侧注浆的注浆效果难以保证，无先例可循。

（5）桩顶以下 26m 为非摩擦段，如何消除此段的桩侧摩擦阻力，无先例可循。

4.1.3 施工部署及施工流程

4.1.3.1 施工部署

主楼桩基工程施工是工程整体建设的关键线路，以其为中心其他分项工程适时插入施工。钢筋笼加工场地布置保证运距最小，其他分部分项工程不利用 D 区场地，充分利用 D 区外围的 C 区场地，为超长桩施工提供良好的场地条件。超长桩在保证既定施工线路的前提下优先施工静荷载试验范围内的工程桩。

现场共分三个区，采用 24 台 GPS-20C、DZB-250、GZ-200 型反循环钻机进行超长桩施工，每个区布置 8 台机械进行施工，各区分别布置两台钻机优先施工试验桩和抗拔桩，并适时施工静荷载区域内的工程桩。

4.1.3.2 施工流程

总体施工流程如图 4.1-1 所示。

4.1.4 PHP 不分散低固相泥浆在超大长径比钻孔灌注桩中的应用技术

为了保证超大长径比钻孔灌注桩在成孔至浇注全过程的孔壁稳定，需要选用优质泥浆，经选定最终确定使用聚丙烯酰胺不分散低固相泥浆（简称不分散低固相泥浆或 PHP 泥浆）。

4.1.4.1 不分散低固相泥浆的特主要特点

（1）不分散。是指它对钻屑和劣质土不水化分解的特点。由于不分散的特点，使得泥浆失水量少，孔壁不会因水化膨胀而坍塌，同时因为不分散的优点使钻孔时携渣泥浆易于在循环系统中净化。

（2）低固相。指泥浆中膨润土与钻屑的总量占泥浆总量的 4%（体积）以下，具体表现为密度较低（约为 1.02～1.04）。

（3）高黏度。在低密度的前提下，采用加入絮凝剂的方法提高黏度，相应的胶体率大，使泥浆有较强的渗透性能，这样，泥浆胶体在粉细砂土体中形成一层化学膜，封闭孔壁，有效防止在不良地层钻进时极易发生的漏浆和塌孔现象，保持孔壁稳定，同时提高泥浆的携渣能力。

（4）触变性好。配制成功的 PHP 泥浆黏度大，在静止状态时呈凝胶状。其流动到静止的过程是一个黏度恢复的过程。黏度恢复后悬浮作用大，能阻止钻屑下沉，而当钻头旋

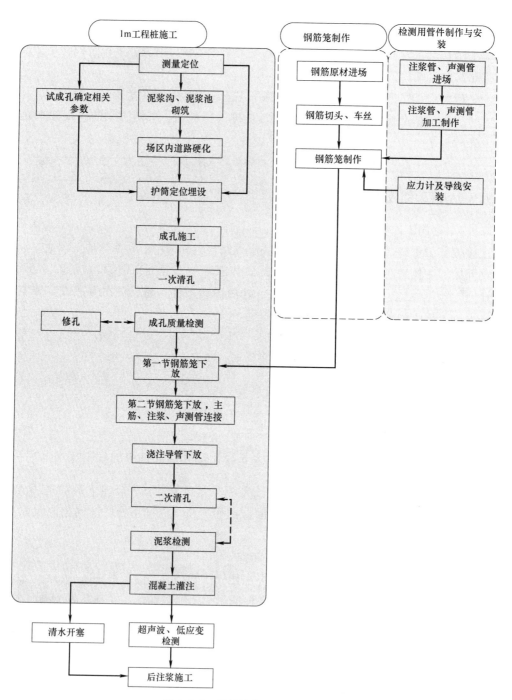

图 4.1-1 超长桩施工工艺流程图

转泥浆流动时，泥浆结构被改变，黏度减小，流动性增加，减少了钻头阻力。PHP 泥浆的这种触变性能使它能同时满足钻进时阻力小，静止时稳定性好两项要求。

（5）成孔后泥皮薄。采用这种泥浆后，孔壁泥皮厚度小于 1mm，这也是普通泥浆难以办到的。

（6）经济。PHP 泥浆以造浆率高的膨润土作为原料，其造浆率比普通黏土高出 4～5 倍，采用高效泥浆循环系统后，其使用回收率可达 60％，从而可做到循环施工。因此，在大型工程中采用该泥浆系统是比较经济的。

4.1.4.2 泥浆制备技术

1. 原浆制作

先将一定量的水加入制浆池中，再按 1m³ 泥浆中膨润土的含量为 6％～8％的比例加入膨润土，使用 3PNL 泥浆泵产生的高速水流在池内搅拌 30min，使膨润土颗粒充分分散后，再按膨润土含量的 3％～4％比例加入纯碱，以调整泥浆密度、黏度及 pH 值。原浆需在储浆池中静置 24h，使膨润土颗粒充分膨化。

2. PHP 泥浆制作

在基浆中加入一定量的 PHP 胶体即为新浆。加入 PHP 的量应根据黏度及失水率的需要灵活调配。一般情况下，每立方基浆中加入 PHP 胶体 0.4～0.6kg。

4.1.4.3 泥浆循环控制技术

本工程泥浆循环方式采用的是气举反循环工艺，泥浆循环控制对成孔工艺的成败起着至关重要的作用。PHP 泥浆循环系统由新泥浆池、钻渣沉淀池、泥浆循环池、废浆池及泥浆净化器等几部分组成。它具有泥浆浓度、黏度、酸碱度（pH）值、含砂率可调节，泥浆可重复利用等优越性能。泥浆循环流程如图 4.1-2 示。

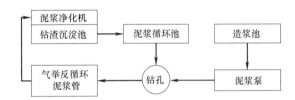

图 4.1-2 泥浆循环流程

4.1.4.4 泥浆参数监控与性能指标调整技术

在钻进过程、终孔后以及混凝土浇筑前，泥浆的性能指标都不一样。

1. 钻进过程中的泥浆参数控制

钻进过程中每 4h 做一次进浆口泥浆常规参数测试，以检测泥浆的变化情况来指导钻进（图 4.1-3）。同时，根据钻进深度和不同的地层，调整泥浆的性能指标，不同地层钻进过程中泥浆性能指标如表 4.1-3 所示。

不同地层钻进过程中泥浆性能指标　　　　　　　　表 4.1-3

地层	密度 （g/cm³）	黏度 （s）	含砂率 （％）	pH 值	胶体率 （％）	每 30min 的 失水量（mL）	泥皮厚度 （mm）
砂层	1.08～1.15	19～22	≤4	8～10	≥95	≤20	≤2
粉质黏土层	1.05～1.15	18～21	≤4	8～10	≥95	≤20	≤2

2. 终孔后泥浆参数控制

当钻进至设计标高时，将钻具提离孔底 5cm 继续转动钻具，维持泥浆循环，并对泥浆性能进行调整，使泥浆性能指标达到表 4.1-4 的要求。

  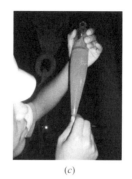 

(*a*)　　　　　　　　(*b*)　　　　　　　　(*c*)　　　　　　　　(*d*)

图 4.1-3　试验图示

(*a*) 泥浆黏度检测；(*b*) 泥浆比重检测；(*c*) 泥浆含砂率检测；(*d*) 泥浆失水率及泥皮厚度检测

终孔后泥浆性能指标　　　　　　　　　　　　　　　　　　　表 4.1-4

黏度(S)	容重 (g/cm³)	含砂率 (%)	pH 值	胶体率(%)	失水量 (mL/30min)	泥皮厚度 (mm)
18～21	1.05～1.10	<2.5	8～10	>97	≤15	≤2

3. 浇筑混凝土前泥浆参数控制

本工程试桩吊放钢筋笼及下放导管大约需要 48h，在此期间桩孔内的泥浆各项技术指标将可能发生变化，且孔底沉渣也较大，因此需利用导管及反循环泵进行再次清孔。使泥浆性能指标达到表 4.1-5 的要求。

浇筑混凝土前泥浆性能指标　　　　　　　　　　　　　　　表 4.1-5

黏度(S)	重度 (g/cm³)	含砂率 (%)	pH 值	胶体率(%)	失水量 (mL/30min)	泥皮厚度(mm)
18～20	1.05～1.08	<2	8～10	>98	≤15	≤2

4.1.5　消除侧摩阻力的超长双护筒设计与施工技术

4.1.5.1　超长双护筒设计与研究

针对主楼桩基的特点，采用钢制双护筒来消除非有效段的侧摩阻力，该护筒构造如下：

（1）外护筒与内护筒之间为空腔，两端连接，内外护筒上端用钢板封口。

（2）双护筒长 26.5m，重达 21t，为增强内护筒的侧向刚度，设置 6 道 500mm 宽 14mm 厚的环形肋板；为防止桩身非摩擦段在静载时发生侧向失稳，在内护筒外侧沿圆周用 ϕ25 的钢筋均匀设置 6 列纵向肋条，对桩身起到水平方向的约束作用；为保使静载时内外护筒能顺利脱开，竖向勒条与外护筒内壁设置 16mm 间隙。

（3）内护筒上口高于外护筒上口 1.5m，内护筒上口装有 4 个"牛腿"和 2 个"吊耳"，"牛腿"为护筒安装就位后的支撑点，2 个"吊耳"是双护筒起重吊装的吊点。内护筒下口长于外护筒下口 1m，护筒能插入土体 500mm，确保护筒就位后的稳定性。

4.1.5.2　超长双护筒施工

1. 超长双护筒的制作

本工程超长双护筒是在钢结构加工厂内一次加工成型，整体运至现场（图 4.1-4）。

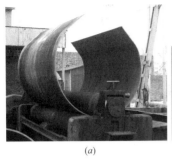  

图 4.1-4　双护筒制作

（*a*）双护筒制作；（*b*）双护筒拼装；（*c*）成品双护筒

2. 双护筒的下放及固定

双护筒吊放入孔采用 50t 履带吊进行吊装，用经纬仪对其垂直度进行校核，采用人工扶正和千斤顶纠偏的方式对其垂直度进行纠正（图 4.1-5）。

在下放完毕后，采用震动锤敲击直至压入土体 500mm，在外护筒与孔壁之间的空隙用高质量黏土球填充并振捣密实。

图 4.1-5　双护筒吊装与固定

（*a*）双护筒吊装；（*b*）双护筒固定

4.1.6　超大长径比桩垂直度控制技术

根据《建筑地基基础工程施工质量验收规范》GB 50202—2002，泥浆护壁钻孔灌注桩垂直度应<1%，图纸设计要求小于 1/150。试验桩孔深 120m，钢筋笼内净空 760mm，混凝土浇筑导管外径 320mm，为避免因导管碰到钢筋而使钢筋笼无法下放到位的情况，垂直度的偏差必须控制在 440mm 内，即 0.44m÷120m＝0.00367＝1.1/300，所以项目部自行确定的垂直度控制目标为 1/300。

4.1.6.1　钻机钻具的选择与控制技术

选用气举反循环 ZSD2000 型钻机，主机总重量不小于 25t；自身选用强度大、刚度高的 245mm×20mm（外径×壁厚）的钻杆；接头采用法兰连接，配置双腰带钻头和导正器，在钻头上方增加配重。

4.1.6.2　作业环境的控制技术

（1）为保证钻机就位时底座牢实、平稳，对表层含有大混凝土块和砖渣的杂填土用素土换填，在其上设置 300mm 厚 C30 的钢筋混凝土硬化平台，并预设桩孔及泥浆沟。

（2）在正式钻孔之前先在桩孔中心位置进行超前钻，提取各个深度的土样并留存，以便准确了解和掌握各个桩孔位置的竖向土层分布状况（图 4.1-6）。

(a)　　　　　　　　　　　　　　*(b)*

图 4.1-6　超前钻示意

（a）施工作业面换土、硬化；（b）超前钻取土样

4.1.6.3　成孔工艺控制技术

（1）在场外进行 2 次试成孔，对预先确定的泥浆性能、钻进参数、成孔垂直度、混凝土质量等进行检测和调整，并记录下关的数据资料，对出现的问题进行分析和改进，以便形成正式的施工导则。

（2）根据超前钻所揭示的地层情况和试成孔的参数，确定钻进参数如表 4.1-6 所示。

钻机参数　　　　　　　　　　　　　　　　　　　　　　　表 4.1-6

地层	钻压(kN)	转数(rpm)	进尺速度(m/h)	采用的钻头
粉(细、中)砂层	<30	6～8	1～3	梳齿钻头
黏土、亚黏土	10～50	10～14	0.5～2.5	梳齿钻头

开钻时慢速钻进，待导向部分或主动钻杆全部进入底层，方可加速。每钻进一根钻杆要注意扫孔，每加一节钻杆对机台进行水平检查，定期或在关键深度进行钻杆垂直检查（图 4.1-7）。

在正常施工中，为保证钻孔的垂直度，采用减压钻进，遇到软硬底层交界处，轻压慢钻，防止偏斜。

4.1.7　超长超重钢筋笼制作安装技术

钢筋笼外径 0.884m，长 121.1m，重达 46t。23 根直径 50mm 的主筋只能采用直螺纹

图 4.1-7　机台水平检查和钻杆垂直检查

套筒连接，另有 12 根预埋管道，直径如此粗大的钢筋人工难以校正，不能出现因丝扣不合导致钢筋拼接不上；另外试桩静载试验时，全部的主筋需贯穿预留孔径 60mm 厚锚板，所以钢筋笼在制作、转运及吊装的过程中变形控制难度很大。

钢筋笼截面如图 4.1-8 所示。

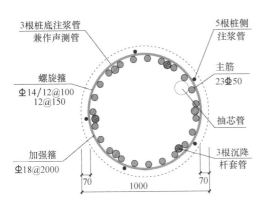

图 4.1-8　钢筋笼截面图

4.1.7.1　钢筋笼制作安装技术

1. 整体制作、分节吊装技术

在现场设置 120m 长的钢筋笼制作胎架，120m 长桩钢筋笼分为 5 节，100m 长桩钢筋笼分为 4 节，钢筋笼整体制作，进行预拼装，孔口拼接成整体。为保证主筋定位准确，设置专用的钢筋定位模具（图 4.1-9）。

2. 粗大直径钢筋孔口快速连接技术

钢筋笼节与节之间的 23 根 50mm 的钢筋在孔口快速连接，主筋连接采用新型的分体式直螺纹套筒连接，速度快，质量有保障（图 4.1-10）。

(*a*)   (*b*)

图 4.1-9 钢筋定位模具

（*a*）法兰式圆盘胎架定位主筋；（*b*）钢筋笼在专用胎架上加工

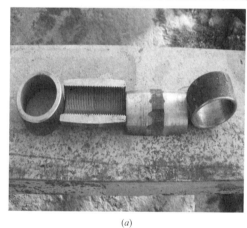

(*a*)   (*b*)

图 4.1-10 粗大直径钢筋孔口快速连接

（*a*）分体式直螺纹接头组件；（*b*）分体式直螺纹挤压连接

4.1.7.2 超长超重钢筋转运与吊装技术

根据项目的需要，提供各项起重数据，设计和计算吊索、吊具，并委托天津市当地专业公司加工制作。（图 4.1-11）。

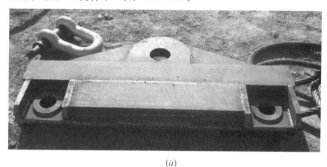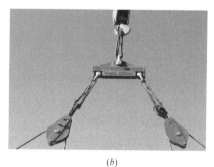

(*a*)   (*b*)

图 4.1-11 超长超重钢筋转运与吊装

（*a*）横吊梁及卸扣；（*b*）专用的短吊索

钢筋笼从制作胎架至桩孔附近，采用100t履带吊进行转运。为了尽量减少转运时产生的变形，每节钢筋笼采用4个吊点转运，5个吊点吊装，吊点都经过了专项设计和加工（图4.1-12，图4.1-13）。

图4.1-12 钢筋笼的水平转运

图4.1-13 钢筋笼的起吊

4.1.8 水下浇筑高保塑高耐久性混凝土技术

4.1.8.1 技术重点难点

本工程设计使用年限100年，试验桩设计混凝土强度等级C50（水下浇注，按C55设计配合比）。即施工C55级混凝土，灌注深度120.6m（94m³/根）和101.1m（78.8m³/根），由于灌注桩细长（桩直径为1m），桩50mm的主筋净距60mm，混凝土导管外径320mm，还有很多试验检测用预埋管，技术难点主要为：

（1）混凝土结构的耐久性难以保证。设计使用年限100年，加之地处天津盐碱腐蚀较为严重，这是本工程配合比设计时必须考虑的问题。

（2）混凝土的工作性难以保证。水下浇筑的C55混凝土必须要有良好的和易性，能够通过导管下料充填到桩内，也即是要有大的流动度和适当的黏度（不泌水、不离析），无需振捣达到自密实的效果。如何解决大流动度和黏度之间的关系，是自密实混凝土的一大难题。

（3）混凝土的超保塑技术不成熟。由于混凝土的运距长和桩身细长，需要浇筑时间较长，为保证混凝土具有良好的施工性能和浇筑的连续性，能在较长的时间内保存其工作性能，从而顺利完成灌注桩混凝土的浇筑，因此对混凝土工作度的保持要求较高。

4.1.8.2　混凝土原材料选择

原材料选择的原则首先是要按照高性能混凝土的技术途径：

（1）选用质地坚硬、无碱骨料活性、级配合理有较小的空隙率、粒形良好的优质粗细骨料。

（2）选用优质减水剂降低混凝土的单方用水量。

（3）大掺量的加入优质磨细矿物粉细掺合料，参与水化作用，取代部分水泥，改善混凝土的工作性能和内部结构、提高混凝土的耐久性。其次是根据资源情况，尽可能地就近选用。

经过筛选和试配，选用鹿泉县的振兴 PO42.5 的低碱水泥，掺合料为天津大港风选的 Ⅱ 级粉煤灰和唐山新泰 S95 级磨细矿渣粉，砂为无碱骨料活性的辽宁绥中中砂，碎石采用无碱活性的天津蓟县 5～25mm 连续级配碎石，外加剂选择了天津西卡 1210W 聚羧酸高效减水剂，水为饮用水。

4.1.8.3　水下浇注超缓凝自密实高耐久性混凝土的研制

1. 混凝土配合比设计思路

（1）本工程超大长径比桩的混凝土设计强度等级 C50，水下浇灌应按 C55 考虑；混凝土的配置强度为 63.3MPa。采用预拌混凝土，运距在 17km 左右，行程平均在 40min 左右，采用混凝土运输车运至桩所在位置，直接灌入导管的料斗之中。根据混凝土的运距、浇灌条件，确定了混凝土为自密实混凝土，并需要采取缓凝技术，由此来确定混凝土工作性能的相关控制指标。

（2）在 Ⅳ-D 和 Ⅵ-D 环境作用下，设计使用年限 100 年的混凝土的耐久性相关要求及自密实混凝土的相关指标按照《混凝土结构耐久性设计与施工指南》CCES 01—2004、《高性能混凝土应用技术规程》CECS 207—2006、《自密实混凝土应用技术规程》CECS 203—2006 的相关规定，见表 4.1-7。

Ⅳ-D 和 Ⅵ-D 环境作用下混凝土耐久性要求及自密实混凝土相关指标　　表 4.1-7

序号	项　目		控 制 指 标
1	混凝土胶凝材料总量		$\geqslant 380\mathrm{kg/m^3}$(C55)
2	混凝土水胶比		$\leqslant 0.36$(C55)
3	混凝土中氯离子含量（占胶凝材料总量）		$\leqslant 0.15\%$
4	混凝土中三氧化硫含量（占胶凝材料总量）		$\leqslant 4\%$
5	混凝土总碱含量		$\leqslant 3\mathrm{kg/m^3}$
6	骨料的碱活性		无
7	可选用的水泥类型		PⅠ、PⅡ、PO、SR、HSR
8	水泥熟料中的 C_3A 含量		$<8\%$
9	自密实混凝土	坍落扩展度	550mm$<$SF$<$650mm
10		T_{500} 流动时间（倒坍落度筒试验）	2s$\leqslant T_{500} \leqslant$5s(倒坍落度筒试验$\leqslant$8s)
11		L 形仪间歇通过性及抗离析性试验	$H_2/H_1 \geqslant 0.8$
12		U 形仪间歇通过性及抗离析性试验	$\Delta_h \leqslant$30mm

注：由于超大长径比桩深埋地下，不存在冻融情况，因此也不必进行抗冻性试验。

2. 混凝土配合比优选

根据配合比设计的规定和长期在混凝土高性能化研究和应用工作的积累，通过正交试验（9组），优选出符合表4.1-7所要求的混凝土配合比，其中粉煤灰的取代系数为1.3，矿粉的取代量为1.2（见表4.1-8）。

矿粉的取代量 表 4.1-8

项　　目	取代前水泥总量	矿物掺合料的取代的水泥量		配合比中的矿物粉细料量		
		粉煤灰	磨细矿渣	水泥	粉煤灰	磨细矿渣
数量(kg/m³)	517	77	110	330	100	110

经过试验适配优选的配合比见表4.1-9。

超大长径比桩 C55 的配合比及检测情况表 表 4.1-9

材料名称	水泥	粉煤灰	磨细矿渣	砂	碎石	外加剂	水
品种规格	PO42.5	Ⅱ级	S95	中砂	5～25mm	聚羧酸 W1012	饮用水
产地	鹿泉振兴	天津大港	唐山新泰	辽宁绥中	河北蓟县	天津西卡	本地
用量 (kg/m³)	330	100	110	670	1010	6.4 *（ * 含固量 18%）	173
配合比	1.0	0.30	0.33	2.03	3.06	0.02	0.52

注：水胶比＝0.34；砂率＝39.9%；坍落扩展度出机640mm，1h为610mm。
L形仪测试：H_2/H_1 出机0.82，1h后0.85；终凝：16h。
抗压强度：R_7＝55.2MPa，R_{28}＝65.7MPa；抗氯离子扩散的电通量：380库伦；氯离子扩散系数：3.7。

此外，对混凝土进行了电通量和氯离子扩散的试验（图4.1-14）。

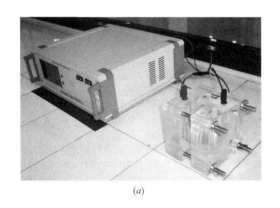 

(a)　　　　　　　　　　　　　　　　　　(b)

图 4.1-14 混凝土电通量和氯离子扩散试验
（a）电通量测试图；（b）氯离子扩散系数试验图

3. 混凝土抗氯离子渗透性能试验

考虑到混凝土高耐久性，确保混凝土结构内部的钢筋不会因氯离子的作用而锈蚀，导致混凝土开裂影响耐久性，特进行混凝土抗氯离子渗透性能试验。试验结果显示，混凝土28d抗氯离子扩散的电通量：380库伦，混凝土氯离子渗透能力很低；氯离子扩散系数：3.7。

4.1.8.4　混凝土生产及施工技术

按设计配合比选定的原材料组织供应，在施工期间严格按照质量体系和工作指导要求，指定专人定期检查，对原材料的进料、储存、计量全方位进行监控。及时测定砂石含水率，定期检查和校正计量系统，特别注意混凝土出机检查，保证混凝土的质量、工作性能符合要求。

由于在冬季施工，对混凝土原材料进行加热，混凝土罐车套有保温套，保证经过运输后达到现场的混凝土的入模温度不低于10℃。

安排好发车时间和发出数量，做好车辆调度在一根桩浇筑时，做到浇灌不待车；不压车，保持连续浇灌。并且每车浇注前，都必须检查混凝土的坍落度，若发现个别车辆内混凝土状况异常，坚决退回混凝土搅拌站。

下导管前检查导管的连接质量和气密性。每根桩浇注时混凝土罐车均开到桩孔边直接对料斗下料浇筑，确保混凝土的初灌量。

在进行混凝土浇筑时，随时用测绳检测混凝土的液面高度并做好记录，保持导管的合理埋深在2～6m范围内（图4.1-15）。

(*a*)	(*b*)	(*c*)

图 4.1-15　混凝土生产及施工
（*a*）桩基混凝土浇灌；（*b*）测量混凝土液面；（*c*）混凝土浇筑的现场记录

4.1.9　后压浆施工技术

根据钻孔灌注桩设计要求，部分工程桩直径800mm的钻孔灌注桩需采用桩底后压浆施工技术，以提高桩基础的承载力。

4.1.9.1　后压浆施工工艺

1. 后压浆施工时间

压浆应在桩身混凝土达到初凝后进行，一般桩芯混凝土浇灌1d后用高压水将喷头打通。清水劈浆作业宜于成桩2d后（混凝土强度到达75%）开始施工，不宜迟于成桩3d后，间歇时间为2～4h。

2. 后压浆内导管与管阀的尺寸、布置与安装

桩端压浆管采用ϕ25mm×3.25mm国标低压流体输送用焊接钢管，压浆管与钢筋笼主筋绑扎，压浆管间连接为套管焊接，套管可自行加工制成（图4.1-16）。

压浆管安装时，要与主筋绑扎牢固、顺直，不得出现弯曲、压扁等情况，如发现上述问题时，要及时对压浆管进行修复（图 4.1-17）。

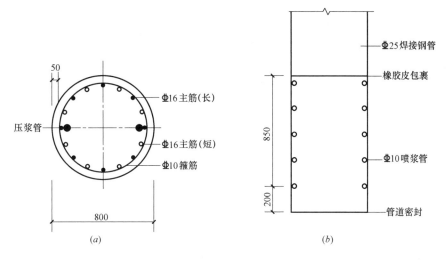

图 4.1-16　压浆管构造示意图

（*a*）平面布置图；（*b*）构造图

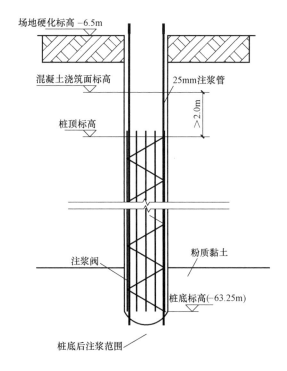

图 4.1-17　压浆管安装示意图

3. 压浆设备

后压浆施工设备配备：除了水箱、水泵、水管等工具外，主要需要表 4.1-10 所示设备。

压浆设备表　　　　　　　　　　　　　表 4.1-10

设 备 名 称	规 格 型 号	数 量	备 注
高压注浆泵	ZJB/BP-30	2 台	
水泥搅拌筒	NJ-1200	2 台	
防震液压表		2 块	
注浆阀		2 套	
高压注浆管	压浆管 φ25 及套丝或焊接	若干	壁厚 3.5mm
	压浆喷头	若干	

4. 压浆技术要求

压浆采用 PO.42.5 普通硅酸盐水泥。压浆浆液采用水泥浆，水灰比 0.45～0.65，为了增加其流动性，可在浆液中掺入一定量的木钙。压浆压力应控制 1.2～4MPa，每根桩压浆量为 1.44t。（上述相关数据是根据试桩施工时记录分析得出，作为施工的指导依据。现场施工时，压浆量应根据现场实际压浆施工状况作相应调整。）

根据压浆压力的变化和压浆量，实施间歇压浆或终止压浆。

5. 压浆终止条件

工程桩同时满足下列条件时可停止压浆：①桩底压浆水泥耗量达到 1.44t（若压浆量小于设计量，应查明原因）；②后期压浆压力大于 2.5MPa；③地面泛浆严重。

4.1.9.2　后压浆施工注意事项

（1）首先从压浆管的制作到安放均要有专人把关，严格按压浆管装置图制作压浆管、压浆阀及梅花状环式注浆管。

（2）为保证压浆管的畅通，安放时要固定牢靠、连接紧密，同时边下入边注入清水，以检验压浆管是否畅通密封。

（3）注浆时，应按照事先计算好的水泥量搅拌水泥浆；浆液用筛网过滤后再进入注浆缸，以防止堵塞注浆管路及阀门。

（4）注浆时，操作人员要密切观察注浆泵的压力变化，当后期压力超过 2.5MPa 时，必须及时关泵，以免发生机械和人身事故。

（5）成桩后 7d 后方可进行注浆。注浆时现场记录水泥用量及压力表数值。

（6）桩底压浆管采用花管形式，花管外侧包裹橡胶皮，防止混凝土浆液流入管孔，堵塞注浆管，影响注浆效果。

4.1.9.3　压浆施工中出现的问题和应对措施

1. 喷头无法打开

当压力达到 10MPa 以上仍然打不开压浆喷头，说明喷头部位已经损坏，不可强行增加压力，可在另一根管中补足压浆数量。

2. 出现冒浆

压浆时常见水泥浆沿着桩侧或在其他部位冒浆的现象，若水泥浆液是在其他桩或者地面上冒出，说明桩底已经饱和，可以停止压浆；若从本桩侧壁冒浆，压浆量也满足或接近设计要求，可以停止压浆；若从本桩侧壁冒浆且压浆量较少，可将该压浆管用清水或用压力水冲洗干净，等到第 2 天原来压入的水泥浆液终凝固化、堵塞冒浆的毛细孔道时再重新压浆。

3. 单桩压浆量不足

本工程采用的裙桩一次性压浆施工方法，压浆可先施工周圈桩形成一个封闭圈，再施工中间，能保证中间桩位的压浆质量，若出现个别桩压浆不成功，可加大临近桩的压浆量作为补充。

4.1.10　应用效果

4.1.10.1　社会效益

（1）120m 深超大长径比全钢筋笼灌注桩施工的顺利实施，极大地体现了施工单位在超长桩基施工等方面雄厚的技术实力与科技优势。

（2）超大长径比桩的施工质量得到业主、监理、顾问和社会各界的高度评价，许多媒体和网站纷纷进行了报道。

4.1.10.2　经济效益

（1）应用该技术，降低了工程造价，节约了资源、能源，为超高层桩基的建设提供了范例。

（2）超长超重钢筋笼的孔口连接成功应用新型的分体式直螺纹接头，在保证质量的前提下，降低劳动强度，缩短工期，为工程节约费用约 4.1394 万元。

（3）消除侧摩阻力超长双护筒的设计与施工，在保证效果的同时，节省了费用 1.5 万元。

4.2　6.5万 m³ 基础筏板施工关键技术

4.2.1　基础筏板概况

主楼基础筏板近似四棱台，顶面平面尺寸为 103.6m×100.8m、底部为 86.2m×86.2m，底板底标高分为 −25.85m、−20.85m、−20.05m 三种，顶标高分为 −19.35m、−18.35m 两种。沉降后浇带位于 103.6m×100.8m 区域外侧，宽度为 1.5m。底板混凝土强度等级为 C50，抗渗等级为 P8，底板下设 80mm 厚 C20 细石混凝土防水保护层、两层防水层共 7mm 厚、找平层 20mm 以及 180mm 厚 C15 混凝土垫层（图 4.2-1～图 4.2-3）。

本工程主体结构有四根巨型柱、核心筒剪力墙内有钢板，巨型柱、钢板剪力墙固定均须在底板内预埋锚栓（也称高强钢棒），巨型柱、剪力墙钢板的柱脚高强锚栓等级为 835 级、普通锚栓强度等级为 345 级。巨型柱柱脚锚栓采用 75mm 直径高强锚栓，埋入深度约 5.5m，数量 1348 根。剪力墙锚栓分为两种：50mm 直径高强锚栓，埋入深度约 5m，数量 668 根；30mm 普通锚栓，埋入深度 1.2m，数量 216 根。

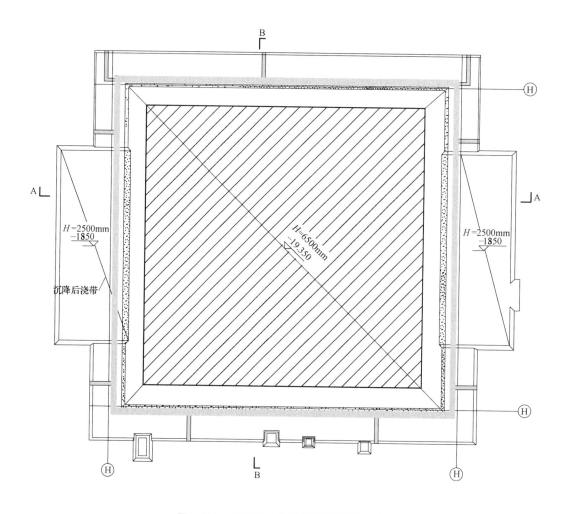

图 4.2-1 天津 117 大厦基础筏板平面图

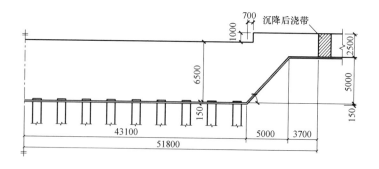

图 4.2-2 天津 117 大厦基础筏板东西向剖面图

4.2.2 重点及难点分析

主楼基础筏板厚 6.5m，混凝土浇筑方量 65000m³，基础筏板内钢筋密集，且须预埋大直径超长高强锚栓以及巨型柱插筋，所有混凝土须在冬季一次浇筑成型。其重难点主要

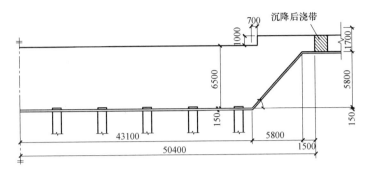

图 4.2-3 天津 117 大厦基础筏板南北向剖面图

体现为以下几方面：

（1）混凝土耐久性设计年限为 100 年，对混凝土的配合比、体积稳定性、抗碳化、抗化学腐蚀等混凝土耐久性均具有较高的要求，如何保证混凝土的耐久性满足工程设计要求是该工程混凝土技术中的主要难点之一。

（2）混凝土强度等级为 C50，抗渗等级为 P8，筏板厚 6.5m，总方量为 6.5 万 m³，其规模在民用建筑中创下历史之最，水化热的控制、混凝土的养护及温控是该工程混凝土技术中的最大难点。

（3）大面积多层 HRB400 直径 50mm 钢筋安装，筏板内埋件多，必须保证钢筋架立牢固，且能满足施工工期要求。需要通过技术攻关，研究一种加速底板钢筋施工的钢筋支撑系统，并优化底板钢筋设计，为快速高效施工提供技术支撑。

（4）巨型柱、钢板剪力墙均通过高强锚栓与基础筏板连接，锚栓数量多，形成了高强锚栓群，必须保证锚栓的精准定位，以及锚栓固定的可靠性。研究出超长高强锚栓群定位工具，并通过模拟试验研究分析混凝土水化过程中混凝土自身应变对锚栓初始应力的影响，从而评估锚栓埋设在基础筏板中初始应力是否对结构产生不利影响。

（5）混凝土体量大，筏板总方量高达 6.5 万 m³，并要求一次性连续整体浇筑，施工组织难度挑战性大，如何保证该工程顺利完成施工，保证混凝土实体结构质量满足工程要求，是本工程生产组织和混凝土质量控制的主要难点。基础筏板位于 12.6 万 m² 基坑中央，基础埋深 20m，基础混凝土输送距离长，落差大，保证混凝土在最短时间内浇筑完成，并保证浇筑过程中不堵管是混凝土施工的重点。混凝土一次浇筑量在国内前所未有，通过研究混凝土输送设备，合理布置泵管，加大混凝土浇筑速度，缩短混凝土浇筑时间。

4.2.3 C50P8 超大体积筏板混凝土配合比评价体系的建立

通过对 C50 大体积筏板混凝土的配合比试验研究过程，从原材料的选择、混凝土强度评价、混凝土工作性能评价、掺合料掺量、水化热指标、混凝土耐久性指标等方面考虑，建立了表 4.2-1 所示超大体积筏板混凝土配合比设计评价体系。

C50 超大体积筏板混凝土配合比评价体系　　　　　表 4.2-1

	评价项目	评价指标要求
C50 P8 超大体积筏板混凝土配合比评价体系	水泥	宜采用低热、低碱普通硅酸盐水泥;当采用普通硅酸盐水泥时,应采用大掺量矿物掺合料
	粉煤灰	细度≤12%,烧失量≤5%,需水量≤95%,Cl^-≤0.02%的低钙粉煤灰
	矿粉	350kg/m²≤比表面积≤400kg/m²;Cl^-≤0.02%;28d 活性大于95%
	减水剂	与水泥适应性好;保坍性能好;适当引气;减水率大于20%,且收缩率比≤120%的高效减水剂,不含 Cl^- 和 NH_4^+,对钢筋无锈蚀作用
	细集料	中砂,细度模数 2.5~2.8,含泥量<1.0%,泥块含量<0.50%,盐分不能超过 0.08%,内照射指数与外照射指数均≤1.0的中砂,且为非碱活性或低碱活性集料,吸水率≤2.5%
	粗集料	5~31.5mm 连续粒级,含泥量<1.0%,泥块含量<0.50%,针、片状颗粒含量≤10%,压碎指标值≤10%,盐分不能超过 0.04%,内照射指数与外照射指数均≤1.0的石灰岩碎石,且为非碱活性或低碱活性集料,吸水率≤2.5%

原材料要求 — 配合比设计 — 耐久性指标

	评价项目	评价指标要求
配合比设计	胶凝材料总量	450~500kg/m³
	矿物掺合料掺量	40%~50%
	水胶比	0.30~0.34
	水化热(kJ/kg)	7d<250
	砂率	38%~42%
耐久性指标	抗渗性能	≥P8
	收缩性能	混凝土 7d 自收缩小于 $1.5×10^{-4}$,28d 自收缩小于 $2×10^{-4}$
	抗氯离子渗透性	按 ASTM C1202,56d 电通量<1000C
	抗硫酸盐侵蚀	抗压强度耐侵蚀系数大于75%,干湿循环试验达到 150 次
	抗钢筋锈蚀	混凝土体系中氯离子总含量小于 0.06%
	抗冻性能	经 300 次冻融循环后混凝土的相对动弹性模量≥60%;质量损失率≤5%的要求
	抗碱骨料反应	混凝土体系中碱总含量小于 3kg/m³

4.2.4　C50P8 超大体积筏板混凝土温度控制成套技术

4.2.4.1　大体积混凝土温度控制因素分析

大体积混凝土在施工过程中,受自身结构及外界因素影响,均可能由于较大的温度应力产生裂缝。

1. 大体积混凝土裂缝种类及成因

大体积混凝土内出现的裂缝,按其深度的不同,一般可分为贯穿裂缝、深层裂缝及表面裂缝三类。贯穿裂缝切断了结构断面,破坏结构的整体性和稳定性,危害性是严重的,如与迎水面相通,还将引起漏水。深层裂缝部分切断了结构的断面,也有一定的危害性。表面裂缝危害性较小,但处于基础或者混凝土约束范围以内的表面裂缝,在内部混凝土降温过程中,可能发展为深层甚至贯穿裂缝。北方冬季施工时由于环境气温过低,混凝土表面散热速率加快,从而导致混凝土内外温差急剧增大,更容易造成混凝土表面与内部形成的温差裂缝,甚至形成贯通裂缝。

贯穿裂缝成因:随着水泥水化反应的结束以及混凝土的不断散热,大体积混凝土由升温阶段过渡到降温阶段,随温度降低,体积收缩。由于混凝土内部热量是通过表面向外散热的,在降温阶段,混凝土温度场的分布仍是中心温度高、表面温度低的状态,因此内部混凝土产生较大的内约束。同时，地基和边界条件也对收缩的混凝土产生较大的外约束。所以降温收缩，在混凝土中形成了较大的拉应力，从而引起大体积混凝土的贯穿裂缝。

可见，大体积混凝土产生温度裂缝的原因，一个是混凝土内外温度变化差引起的应力和应变，另一个是混凝土本身的抗拉强度和抵抗变形能力。当应力值大于混凝土的极限抗拉强度时，混凝土即出现裂缝。

2. 影响大体积混凝土温度裂缝的主要因素

（1）水泥水化热的影响。大体积混凝土由于结构物断面大，自身的导热性能又较差，浇灌后，在硬化期间，水泥放出大量的水化热。据实测，它引起的温度在工程的施工中高达 20～30℃，在混凝土浇筑后的 3～5d 达到最高值，由此引起混凝土内部温度不断上升，表面和内部温差很大。水泥水化热聚集在结构物的内部不散失而引起升温，引起不均匀膨胀与收缩，当受到约束时，就会导致混凝土开裂。水化热与水泥用量、水泥品种有关，并随混凝土的龄期按指数关系增长。

（2）浇筑温度与外界气温的影响。在北方冬季浇筑混凝土，由于环境温度较低，内部与表面温度差很大，特别是大体积混凝土基础结构平面尺寸很大时，浇筑温度对混凝土内部裂缝的开展影响明显，容易产生表面裂缝或贯穿性裂缝。因此浇筑温度是不可忽视的因素之一。

（3）约束条件的影响。结构物在变形过程中，由于约束条件的存在，必然会受到一定的约束或抑制而阻碍变形。若没有约束，无论内部温度和外部温度如何变化，都不会引起开裂。对于大体积混凝土来说，它总是置于一定的基底之上，这个约束产生的应力大于混凝土的抗拉强度时就引起开裂，直至贯穿。

（4）混凝土的收缩变形的影响。在大体积混凝土中，仅有 20% 左右的水分是水泥水化所必需的，尚有 80% 的游离水分需要蒸发，多余水分蒸发所引起的混凝土体积收缩称为收缩变形。因此，混凝土的收缩变形在约束力的作用下，在其内部就会产生拉应力，从而引起混凝土的开裂。

从温度控制的观点看，以下三个特征温度比较重要：

（1）混凝土的浇筑温度，这是混凝土建筑物的起始温度；

（2）混凝土的最高温度，它等于浇筑温度加上水化热温升 T_r；

（3）降温速率，最终稳定温度。

3. 防治温度与收缩裂缝的技术措施

为了有效地控制有害裂缝的出现和发展，可采取如下措施：

（1）降低水泥水化热

① 采用低水化热或中水化热的水泥配制混凝土。

② 充分利用混凝土的后期强度或 60d 强度，减少水泥用量。试验结果表明，每增加 10kg 水泥用量，其水化热将使混凝土的温度相应升高 1℃。

③ 尽量选用粒径较大、级配良好的粗骨料，掺入粉煤灰等掺合料，或掺入相应的减水剂缓凝剂，改善混凝土和易性，从而降低水灰比，以达到减少水泥用量、降低水化热的目的。

④ 预埋冷却水管强制降温，但必须注意严格控制进出口水温温差，一般不超过 25℃。

⑤ 控制拌合用水温度，防止水泥水化热峰值提前上升，可采用冷水拌制混凝土，一般采用 4～13℃冷水拌制混凝土。当外界气温为负温时，可采用 30～40℃热水进行搅拌。

（2）改善养护制度

① 在混凝土浇筑之后，做好混凝土的保温保湿，缓缓降温，降低温度应力。冬季施工应采取措施保温覆盖，以免产生急剧的温度梯度。混凝土浇筑完成后，应进行保湿养生，并应随混凝土内部温度的升高，逐渐提高养护温度，在整个养生过程中要密切关注混凝土温度变化，随时调节养护温度，严格控制降温速率在 0.9～1.5℃/d，保证大体积混凝土的内在质量。

② 采取长时间的养护，规定合理的拆模时间，延缓降温时间和速度，充分发挥混凝土的应力松弛效应。

③ 加强温度监测与管理，实行信息化控制，随时控制混凝土内温度变化，内外温差控制在 25℃以内，基面温差和基底面温差均控制在 20℃以内。及时调整保温及养护措施，并应在施工前做好保温材料的准备，在施工中随时按照预定的方案监测温度，做好控温措施准备工作，使混凝土的温度梯度及湿度梯度不至于过大，有效控制有害裂缝的出现。

④ 合理安排施工程序，混凝土浇筑过程中控制温度均匀上升，结构完成后及时回填土或用保温材料保温，可用珍珠岩或苯板等，避免侧面长期暴露，以有效控制有害裂缝的出现。

⑤ 设置保温层及温度缓冲层，来防止混凝土降温过快，出现内外温度差过大引起裂缝。

（3）改善约束条件，减少温度应力

① 分层或分块浇筑大体积混凝土，合理设置水平或垂直施工缝，或在适当的位置设置施工后浇带，以放松约束程度，减少每次浇筑长度的蓄热量，以防止水化热的积聚，减少温度应力。

② 在大体积混凝土基础与岩石地基，或基础与厚大的混凝土垫层之间设置滑动层，如采用平面浇沥青胶铺砂，或刷热沥青，或铺卷材。在垂直面，键槽部位设置缓冲层，可铺设 30～50mm 厚沥青木丝板或聚苯乙烯泡沫塑料，以消除嵌固作用，释放约束应力。

（4）提高混凝土的极限拉伸强度

① 选择良好级配的粗骨料，加强混凝土的振捣，提高混凝土的密实性和抗拉强度，减少收缩变形，保证混凝土质量。

② 采用二次或多次投料法拌制混凝土，并尽可能采用引气剂，再采用切实可行的振捣方法，既不过振，也不漏振。上下层混凝土的振捣搭接长度控制在振捣器的振幅作用半径距离内，消除大体积混凝土的泌水现象，加强早期养护。

③ 在大体积混凝土的基础内设置必要的温度配筋，在截面突变和转折处、底面与墙转角处、孔洞转角及周边增加斜向构造配筋以改善集中应力防止裂缝的出现。

4.2.4.2　C50P8 超大体积筏板混凝土施工温度计算

1. 混凝土浇筑温度的计算

根据不同环境温度，对混凝土拌合物的温度进行计算。环境温度按 −15℃、−10℃ 和 −5℃ 计算，砂石温度根据以往测量数据进行取值，水泥和矿粉温度分别按 50℃ 和 40℃ 取值，粉煤灰温度按 30℃取值。

浇筑温度计算的主要目的在于：（1）有利于初步了解不同环境温度下混凝土拌合物温度和浇筑温度情况；（2）施工时，以实际测量温度为准，与计算值相比较，以便能够及时预判并对原材料采取有效的控温措施。

2. 混凝土绝热温升计算

绝热温升计算过程：水泥水化热检测，计算水泥总水化热，然后按照《大体积混凝土施工技术规范》计算绝热温升，计算时浇筑温度考虑 5℃、10℃、15℃。

计算结果表明：混凝土的绝热温升随龄期的增加而增长，在相同的龄期下，同配比混凝土的浇筑温度越高其绝热温升也略有提高，但影响幅度不大，表明适当降低混凝土的浇筑温度并不能明显降低混凝土绝热温升。

3. 混凝土中心温度计算

混凝土中心温度计算依据《建筑施工手册》中公式进行：

$$T(t) = T_j + \xi(t) \cdot T_h$$

式中　$T(t)$——t 龄期混凝土中心计算温度（℃）；

　　　　T_j——混凝土浇注温度（℃）；

　　　　T_h——混凝土绝热温升（℃）；

　　　　$\xi(t)$——t 龄期降温系数，由于该筏板厚度为 6.5m，无规范可查，保险起见降温系数取 1。

浇筑温度假定以 5℃、10℃、15℃三种温度，分别计算不同配合比混凝土 3d 和 7d 的中心温度。

计算结果表明：混凝土的中心温度随混凝土龄期增长而提高；相比于绝热温升随混凝土浇筑温度提高的变化，混凝土的中心温度随浇筑温度的提升而增高显著；当混凝土的浇筑温度在 15℃时，中心温度可达 70℃左右，温度较高，由于混凝土内外温差较大易导致混凝土的收缩开裂，需对混凝土外表层进行针对性的养护。同时，在可允许的范围内，可适当降低混凝土浇筑温度以降低混凝土中心温度。

4. 混凝土温度场有限元模拟计算

有限元分析是通过选用两组配合比，设定相应的参数、边界条件等，利用 ANSYS 软件进行混凝土温度场的模拟计算。

根据模拟计算结果，混凝土有限元计算温度略高于计算值 1~2℃，与计算结果相当，表明通过有限元计算可以准确有效地监控混凝土的温度发展趋势，对以后混凝土的温度控制具有指导意义。

4.2.4.3　C50P8 超大体积筏板混凝土施工温度控制技术

温度控制主要为混凝土入模温度控制及筏板大体积混凝土养护期间的内外温差控制。温控的目的是及时掌握混凝土内外温差及温度应力，及时调整保温措施，调整养护时间，保证混凝土内外温差小于 25℃及降温速率小于 2℃/d。

1. 混凝土入模温度控制

当环境温度为 −10℃或 −15℃，如果要求混凝土入模温度控制在 10℃以上时，由入模温度计算结果可知，必须采用热水进行搅拌，具体水温控制温度见表 4.2-2。

不同环境温度和入模温度时的水温控制温度　　　　　　　　　　表 4.2-2

环境温度（℃）	原材料温度（℃）						入模温度（℃）
	C	FA	SL	S	G	W	
−5	50	30	40	1	−3	80	15.03
−5	50	30	40	1	−3	45	10.00
−5	50	30	40	1	−3	12	5.26
−10	50	30	40	−1	−5	80	13.08
−10	50	30	40	−1	−5	65	9.64
−10	50	30	40	−1	−5	32	5.09
−15	50	30	40	−3	−6	80	9.67
−15	50	30	40	−3	−6	70	8.29
−15	50	30	40	−3	−6	46	5.10

通过以上入模温度的计算，可以根据施工实际环境温度及原材料温度，对所需水温进行计算，从而满足混凝土入模温度要求。

2. 混凝土养护措施

（1）保温养护方法

混凝土养护保温材料采用 1 层塑料布＋岩棉被＋1 层帆布的方式保温，岩棉被的厚度根据混凝土内外温差情况随时调整。

筏板混凝土浇筑完成一部分马上覆盖养护一部分。低层塑料布下预设补水软管，补水软管延长方向每 10cm 开 5mm 小孔，根据筏板表面润湿情况向管内注水，保证混凝土表面始终处于湿润状态。

混凝土养护前 14d 以控制温差为主，温差控制在 25℃，报警温差设定 23℃，降温速率不大于 1.5℃/d；混凝土养护 14d 后以控制降温速率为主，温差控制在 30℃，报警温差设定 28℃，降温速速率不大于 2℃/d。

混凝土养护期不小于 14d，表面温度与环境温差小于 20℃后，可停止测温并撤除保温材料。

（2）保温层计算

① 混凝土表面温度

按照《大体积混凝土施工规范》GB 50496—2009 规定：对于大体积混凝土的养护，应根据气候条件采取控温措施，并按需要测定浇筑后的混凝土表面和中心温度，将温差控制在设计要求的范围以内，当设计无具体要求时，温差不宜超过 25℃。

② 保护层厚度计算

$$\delta = 0.5h \times \lambda_x (T_2 - T_q) \times K_b / \lambda \times (T_{max} - T_2)$$

其中，保温材料取岩棉被，$\lambda = 0.03$；传热系数修正值取 1.3。

根据计算结果，保温材料最厚约 120mm。

4.2.4.4　C50P8 超大体积筏板混凝土缩尺寸模拟试验

1. 实验目的

根据设计要求，本着对重点工程认真、负责的态度，对混凝土温度及应力变化进行测试，其主要目的有：

（1）对配合比的施工性能、力学性能进行验证；

（2）测定混凝土选定点的温度变化、应力应变等各项参数；

（3）对 117 筏板混凝土工程的实际施工提供实际指导。

2. 试验方法

选择基坑西南侧一块空地作为试验试块浇筑地，混凝土顶面比自然地面低 2m，底面在地面以下 8.5m 处。砖胎模砌筑完后混凝土浇筑前，需对砖胎模后空间采用粉质黏土或粉砂回填，以确保试块周边边缘条件接近 D 区筏板下的土质条件。

模拟试验混凝土块体尺寸的选择：D 区筏板厚 6.5m，故试块尺寸确定为 6.5m×6.5m×6.5m。在试验试块中埋设 3 根直径为 75mm 的高强螺栓。现场浇筑时，采用车载泵和溜槽一次性连续浇注。试块混凝土于 11 月 5 日凌晨 1：00 浇筑完毕。

3. 温度测点布置方法

选择在 6.5m×6.5m×6.5m 试验试块 1/4 对称区域布置 7 个测温点，如图 4.2-4 所示。

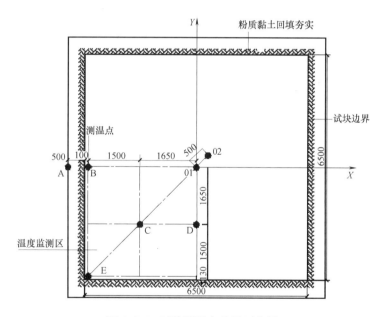

图 4.2-4 试块测温点的平面布置

某一深度的监测平面上共布置了 01、02、A、B、C、D、E 共 7 个测温点，每个点在纵向不同深度埋入测温点，具体位置如图 4.2-5 所示。

4.2.5 超厚超大基础筏板大直径钢筋施工技术

4.2.5.1 钢筋安装技术

超厚超大基础筏板钢筋施工主要控制钢筋支撑架立体系、钢筋与筏板内其他专业构件碰撞问题，以及解决各类插筋的施工问题，方能保证底板钢筋的顺利施工。基础筏

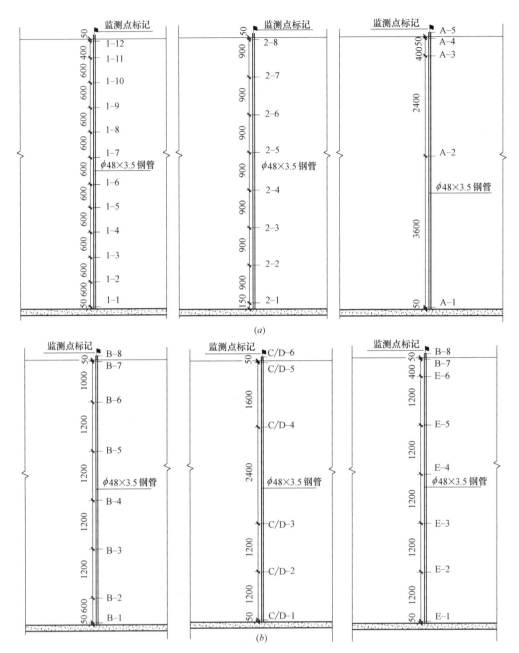

图 4.2-5　各温度监测点竖向布置

（a）测温点 1-1～1-12，2-1～2-8，A-1～A-5；（b）测温点 B-1～B-8，C/D-1～C/D-6，E-1～E-8

板厚度一般在 0.5～1.0m，且钢筋直径一般不超过 32mm，对于此类钢筋安装较为普通，当基础筏板厚度增加，钢筋直径增大到一定程度，钢筋架立需要有一套坚固、稳定的支撑体系。

1. 基础底部钢筋架立技术

（1）坑底水平段底部钢筋架立

基础桩为钻孔灌注桩，直径 1m，成梅花形布置，中心距 3m，净距 2m，钢筋笼主筋为⌀40，部分试验桩主筋为⌀50，主筋数量为 24 根、18 根、12 根不等。基础筏板底筋（编号：B1）保护层厚度 100mm，垫块采用 C40 素混凝土进行浇筑制作，高 100mm，宽 200mm，可满足局部受压，长度根据人工搬运要求，为 500~700mm 不等，即 25~35kg，垫设位置如图 4.2-6 和图 4.2-7 所示。

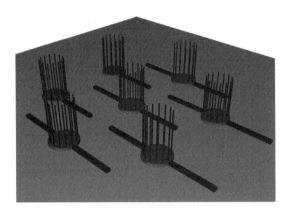

图 4.2-6　垫块设置平面示意图　　　　图 4.2-7　板底垫块铺设现场图片

（2）基坑斜坡处底排钢筋架立

基础筏板近似四棱台形，斜坡与水平面成 45°夹角，放坡位置采用混凝土垫块进行固定，由于 B1 层板底钢筋为东西向布置，垫块沿南北向放置，每条垫块间距为 1.5m。并将放坡底脚位置防水保护层位置制作起坡用以固定垫块。坑底水平无局部深坑。最下一排钢筋（编号：B1）为东西向，钢筋自重对东、西向斜坡上垫块施加的外力较小，东、西侧斜坡垫块采用 2 层 φ48mm 钢管架作为垫块，钢筋自重对南、北向斜坡垫块施加的外力较大，钢筋网片自身稳定性较差，南、北侧斜坡垫块采用 Q235 10 号槽钢沿坡度方向排列，并在槽钢上部焊接短钢筋头，以固定底排钢筋（图 4.2-8，图 4.2-9）。

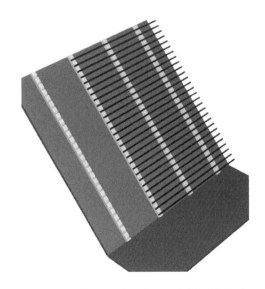

图 4.2-8　南北向放坡位置垫块剖面效果图　　　图 4.2-9　南北向放坡位置垫块施工

东西侧放坡采用钢管作为垫铁,钢管搭设如图 4.2-10 所示。底筋架立现场如图 4.2-11 和图 4.2-12 所示。

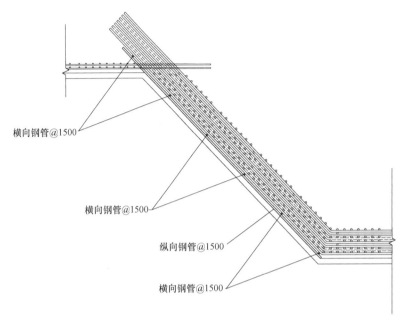

横向钢管@1500

横向钢管@1500

纵向钢管@1500

横向钢管@1500

图 4.2-10　东西向放坡位置垫块剖面示意图

图 4.2-11　东西向斜坡处底筋架立现场照片

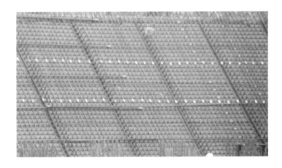

图 4.2-12　南北向斜坡处底筋架立现场照片

2. 层间钢筋架立技术

(1) 筏板底部钢筋分布特点

底板主筋配置根据区域不同,底筋为分为 10 层、16 层、20 层主筋,下部 12 层 (B1~B12) 为双向$\Phi 50@200$,上部 8 层(B13~B20)为双向$\Phi 50@400$,底筋层数分区见图 4.2-13 和图 4.2-14。

(2) 层间钢筋架立技术

根据筏板底部钢筋排列要求,每一层钢筋网片之间需架空 50mm 距离,以便混凝土流淌通畅,其他类似工程采用增加额外措施钢筋(直径 50mm 钢筋)进行架空,按此方法本工程预计增加措施钢筋 300 余吨。

为节省工程成本,对底板钢筋进行优化,D 区底板钢筋不另外设置垫铁,将 B3 与

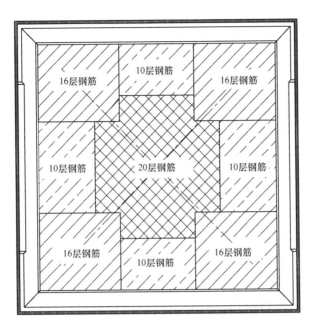

图 4.2-13 板底钢筋层数分区示意图

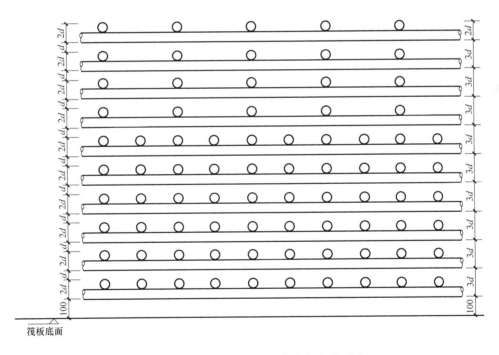

筏板底面

图 4.2-14 筏板底部钢筋沿高度方向排列图

B4、B7 与 B8、B11 与 B12、B15 与 B16、B19 与 B20 五层钢筋网片的上下层钢筋互换，并从 B4、B6、B8、B10、B12、B14、B16、B18、B20 每层中每隔 1.6m 选取一根钢筋分别下翻至 B3、B5、B7、B9、B11、B13、B15、B17、B19 以下作为垫铁使用，具体操作如图 4.2-15 所示。

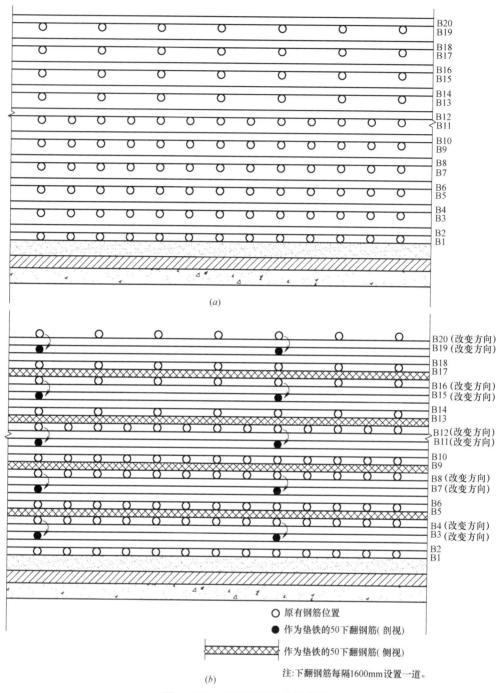

图 4.2-15 底板底筋优化示意图

（a）优化前；（b）优化后

3. 顶部钢筋架立技术

（1）筏板顶部钢筋分布特点

顶部钢筋共 6 排，分别为 $\Phi32@200$（T1）、$2\Phi32@200$ 并筋（T3）、$\Phi50@200$（T5）、$\Phi32@200$（T2）、$2\Phi32@200$ 并筋（T4）、$\Phi50@200$（T6）。

（2）顶部钢筋支撑体系设计思路

在钢筋支撑体系的设计方面，应遵循安全、经济、施工方便的原则，针对筏板顶部钢筋支撑体系，首先确定支撑体系材质为钢质，在全国范围看，筏板钢筋直径为 50mm 仅有一个类似工程可以参考，其采用型钢框架作为支撑体系，立杆和水平杆均采用槽钢，支撑体系连接形式采用焊接，梁柱节点间采用钢筋作为拉杆，除型钢支撑体系外，传统的钢筋"马凳"支撑体系因其承载力有限而被否决，借鉴满堂脚手架搭设的经验，钢管支撑体系是另外备选方案。

（3）设计方案比选

设计方案优缺点对比   表 4.2-3

方　　案	优　　点	缺　　点
型钢支撑系统	安全系数高	(1)用钢量大、焊接量大； (2)施工不方便
钢管支撑系统	(1)用钢量小、无需焊接、经济； (2)施工简便	顶部支撑托需求量大

（4）钢管支撑体系技术特点

① 底板钢筋支撑体系选用钢管进行搭设。

② 钢管支撑体系立杆需避开钢结构高强锚栓套架以及筏板竖向抗剪单元。

③ 横杆及温度筋标高位置需避让开钢结构套架横梁标高，并符合钢筋深化设计中关于温度筋的标高设定。

④ 每隔 6 跨设置一个灯笼架，灯笼架宽度为 3.2m×3.2m（2 跨立杆间距），灯笼架双向布置，灯笼架之间采用 2 个剪刀撑进行拉结，剪刀撑跨距为 4.8m×4.8m（3 跨立杆间距）。如图 4.2-16 所示。

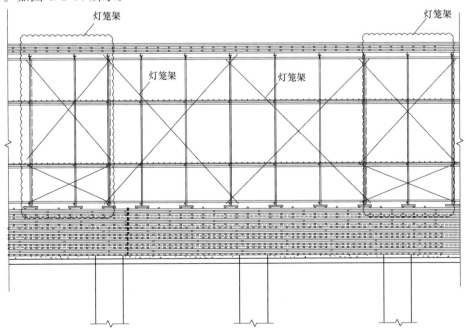

图 4.2-16 钢管支撑体系总体示意图

⑤ 面筋层采用匚8 槽钢作为支撑横梁。

（5）立杆固定

立杆底脚采用槽钢制作，槽钢平放且槽口向上，B10 层钢筋以上底脚槽钢长度为 300mm，B16 及 B20 层钢筋以上底脚槽钢长度为 500mm（图 4.2-17）。

（6）顶部支托

立杆顶部采用匚8 槽钢及外径 33.5mm 的钢管自制 U 托，33.5mm 直径钢管长度为 200mm，插入立杆顶端，顶部与作为托板的 200mm 长匚8 槽钢焊接。顶部做法如图 4.2-18～图 4.2-20 所示。

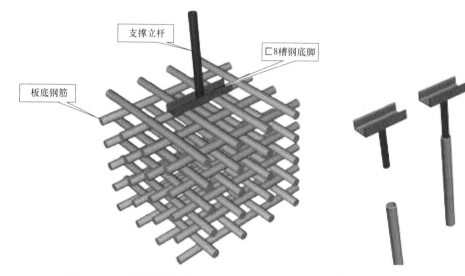

图 4.2-17 钢管支撑体系立杆固定示意图 　　图 4.2-18 立杆顶端自制 U 托示意图

图 4.2-19 支撑体系施工现场 　　　　图 4.2-20 立杆顶部支托现场

4.2.5.2 钢筋设计优化技术

1. 主筋连接形式优化技术

（1）底板钢筋与工程桩的位置关系

工程桩钢筋直径大，配筋多，工程桩分布密，每个方向有 33 排工程桩，筏板主筋穿桩头钢筋时，无法通过调整桩头钢筋的伸出角度达到筏板钢筋落在桩头混凝土上（图4.2-21）。

（2）工程桩桩头钢筋优化设计

对结构受力进行再验算，适当调整桩头钢筋锚入底板控制数量，在筏板钢筋 B1、B2排钢筋安装过程中，若桩头钢筋影响该 2 排钢筋安置到桩顶混凝土上，在满足最小控制数量的基础上，可将桩头钢筋割除。

图 4.2-21　桩头钢筋密而粗

（3）主筋连接与排布形式优化技术

① 钢筋连接技术

底板主筋 50mm，钢筋单位重量大，采用常规连接形式，在安装钢筋时须旋转钢筋，对于直径 50mm 钢筋，9m 长钢筋无法旋转，经过研究分析，连接形式采用锁母型直螺纹套筒，一端丝扣长度为套筒长度，另一根钢筋一端丝扣长度为 1/2 套筒长度，先将套筒旋转到一端，安装就位另一根钢筋，一人固定住钢筋，一人将套筒回拧，并拧紧锁母，锁母起到防止套筒在动荷载的作用下退回（图 4.2-22）。

② 局部连接形式优化

在机械联通后一根钢筋长 100 余米，并与 33 个工程桩可能产生碰撞，为保证 B1、B2 层钢筋落在桩顶混凝土上，在满足结构受力的情况下，局部改变连接形式及钢筋排布规则，即一根钢筋通常允许一处搭接。

③ 钢筋排布优化

钢筋排布不完全按照固定的钢筋排布规则，局部采用并筋的形式，从而保证所有钢筋落在桩头及垫块上。

2. 温度钢筋优化

施工图中要求采用Φ25@200 双向布置作为温度钢筋配置在底板中，并要求两层温度钢筋网片之间高度不得大于 2m，根据支撑系统横杆标

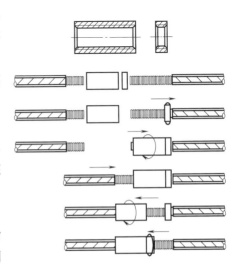

图 4.2-22　锁母型套筒施工原理图

高及其他专业构件分布，对温度钢筋的标高进行优化确定。

3. 筏板抗冲切单元深化设计

根据现场实际施工要求对筏板抗冲切单元进行优化设计，主要为以下几点：

（1）筏板抗冲切单元截面配筋尺寸由 300mm×300mm 变更为 350mm×350mm，配筋形式不变，可以有效避让其与底板 50mm 直径主筋的位置冲突。

（2）底板底筋区间内的筏板抗冲切单元箍筋取消，减少此区间箍筋与 50mm 直径主筋的冲突，同时减少工序上穿插。

（3）筏板抗冲切单元高度约为 6.35m，独立竖向高度过大，分 2 节加工安装，下节高度为 3.35m，上节高度为 3m。

（4）抗冲切单元底部弯区锚固长度由 400mm 缩减为 150mm，可以先绑扎板底钢筋，后将抗冲切单元的竖向主筋插入板底 50 钢筋的空隙中（图 4.2-23）。

图 4.2-23　抗冲切单元钢筋

4. 降水井井管位置钢筋优化

由于本工程底板深坑区域降水井需穿过底板钢筋，降水井直径 250mm，因此有一根底板主筋需截断处理，此区域需按照洞口处理，由于 $\Phi50$ 的等效截面与 $2\Phi36$ 基本一致，底板钢筋的处理做法如图 4.2-24 所示。

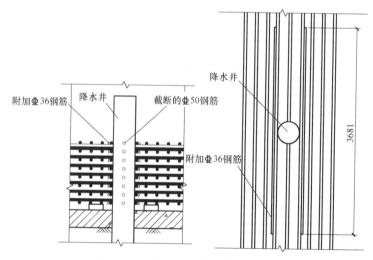

图 4.2-24　降水井区域钢筋处理详图

5. 下人孔设计

现场共设置 5 组下人孔，位于东西两侧后浇带，尺寸为 0.9m×1.6m（图 4.2-25～图 4.2-27）。下人孔位置主筋断开设置，接头位置采用直螺纹接头连接，局部断开截面小于钢筋总截面的 50%。后浇带位置混凝土浇筑之前将下人孔面筋进行封闭。爬梯采用直径 25mm 三级钢焊制。

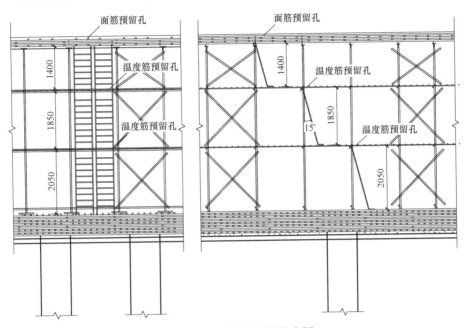

图 4.2-25 下人孔剖面示意图

图 4.2-26 下人孔现场照片

图 4.2-27 下人孔处警示标志

4.2.5.3 巨型柱大直径插筋施工技术

1. 巨型柱插筋定位

（1）巨型柱插筋特点

每个巨型柱共有 18 个有插筋的腔体，腔体内插筋均为 HRB400 直径 50mm 钢筋（图 4.2-28），芯柱内插筋由于与柱脚底板碰撞而无法锚入底板，采用移位插筋定位，在筏板顶部处采用无绑扎搭接，无法下人的腔体在基础筏板顶部处插筋与上部钢筋也采用无绑扎搭接，其余钢筋均采用机械连接。

（2）巨型柱插筋伸出筏板长度

无绑扎搭接插筋伸出筏板面钢筋长度应满足钢筋搭接长度要求，其余为机械连接，伸出筏板面长度不小于500mm，若为机械连接仅第一节为100%接头，套筒等级为一级；巨型柱内圆形芯柱钢筋笼直径为800mm（钢筋中心围成的圆）。

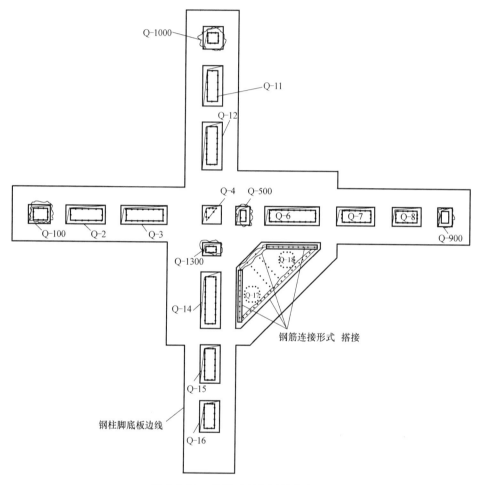

图 4.2-28　单根巨型柱插筋分布图

2. 巨型柱插筋固定

（1）巨型柱插筋横梁平面布置

巨型柱插筋底部固定采用10号槽钢（Q235级）作为横梁，将插筋固定在槽钢横梁上。槽钢横梁开口向上焊接固定在钢结构套架钢梁上（梁面标高-21.400），焊缝高度不小于5mm，所有槽钢均需现场放样后下料。

（2）巨型柱插筋固定

插筋安装定位后将2根直径16～25mm限位钢筋焊接固定在槽钢横梁上，其中芯柱区域插筋底部与槽钢满焊固定在一起（图4.2-29，图4.2-30）。

图 4.2-29　直径 50mm 钢筋插筋底部

图 4.2-30　直径 50mm 钢筋插筋

4.2.6　超长超大直径锚栓群施工技术

4.2.6.1　锚栓特点

天津 117 大厦巨型柱、剪力墙的柱脚高强锚栓等级为 835 级，普通锚栓强度等级为 345 级。巨型柱柱脚锚栓采用 75mm 直径高强锚栓，埋入深度约 5.5m，数量 1348 根。剪力墙锚栓分为两种：50mm 直径高强锚栓，埋入深度约 5m，数量 668 根；30mm 普通锚栓，埋入深度 1.2m，数量 216 根。

巨型柱脚锚栓 75mm 直径等强度高强锚栓，上下两端直径为 90mm，长度 5540mm，单根巨型柱有 337 根，共 1348 根。锚栓材质抗拉极限强度 1080N/mm²，屈服强度 835N/mm²。锚栓理论屈服强度不小于 3687kN，理论破断荷载不小于 4548kN。

剪力墙柱脚锚栓分两种：（1）50mm 直径高强锚栓，上下两端直径为 60mm，长度 5125mm，单片剪力墙为 167 根，共 668 根。锚栓材质抗拉极限强度 1080N/mm²，屈服强度 835N/mm²。锚栓理论屈服强度不小于 1638kN，理论破断荷载不小于 2020kN。（2）30mm 直径普通锚栓，埋入深度 1200mm，单片剪力墙 54 根，共 216 根。

4.2.6.2　技术难点

（1）高强锚栓最大直径为 75mm，长度达 5.5m，重量约 0.3t，制作、运输及吊装难度大。

（2）底板高强锚栓数量大，筏板桩头钢筋密集，底板主筋层数多，钢筋直径大，锚栓定位与钢筋冲突多，且锚栓施工给定的时间短，锚栓群的支撑架系统设计要求高。

（3）基础筏板厚混凝土强度高，混凝土收缩对锚栓初始应力影响难判断，给施工带来不确定性。

4.2.6.3　大直径高强锚栓群定位技术

1. 大直径高强锚栓支撑架的设计

大直径高强锚栓群定位，关键在支撑架的设计，高强锚栓群支撑架分为巨型柱锚栓支撑架和剪力墙锚栓支撑架两种。

主要使用型材为 HW125×125×6.5×9、L50×5 角钢、L200×125×2 角钢，钢材质均为 Q345B，连接形式为角焊缝焊接。

支撑架主要由型钢组成的柱、梁架体和定位角钢两部分组成，定位角钢通过在角钢上开孔，锚栓穿过孔与角钢锁定固定，高强锚栓通过定位角钢固定在支撑架上，支撑架起到保证锚栓群整体稳定的作用。

考虑到底板底层钢筋的绑扎，支撑架采用上下两节分开的形式，首节为独立的型钢立柱，之间无横梁连接，第二节为支撑架主体，包括柱、梁和斜撑。

（1）巨型柱锚栓支撑架

巨型柱两节支撑架平面划分为 8 个单元，划分原则为：最大宽度不超过 4m（图 4.2-31）。

（2）钢板剪力墙锚栓支撑架

剪力墙二节支撑架划分为 11 个单元，第一节独立柱，高 1.65 米；第二节为整体架体，高 3.85m（图 4.2-32）。

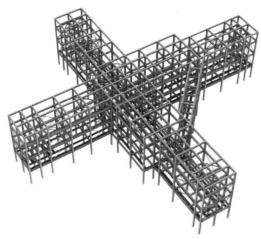

图 4.2-31　单根巨型柱支撑架三维效果图

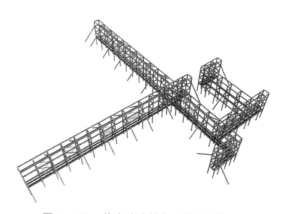

图 4.2-32　剪力墙支撑架三维效果图

2. 高强锚栓的定位技术

超长锚栓的固定措施按步骤，分上、中、下三道定位措施。高强锚栓与支撑架连接定位，主要根据端粗略定位与固定、中部限位、上端准确定位的原则（图 4.2-33）。

（1）下部定位 H 型钢。下部定位 H 型钢焊接在支撑架最下一道横梁的下表面，主要作用为承载锚栓，将锚栓下端与支撑架固定。采用 HW125×125×6.5×9 制成，在 H 型钢上焊接两道钢筋，作为锚栓的定位孔，方便锚栓的安装，锚栓下端穿进定位孔后螺母与钢筋焊接固定；

（2）中部限位槽钢。限位槽钢焊接在支撑架最上一道横梁的上表面，主要作用为控制锚栓偏位，限制锚栓倾斜或者偏移。采用两道匚10 槽钢制成，槽钢在锚栓两侧将锚栓夹紧限位，为保证锚栓定位的准确性，在锚栓另外侧即垂直于两道槽钢方向，焊接两块小钢板或钢筋条，从四个方向同时控制锚栓位置。

（3）上部定位槽钢。上部定位槽钢与支撑架不连接，主要作用为定位锚栓位置，控制锚栓顶端水平位移。采用匚20a 槽钢制成，在腹板上开孔，作为锚栓的定位孔。带有上部定位槽钢的高强锚栓分片吊装完成，并在锚栓位置测量校正后，将上部定位槽钢连成整体，在锚栓群上端形成整体的定位框架，限制锚栓位移。

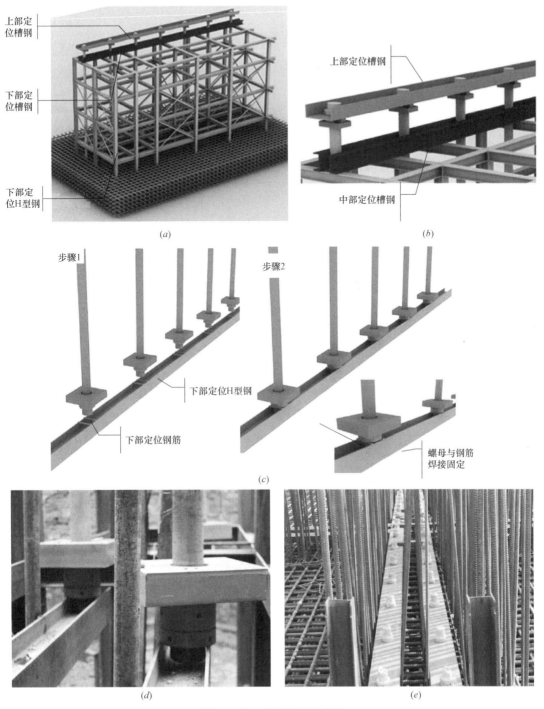

图 4.2-33 套架设计示意图

(a) 套架效果图; (b) 顶部定位; (c) 套架底部定位; (d) 下部定位 H 型钢; (e) 上部定位槽钢

4.2.6.4 大直径高强锚栓的施工技术

1. 支撑架吊装

在防水保护层达到一定强度后开始单根吊装第一节立柱, 在筏板底部钢筋绑扎完毕之后分片整体吊装第二节支撑架，支撑架分单元吊装，吊装前需要在单元立柱顶端焊接吊耳，每个单元设置 4 个吊耳。（图 4.2-34）

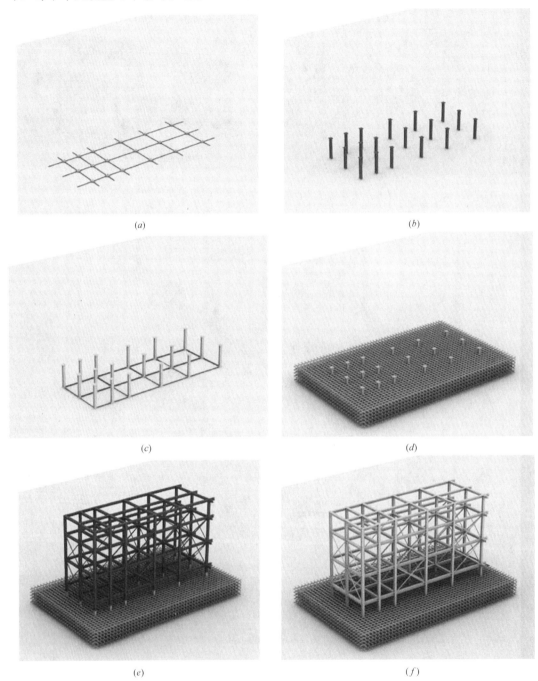

(a)

(b)

(c)

(d)

(e)

(f)

图 4.2-34 支撑架吊装

（a）第一步：底板垫层及防水保护层施工完成后，在保护层上测放出支撑架独立柱位置；（b）第二步：安装支撑架一节独立柱，柱脚与混凝土防水保护层通过 M6×65 膨胀螺栓连接；（c）第三步：首节独立柱安装完成后及时用∟50×5 角钢连成整体，以保证独立柱稳定性；（d）第四步：独立柱周围底板底筋绑扎；（e）第五步：底板底筋绑扎完毕，吊装独立柱上方支撑架；（f）第六步：支撑架下部横梁上安装锚栓下端定位槽钢；定位槽钢焊接在支撑架最下一道横梁的下表面

(g)

(h)

(i)

(j)

(k)

(l)

图 4.2-34 支撑架吊装（续）

（g）第七步：高强锚栓成排吊装就位。吊装措施采用两根 6m 长 Ｅ20a 槽钢制成的钢扁担；（h）第八步：高强锚栓就位，
锚栓下端与支撑架下部定位 H 型钢焊接固定；锚栓初校后，支撑架上部限位槽钢安装，对锚栓位置进行精确固定；
（i）第九步：依次成排安装其余锚栓。锚栓测量校正后将定位槽钢连接成整体，将锚栓群整体定位；
（j）第十步：依次安装其余锚栓，直至整个巨型柱脚锚栓安装完；（k）第一节支撑架吊装就位；
（l）第二节支撑架吊装就位

2. 高强锚栓吊装

由于巨型柱、剪力墙高强锚栓数量众多，总数达 2232 根，并要求在 10d 时间内完成所有锚栓的预埋，将单根锚栓的吊装改为成排整体吊装的方法，通过⊏20a 槽钢自制吊装扁担一吊次吊装 5～6 根锚栓，不仅节省了工期，还大大提高了安装精度，取得了良好的效果（图 4.2-35）。

（a）　　　　　　　　　　　　　　（b）

（c）　　　　　　　　　　　　　　（d）

图 4.2-35　锚栓吊装示意图

（a）锚栓成排吊装设计；（b）锚栓穿入钢扁担；（c）锚栓的整体起吊；（d）高强锚栓吊装就位

4.2.7　C50P8 超大体积筏板混凝土一次性连续浇筑施工组织创新模式及施工关键技术

4.2.7.1　施工组织创新模式

天津 117 大厦筏板混凝土单次浇筑方量为 $65000\mathrm{m}^3$，由于方量较大，时间较短，凭借单一混凝土供应站点是无力承担的。筏板混凝土施工组织的难度、重要性和影响力得到了课题组高度的重视，经过全方位考虑，最终确定本次筏板施工采用混凝土总承包管理模式，即项目部通过招标确定中建商品混凝土有限公司为混凝土施工部，由混凝土施工部全权负责场外混凝土的生产、运输和泵送设备租赁。经过和几家搅拌站实地考察与沟通交流，同时结合各家搅拌站的实力、影响力和信誉度，最终确定四家单位作为合作伙伴（各混凝土供应单位站点分布如图 4.2-36 所示），并签订三方（117 项目部、中建商品混凝土有限公司、协作搅拌站）协议明确三方责权利等，尽量做到全方位的尽善尽美，为筏板成功浇筑奠定了基础。

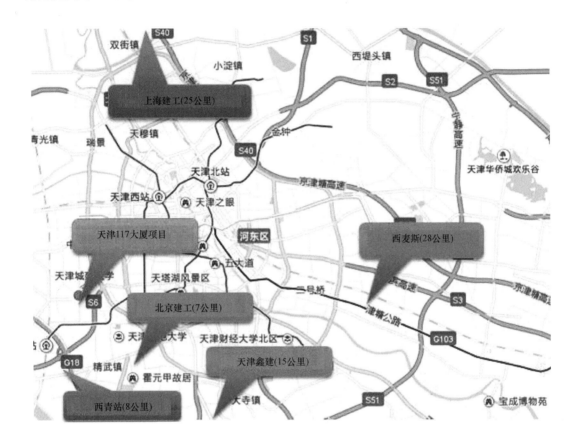

图 4.2-36 各混凝土供应单位站点分布图

本次筏板浇筑共有 5 家混凝土供应单位，6 个混凝土搅拌站，12 条生产线，1000 余人，280 多辆混凝土罐车参与作战，此次参加人员之多、生产方量之大、浇筑时间之紧迫是史无前例的。

4.2.7.2 混凝土浇筑关键点

1. 混凝土浇筑方式

（1）采用混凝土地泵浇筑和汽车泵联合浇筑。

（2）在筏板初始浇筑时，板厚大于 3m，采用串筒将混凝土自泵管出口送至作业面，以减小自由落差，防止混凝土离析、分层（图 4.2-37）。

（3）采用"斜向分层、水平推进、一次到顶"的方式，由远泵端向输送泵推进（从南至北退泵）进行浇筑，每层浇筑厚度约 500mm（图 4.2-38）。

2. 混凝土振捣方法

在整个混凝土浇筑过程中，最不利情况为坡茬流淌长度为 78m 阶段，此时需在每个

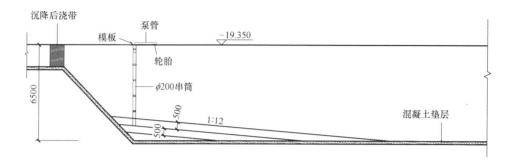

图 4.2-37　串筒架设图

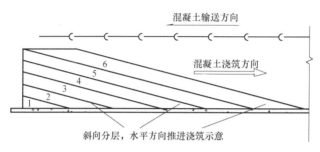

图 4.2-38　混凝土浇筑方向

下料口布置一个振捣手，然后沿流淌方向每隔 5m 布置一台振捣棒，共设置 16 台，每个振捣手负责 1 台振捣棒，保证混凝土分层振捣到位（图 4.2-39）。

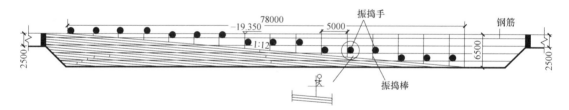

图 4.2-39　D 区筏板振捣棒、振捣手布置剖面图

3. 特殊节点区域混凝土浇筑

（1）埋入式钢棒柱脚内混凝土浇筑

D 区筏板内筒钢板剪力墙柱脚为 $\phi50$ 高强锚栓、外框巨型柱柱脚为 $\phi70$、外框次柱柱脚为 $\phi30$ 普通螺栓，钢柱柱脚在筏板内部分需灌注密实混凝土。目前在钢柱柱脚上四面已交错布置 $\phi125mm@1200mm$ 的振捣孔，并且柱脚中部的工艺隔板留孔直径为 $300\sim500mm$，因此钢柱内部可下 30 的振捣棒进行振捣。在混凝土浇筑过程中振捣手通过下人孔到筏板内部进行埋入式柱脚内部混凝土的浇筑和振捣。

（2）钢筋密集区域混凝土浇筑

针对斜坡段处和预应力锚杆锚固端区域都存在钢筋过于密集的问题。在现场浇筑过程中，针对以上部位将设置串筒利用塔吊料斗浇筑同配比豆石混凝土，并用 30 振捣棒加强振捣，确保混凝土密实。

4.2.7.3 超厚超大底板混凝土浇筑泵管布置技术

1. 筏板周边环境特点

天津 117 大厦基础筏板位于基坑中央，基坑东侧、西侧坡顶距基础筏板中心 160m，并在东西侧设置有钢结构栈桥，基坑南侧紧临津静公路且有围墙，基坑边与围墙最大距离仅 3m，基坑北侧距筏板中心约 100m，基坑深 26m（图 4.2-40）。

图 4.2-40 周边环境

2. 混凝土布泵方案

根据基础筏板周边环境特点，因南侧无布泵条件，故采用自南向北分层浇筑。结合施工现场实际情况及浇筑时间要求，在场地东侧、西侧、北侧及东西两个栈桥上共计布置车载泵 23 台（另备用 4 台备用泵），汽车泵 4 台（东西栈桥各 1 台 48m 泵，北侧 2 台 56m 泵），东西栈桥上各布置一个溜槽（溜槽的角度不大于 30°，主要采用木模板做底模、镀锌铁皮做面膜制作而成，溜槽支架采用钢管、扣件搭设），车载泵每小时浇筑方量约为 35～40m³，加上汽车泵及溜槽（考虑到交替使用），最小浇筑速度为 910m³/h，最大浇筑速度 1128m³/h，顺利状态下 63h 完全浇筑完毕。筏板浇筑时混凝土泵管的布置如图 4.2-41 所示。

在整个混凝土泵送过程中，泵送设备供应商在现场备有充足的易损件，便于设备出现故障及时进行抢修，同时所有泵送设备厂家的售后服务工程师（至少 5 人）在现场随时待命，对设备运转情况进行检查（图 4.2-42）。设备租赁商在现场备有油罐车，以保证燃料充足。另项目部配备至少 16 人的管道拆装队伍全程值班两班倒，每班 4 个小组，每个小组 2 人，每个小组划定固定的负责区域，负责随时拆装管道和排除堵管，并配备对讲机，保持与操作手的联系畅通。

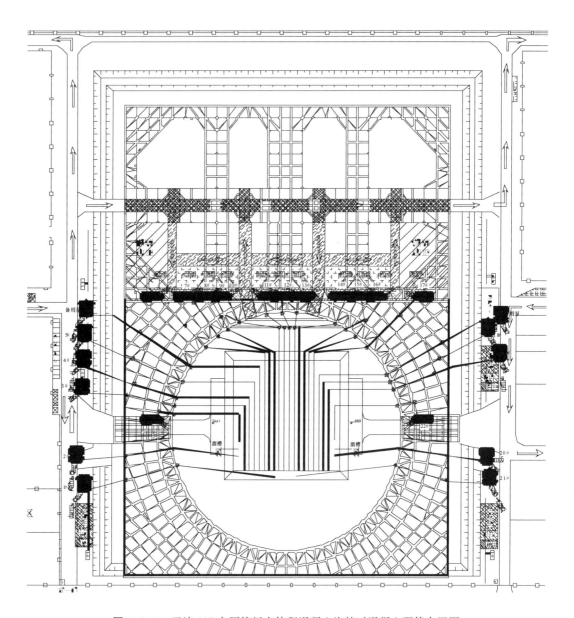

图 4. 2-41　天津 117 大厦筏板大体积混凝土浇筑时混凝土泵管布置图

4. 2. 7. 4　防堵管综合技术

1. 优化混凝土配合比设计

如混凝土配合比设计不好，很容易因混凝土流动性能差引起堵管，为此，项目部在保证强度、耐久性的前提下，从 2011 年 4 月份开始进行配合比设计，经过试生产及 1:1 模拟试验，最终确定表 4.2-4 所示混凝土配合比。

筏板混凝土配合比　　　　　　　　　　　　表 4. 2-4

胶材总量	水泥	粉煤灰	矿粉	河砂	石	水	减水剂
467	250	100	117	697	1090	158	4.7

图 4.2-42　现场混凝土浇筑

并确定表 4.2-5 所示混凝土施工性能控制指标。

筏板混凝土施工性能控制指标　　　　表 4.2-5

初凝时间	终凝时间	坍落度	入模温度
不小于 12h	16～18h	220±20mm	≥5℃

注：可根据泵车的具体情况适当调整适合的坍落度。

2. 严格控制混凝土的原材料

（1）优选冀东低热 P·O42.5 水泥。

（2）粗骨料的最大粒径与泵送管径之比应为：泵送高度在 50m 以下时，对于碎石不宜大于 1∶3，对于卵石不宜大于 1∶2.5；泵送高度在 50～100m 时，宜在 1∶3～1∶4；泵送高度在 100m 以上时，宜在 1∶4～1∶5，本次泵管管径 125mm，粗骨料粒径控制在 5～25mm，针片状颗粒含量不大于 10%，粗骨料相关指标见表 4.2-6。

筏板混凝土中粗骨料相关指标　　　　表 4.2-6

厂家	品种	级配	针片状（%）	含泥量（%）	压碎指标（%）	泥块含量（%）
玉田	碎石	5～25mm	5.0	1.2	10	0.15

（3）泵送混凝土的砂率宜为 38%～45%，细骨料宜采用中砂，通过 0.315m 筛孔的砂量不应少于 15%。中砂相关指标见表 4.2-7。

筏板混凝土中砂的相关指标　　　　表 4.2-7

厂家	品种	级配	细度模数	含泥量（%）	泥块含量（%）
闽江	河砂	Ⅱ	2.4～2.7	2.0	0.4

3. 严密监控混凝土的生产运输全过程

（1）在混凝土生产过程中，严格监控混凝土原材料的各项性能指标，每 2h 检测一次砂、石子等骨料的含水量、含泥量等，并根据检测结果对生产配合比进行微调。

（2）混凝土生产运输过程中，严密监控混凝土的各项性能指标，在混凝土出厂前，抽查混凝土的坍落度，到达现场后，抽查坍落度，目测混凝土的和易性，如发现有问题，立即采取进一步的措施，如退货。

4. 设备的正常运转是保障混凝土连续供应的前提

（1）在底板混凝土浇筑前，搅拌站的混凝土生产线、罐车、车载混凝土输送泵等设备全数检查、保养，确保设备处于最佳运行状态，把设备故障的可能性降到最低。

（2）厂家技术人员驻场服务，并配备一定量的易损件，一旦发现设备故障，在最短的时间内修好设备。

（3）现场准备一定数量的备用设备，一旦设备出现故障，估计在半小时内不能修好的情况下，立即更换设备。

5. 混凝土泵管的保障措施

（1）因管路长，为避免旧管阻力大，所用的泵管为全新泵管。

（2）为避免接头漏气而堵管，所有接头处先用保鲜膜缠裹，再用熟胶橡胶圈密封，并将管卡固定牢固。

（3）在安装与设计管道时，尽可能避免 90°和 S 形弯，以减少泵送混凝土的阻力，防止堵塞。

（4）在混凝土泵送过程中，要派人巡查是否有密封圈破裂而漏浆，若发现此现象，需立即更换新的橡胶圈，避免漏浆而堵管。

6. 防止低位泵送堵管的措施

混凝土向下泵送时，因落差大易产生空腔进而引起堵管，为避免此现象，泵管设计时，避免一次性落差过大，所有的泵管在第二道内支撑标高均保证一定长度的水平段（图 4.2-43）。

图 4.2-43　混凝土泵管在第二道支撑有一定长度的水平段

7. 冬期施工措施

（1）使用热水搅拌，保证混凝土出厂温度不低于 10℃。

（2）混凝土罐车外面包裹保温层。

（3）所有混凝土泵管外面包裹橡塑海绵保温层。

8. 混凝土连续供应措施

（1）为保证泵送混凝土的连续性，确保混凝土浇筑质量，作业中间隔时间不宜过长，以防止堵塞。如因某种原因导致间隔时间较长，就应每 10min 左右启动一次泵或反、正转泵数次，必要时打循环泵以防堵塞。

（2）现场备有一定数量的搅拌运输车，根据实际需要随时调度。

9. 防异物堵管措施

理论上讲，堵管最易发生在 3 个大石子在同一截面相遇卡紧时，这时截面大部分被石子占据，可流通面积很小。通常规定石子最大粒径与管内径 $d：D < 1：3$。在混凝土输送泵接料斗的格栅上，增加网格较小的临时格栅，避免砂中混入的较大块的卵石或其他杂物入泵造成堵管。

10. 其他管理措施

（1）泵送混凝土前应用清水润滑管道，先送砂浆，后送混凝土，以防止堵塞。开始泵送时，混凝土泵应处于慢速、匀速运行的状态，然后逐渐加速。同时应观察混凝土泵的压力和各系统的工作情况，待各系统工作正常后方可以正常速度泵送，混凝土泵送工作尽可能连续进行，混凝土缸的活塞应保持以最大行程运行，以便发挥混凝土泵的最大效能，并可使混凝土缸在长度方向上的磨损均匀。混凝土泵若出现压力过高且不稳定、油温升高、输送管明显振动及泵送困难等现象时，不得强行泵送，应立即查明原因予以排除。可先用木槌敲击输送管的弯管、锥形管等部位，并进行慢速泵送或反泵，以防止堵塞。

（2）泵送时，料斗内的混凝土存量不低于搅拌轴位置，以避免空气进入泵管引起管道振动。

4.2.8 实施效果

4.2.8.1 底板钢筋

在钢筋安装过程中以及筏板混凝土浇筑过程中（水平动荷载的作用下），支撑体系稳定，架体未发生任何变形、局部沉降迹象。

（1）底板主筋施工较顺利，提高了施工工效；

（2）温度钢筋可有效搁置在支撑体系水平杆件上，避免了增加支撑体系；

（3）筏板抗冲切单元与主筋无碰撞，施工顺利；

（4）深坑降水井得以保留，保证了沉降后浇带封闭前的地下有效降水；

（5）下人孔设计合理，在筏板混凝土浇筑期间确保施工人员有效进出。

4.2.8.2 高强锚栓

10d 时间内顺利完成了 2232 根大直径超长高强锚栓群的安装，并且严格控制了锚栓的预埋精度，顺利通过锚栓的预埋验收。

4.2.8.3 混凝土强度测试

浇筑时，对到场混凝土抽检400余次，记录数据1500多个，其中混凝土入模温度合格率（7℃以上）达到100%，坍落度（200±20mm）合格率达到95%，强度均达到设计要求。

4.2.8.4 温度测试

经过合理组织施工，82h的连续浇筑顺利完成，并由天津勘察院进行筏板的温度监测，设置64个监测点均匀分布，监测点分布及中心点温升曲线和内外温差曲线如图4.2-44和图4.2-45所示。

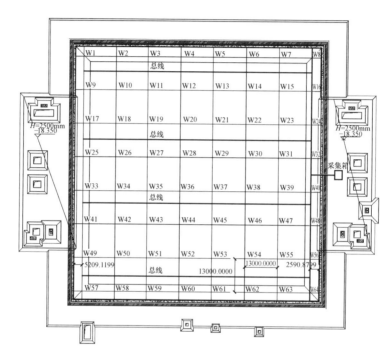

图4.2-44 温度监测点分布图

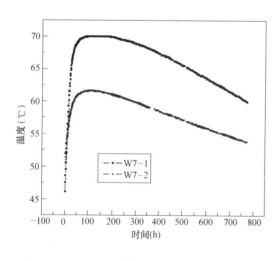

图4.2-45 W28测点中心点及表层的温升曲线

如图4.2-45所示，W7-1为中心测试点，其最高温升在71℃左右，W7-2测点在距表层500mm处，通过监测数据可见，在测试的800h内，里表温差控制在25℃以内。从浇筑完成到后期验收，经过多次的检查、复核，除少数局部地方表面有干缩裂纹外，没有发现有害裂纹；经质检站检测，混凝土的立方体抗压强度及抗渗等级均符合设计要求，受到了施工方、监理单位及业主的一致好评。充分说明对于该工程从原材料的选择、配合比的设计及采用的控温措施有效地控制了温度裂缝的产生。

4.2.8.5　裂缝测试

混凝土取掉养护层后，项目内部组织进行裂缝检测，图 4.2-46 为裂缝检测照片。通过检测结果分析，筏板表面光洁平整，整体情况良好，但也存在一定数量的表层裂缝，无深层的有害裂缝。裂缝出现的部位多为保温层覆盖不规范的部位，如覆盖的空档，保温层翘起，薄膜损坏，结构边缘等。表层裂缝的产生主要是由于保湿不到位造成混凝土表层水分损失过快产生干缩引起的。

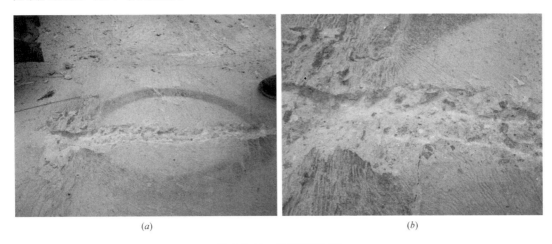

(a)　　　　　　　　　　　　　　　　　(b)

图 4.2-46　裂缝检测图片

第5章 外框巨型结构施工关键技术

5.1 超大截面异型多腔体巨型柱施工关键技术

5.1.1 巨型柱概况及重难点

天津117大厦巨型柱位于建筑物平面四个角部,各区段分别与转换桁架及巨型斜撑连接,形成巨大的结构刚度(图5.1-1)。其平面轮廓结合建筑及结构构造连接要求,呈六边菱形,首层处截面面积约为45m²,沿高度并配合建筑要求分多次内收,巨型柱在顶部截面面积约为5.4m²。

由于巨型柱截面大,腔体多,因此分段、制作、焊接及混凝土浇筑为巨型柱施工的重点。

5.1.2 巨型柱分段技术

5.1.2.1 巨型柱施工分段影响因素

巨型柱平面尺寸巨大,内部腔体划分数量多且不完全对称,对接焊缝数量多,施工分段主要考虑以下因素:

(1)分段单元的吊装重量,是否可以满足现场吊装要求;

(2)分段单元的重量及三维尺寸,是否满足公路运输要求;

(3)分段单元间的拼接焊缝位置,是否方便现场焊接。

综合考虑各种因素后对巨型柱的现场拼接单元进行划分,考虑安装过程的施工对施工分段的影响。

5.1.2.2 巨型柱施工分段尺寸控制

巨型柱分段三维尺寸主要通过吊装重量和构件公路运输条件来控制。吊装重量主要通过现场塔吊吊装能力控制。公路运输主要考虑两个方面,即构件重量是否超重,构件尺寸是否超宽、超高。

1. 构件公路运输重量限制

构件运输重量限制主要体现在超重构件运输的成本方面。由于超高层钢结构的钢结构体量越来越大,单一构件的重量也越来越大,构件运输时都存在不同程度的超重情况。目前公路运输重量限制主要分为37t以下、37~45t、45~60t及60t以上几个级别,构件重量在不同级别区间内的运输成本差异非常大。所以在构件分段时需要尽量将构件的重量分

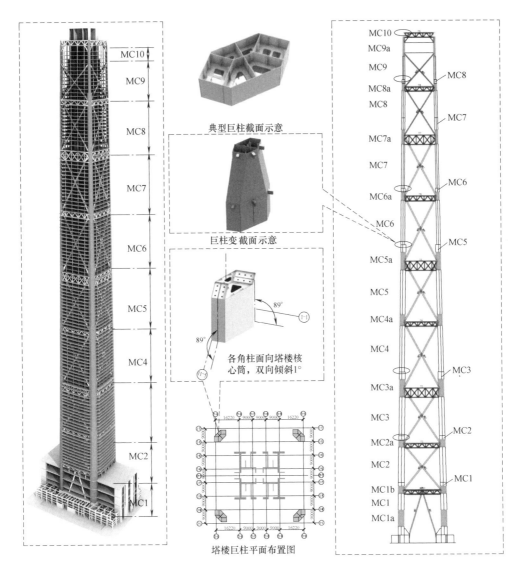

典型巨柱截面示意

巨柱变截面示意

各角柱面向塔楼核心筒，双向倾斜1°

塔楼巨柱平面布置图

图 5.1-1 巨型柱概况图

配到成本较低的区间。

2. 构件公路运输的宽度及高度尺寸限制

构件分段一般考虑三个尺寸即长、宽、高。根据不同情况划分为五个等级，等级越高则运输成本大幅增加（表 5.1-1）。

（1）构件的长度延运输车辆长度方向放置，普通的平板运输车分为 13m 和 17m 两种车型，构件的长度选择范围比较大，可运构件最长可达 18～21m。

（2）构件的宽度延运输车辆宽度方向放置，普通的平板运输车宽度均为 3m，构件宽度大于 3.3m 即为超宽构件，运输成本会随着宽度增加大幅度提升。高速公路标准车道跨度为 3.75m，4m 以上的车道非常少有，所以一般车辆运输构件极限宽度为 4m。但超宽的构件会增大车辆行驶的危险性，运输成本会成倍增长。

（3）构件的高度需要考虑平板车底盘的高度，综合考虑车辆装载构件后的总高度。高速公路过桥梁、涵洞等车辆限高最大为 5m，所以装载构件后的车辆总高度不得大于 5m，否则无法通行。由于运输车辆的车厢板距地面最小为 1.2m，所以构件高度方向的极限尺寸为 5－1.2＝3.8m，考虑到构件下方需要垫枕木等保护措施，构件高度控制在 3.5m 以下为宜。

构件尺寸及运输成本等级对照表 表 5.1-1

等级划分	构件参数（长度：m；重量：t）	
1	长	18
	宽	3.2
	高	3.3
	重量	37
2	长	18～20
	宽	3.3
	高	3.3
	重量	37
3	长	18～20
	宽	3.5
	高	3.5
	重量	37～45
4	长	18～20
	宽	3.5
	高	3.5
	重量	45～60
5	长	20～21
	宽	4.0
	高	3.6
	重量	60

3. 巨型柱分段的焊接接口处理

巨型柱在分段过程中同样需要考虑分段单元间接口的处理，主要需要注意以下几点：

尽量避免单元立面上拼接焊缝交汇，尽量避免出现"十"字形焊缝交汇情况；

立焊缝尽量避免出现"T"形接头，尽量采用对接接头形式；

拼接单元尽量为完整的封闭箱体，尽量避免开口型单元的出现。

（1）焊缝"十"字形交汇处理

单元立面焊缝的"十"字形交汇处，是焊接应力最为集中、最为复杂的位置。由于处在上下左右四道焊缝的交汇处，焊接工艺非常繁琐，对同一位置需要反复清根。若在"十"字交汇位置设置工艺孔，则工艺孔尺寸过大，严重影响外观。所以有必要在分段时考虑将交汇处的上下立焊缝错开 300mm～400mm，将"十"字形接口转化为"⊥"和"⊤"接口，可以极大地减小构件的焊接难度。如图 5.1-2 所示。

（2）"T"形接头的处理

由于巨型柱内部腔体众多，分段时单元间的立焊缝容易出现"T"形接头。"T"形接头在焊接的过程中，板材容易产生层状撕裂，对焊接的温度控制及工艺要求较高。为避免此种情况，建议在立板相交的位置，将"T"形接头转化为对接接头，对现场的焊接更为有利。如图 5.1-3 所示。

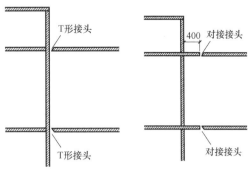

图 5.1-2 拼接单元间"⊥"和"⊤"接口　　　**图 5.1-3** "T"形接头转化为对接接头

（3）保证分段单元整体性

巨型柱腔体众多，隔板数量多，划分单元过程中应尽量保证每个单元为完整的封闭箱体，尽量避免出现开口型单元。因为开口型单元在制作和运输过程中极易产生变形。在现场焊接过程，由于单元平面不封闭无法实现单元整体的对称焊接，单元焊接后容易产生整体变形。

将单元设置为封闭箱体，即单元立面的四个方向都有立板，并且单元的横焊缝位置尽量靠近结构横隔板位置。这样便大大增强了分段单元的整体刚度，可以很好地控制构件在制作、运输和施工过程中的变形。如图 5.1-4 所示。

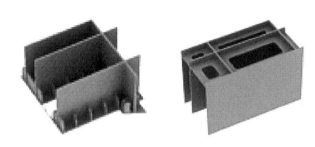

图 5.1-4 开口型单元转化为封闭单元

综上所述，将巨型柱分段分为两个阶段：MC1a～MC5 截面（F1～F66）单根巨型柱除立面分节外，平面分为四个现场拼接单元，即分解成一个"T"形单元、一个"工"形单元和两个箱体单元，并在地面拼装成整体后吊装，在高空完成横焊缝焊接工作；常规巨型柱除 MC6、MC7、MC8、MC9 及 MC10 由于运输尺寸不超及米重较小，单根巨型柱仅为立面分节整体吊装，平面内不再拆分（图 5.1-5）。

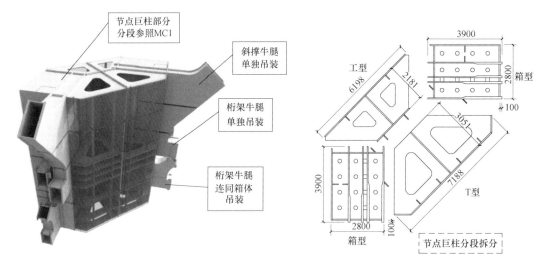

图 5.1-5　节点巨型柱拆分图

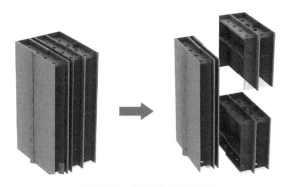

图 5.1-6　箱形单元拆分图

纵向分节方面：MC1a ～ MC8（F1～F108）之间，标准层为一层一节，非标准层一层两节或两层三节，分节高度 3.5～4.4m；MC9～MC10 为两层一节，分节高度 7～10m。

巨型柱与斜撑、巨型柱连接的大节点结构非常复杂。平面分段为四个单元，其中箱体单元内部存在 3 道纵向隔板，8 道水平隔板，所以按照竖向和横向结合的分段方式，并在常规巨型柱分段基础

上将箱体单元分为三个单元，采用地面拼装和高空拼装相结合的方式完成巨型柱的安装，节点处巨型柱 MC7a、MC8a 及 MC9a 截面重量较小时仅采取横向分段（图 5.1-6）。

5.1.3　巨型柱安装与焊接技术

5.1.3.1　巨型柱安装

1. 巨型柱组拼方式

（1）MC1 截面巨型柱在高空进行组装拼接，MC2、MC3、MC4、MC5 采取地面拼装整体吊装的方式进行安装，MC6、MC7、MC8、MC9 及 MC10 为整体吊装。

（2）节点处巨型柱除 MC7a、MC8a 及 MC9a 是横向分段外，其余节点巨型柱全按照竖向和横向结合的分段方式，并在常规巨型柱分段基础上将箱体单元分为三个单元，采用地面拼装和高空拼装相结合的方式完成巨型柱的安装。

2. 巨型柱地面拼装

（1）普通巨型柱的地面拼装

为减少巨型柱的高空焊接量，加快施工效率。MC2～MC5 巨型柱平面内的四个单元进行现场地面拼装，先进行平面单元间立焊缝的焊接。拼装后整体吊装就位，在高空完成上下节间横焊缝的焊接。

巨型柱拼装在天津 117 大厦南北两侧的拼装钢平台上进行。利用塔吊进行吊装转运，拼装完成后由拼装场地直接吊装就位。地面拼装每节巨型柱仅进行四个单元间的立焊，横焊缝在高空就位后焊接。

巨型柱内部纵向隔板较多，腔体较多。需要严格保证地面拼接的精度，减小纵向隔板安装错口。地面拼装采用预拼装的方法。首先，拼装平台上完成第 N 节的地面拼装，然后在 N 节上口直接拼装第 $N+1$ 节，$N+1$ 节在 N 节基础上校正纵向隔板错口位置，然后进行 $N+1$ 节四个单元的立焊缝焊接，将 $N+1$ 节拼装成整体。N 节与 $N+1$ 节之间横焊缝不焊接。最后在 $N+1$ 节拼装完成后，吊装至钢平台。将第 N 节吊装至高空就位安装。此方法有效地控制了巨型柱的安装精度。

（2）巨型柱与桁架交汇节点地面拼装

巨型柱与桁架交汇节点的拼装主要针对箱体单元。箱体单元分为三个现场拼装单元，

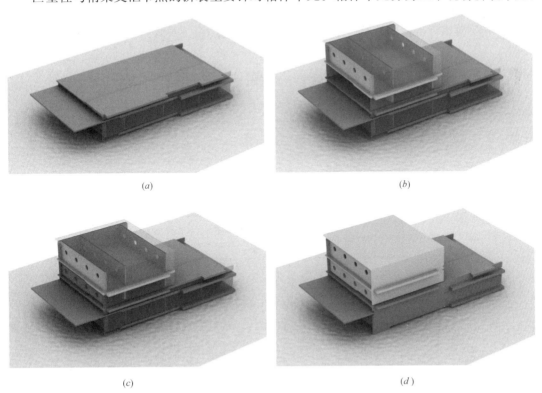

（a） （b）

（c） （d）

图 5.1-7 箱形节点地面拼装流程图

（a）竖向单元卧放在拼装平台上；（b）单元组拼，内部隔板和侧向板焊接；

（c）封闭焊接端部隔板；（d）完成 L 形箱体拼装

且内部横纵隔板数量多，板厚大。在地面拼装平台上先将箱体的两个单元进行卧拼。卧拼完成后构件成 L 形，重量约 80t。将卧拼后的 L 形构件吊装高空就位，高空完成剩余单元的拼装（图 5.1-7）。

5.1.3.2 焊接原则与焊接工艺

1. 焊接原则

巨型柱组拼单元众多。大部分单元都存在三个方向的拼接焊缝，部分核心单元同时存在上、下、四周六个方向的焊缝。焊缝纵横交错，焊接填充量巨大，若焊缝顺序不当，焊接过程中的焊接收缩势必会带来较大的焊接残余应力，对工程的质量造成影响。

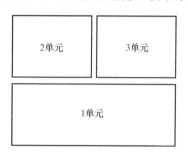

图 5.1-8 拼装单元立面

对于减小焊接残余应力，结构整体的施焊原则主旨为：整体分步骤依次焊接；前一步骤的焊接工序对下步骤的焊接工序约束最小。

对于拼装单元来说，每个单元都同时存在两种类型的焊缝：一是同一节单元间立焊缝；二是上下节间的横焊缝。

首先对立焊和横焊的先后进行分析。利用简单的单元模型 1、2 和 3，同时存在 2 与 3 之间的立焊，以及 1 单元之间的横焊（图 5.1-8）。

若先进行横焊，横焊会给单元 2 和 3 带来较大的约束，再焊接立焊时不能自由收缩，从而造成较大的残余应力（图 5.1-9）。若先进行立焊，2 和 3 的水平收缩不受约束的同时，并没有给第二步的横焊带来约束。所以在横焊时，2 和 3 作为整体仍然可以垂直自由收缩（图 5.1-10）。

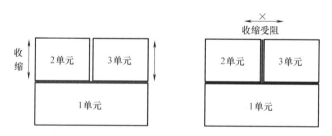

图 5.1-9 先横焊方案示意

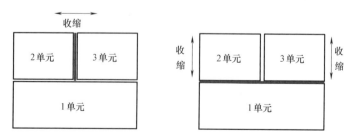

图 5.1-10 先立焊方案示意

由此可以得出，对于巨型柱这种多单元的组拼焊接，先进行同一标高单元间的立焊的焊接，将同一标高同一节的单元构件焊接成整体，再进行上下节单元的横焊焊接。

2. 焊接工艺

（1）坡口的选取

巨型柱由 100mm、80mm 和 60mm 钢板组成，材质为 Q390GJC 和 Q345GJC。对于超厚板全熔透焊接的坡口选取，规范中没有明确的说明与范例。坡口角度越大，间隙越大，越能避免出现因未熔透导致的缺陷；而焊接坡口大则填充量大，不仅会造成较大的焊接变形，并且非常不经济。

巨型柱现场焊接坡口选用 V 形坡口反面加衬板的方式，间隙 10mm，横焊缝为单边 V 形坡口，立焊缝为双边 V 形坡口，坡口角度均为 35°。此种坡口形式比规范中建议的 45°明显减小，大大减少焊接填充量，并能保证全熔透焊缝的质量。是一种平衡了质量与经济的坡口形式（图 5.1-11、图 5.1-12）。

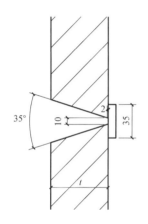

图 5.1-11 对接焊缝坡口形式

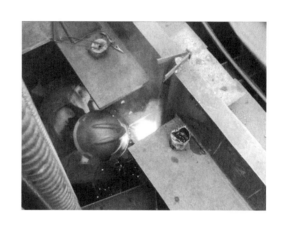

图 5.1-12 现场焊接照片

（2）焊接工艺的控制

由于巨型柱单元最长焊缝达 10m，为减小构件因不均受热而导致的残余应力与变形，每条焊缝都采用分段的焊接方法，即多名焊工同一时间在同一条焊缝上分段焊接的情况。在施焊前期，每个焊工依次进行施焊，即接焊焊工在前一名焊工收弧位置起弧，待整条焊缝每一分段都有一名焊工施焊时，全部焊接作业均已展开，各负责一段焊缝，逐层施焊。

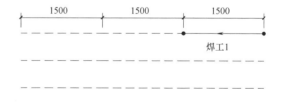

图 5.1-13 第一道焊缝施焊

① 焊工 1 开始第一道焊缝的施焊（图 5.1-13）。

② 焊工 2 在焊工 1 收弧位置起弧，开始施焊，同时焊工 1 开始第二道焊缝的施焊（图 5.1-14）。

③ 焊工 3 在焊工 2 收弧位置起弧开始施焊，同时焊工 2 接焊工 1 第 2 道焊缝，焊工 1 开始第三道焊缝的施焊（图 5.1-15）。

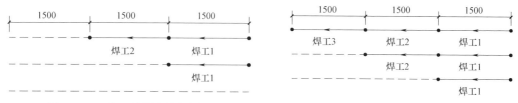

图 5.1-14　第二道焊缝施焊插入　　　　　图 5.1-15　第三道焊缝施焊插入

分段焊接头处的每道焊缝应错开至少 50mm 的间隙，避免接头全部留在一个断面（图 5.1-16）。

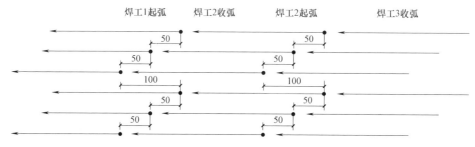

图 5.1-16　焊道分段接头处理

（3）焊接温度控制

焊前预热及层间温度采用电加热器加热，并采用专用的测温仪器测量，预热的加热区域应在焊接坡口两侧，宽度应各为焊件施焊处厚度的 1.5 倍以上，且不小于 100mm，预热温度宜在焊件反面测量，测温点应在离电弧经过前的焊接点各方向不小于 75mm。

焊接温度的控制分为焊前加热、焊接层间温度控制和焊后加热保温三个步骤（表 5.1-2）。

厚板温度控制参数　　　　　　　　　　　　　　表 5.1-2

板厚（mm）	焊前预热（℃）	层间温度（℃）	焊后保温（℃）/时间（min）
100、80	140	160～190	200～250/120
60、50	100/80	120～150	200～250/70

① 焊前预热：板件焊接前使用电加热设备将焊接坡口两侧 150mm 范围内进行加热，加热温度根据不同的板厚不同。

② 层间温控：多层焊时应连续施焊，每一道焊缝焊接完成后应及时清理焊渣及表面飞溅物。连续施焊过程中应控制焊接区母材温度，使层间温度控制在 120～190℃之间。遇有中断施焊的情况，应采取后热、保温措施，再次焊接时重新预热温度高于初始预热温度。

③ 后热处理：焊接完成后使用电加热设备在焊缝两侧 3 倍板厚范围内且不小于 200mm 加热至 200～250℃，保持温度 70min～120min，同时本工程采用保温岩棉作为焊缝的保温材料，焊缝保温的主要措施是：用保温岩棉将其覆盖，并用铁丝将岩棉绑扎严

密，岩棉的覆盖范围应在焊缝周围 600～1000mm，覆盖时间为 2～3h。如图 5.1-17 所示

（a）　　　　　　　　　　　（b）　　　　　　　　　　　（c）

图 5.1-17　电加热措施

（a）电加热器布置；（b）磁铁式电加热器；（c）智能温控箱

5.1.3.3　异型单元的焊接顺序

1. 异型单元构件焊接顺序原则

（1）同一截面的焊缝尽量同步同时焊接，不同步的焊接会造成构件同截面内的热量不均而产生变形。

（2）同时焊接的焊缝的位置与焊接方向尽量保证对称原则。

对称焊接可以使构件在焊接过程中的升温与降温都是均匀对称的，构件的收缩也是均匀对称的，从而很好地控制构件的整体变形。

（3）分步骤焊接时，先焊长度较长、填充量较大的焊缝，后焊长度较短、填充量较短的焊缝。

2. 典型截面焊接

（1）"西"字形截面的焊接

"西"字形截面共 13 条焊缝，首先将外围的 9 条焊缝沿顺时针方向对称焊接，焊缝总长度 13.3m；再将内部的 4 条焊缝同时焊接完成，焊缝总长度 5.3m。详见表 5.1-3。

因为腔体空间狭小，若内外同时焊接，则腔体内部的温度会高达 50～60℃，人员无法操作。所以出于安全考虑，腔体内外的焊缝必须分开焊接。而腔体外围的焊缝的长度和填充量都较大，所以首先焊接外围焊缝。

（2）"日"字形截面的焊接

"日"字形截面共 7 道焊缝，首先同时对称焊接长度方向的 3 道长焊缝，焊缝总长度 12m；再同时对称焊接宽度方向的 4 道短焊缝，焊缝总长度 7.3m。详见表 5.1-4。

长度方向的焊缝较长，达到 4.5m。为防止由于焊接长度过长，造成焊缝收尾温度不均，焊接残余应力难以释放。长度超过 2m 的焊缝需要进行多人多段焊接。每名焊工的施焊长度不宜大于 1.5m。

"西"字形截面焊接信息统计表　　表 5.1-3

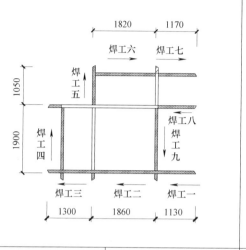
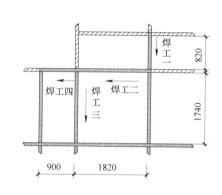

焊缝长度	焊工人数	焊缝长度	焊工人数
11.48m	9	5.28m	4

"日"字形截面焊接信息统计表　　表 5.1-4

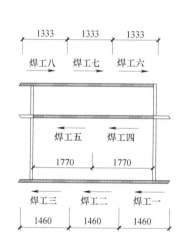
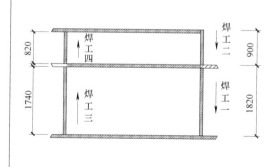

焊缝长度	焊工人数	焊缝长度	焊工人数
11.92m	8	5.28m	4

（3）双三角截面的焊接

双三角截面共 9 道焊缝，分三步焊接：首先对称焊接外围的 4 道焊缝，焊缝总长度 13.1m；再焊接腔体内部的 3 道焊缝，焊缝总长度 5.6m；最后焊缝腔体两侧的短焊缝，焊缝总长度约 1.6m。详见表 5.1-5。

腔体内部隔板横纵交错的情况下，人员在焊接过程中，四周的隔板尽量不要同时施焊，以免由于环境温度高造成操作人员的不适。

双三角形截面焊接信息统计表　　　　　　表 5.1-5

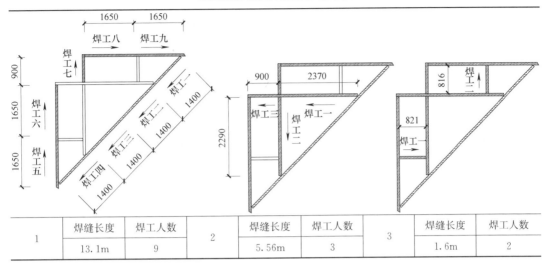

1	焊缝长度	焊工人数	2	焊缝长度	焊工人数	3	焊缝长度	焊工人数
	13.1m	9		5.56m	3		1.6m	2

5.1.3.4 狭小腔体内工作环境的改善

多腔体巨型柱在焊接过程中，有较多的焊缝需要人员在腔体内部焊接完成。而腔体内部属于狭小空间，最小腔体间距仅为 800mm。腔体内部焊接所产生的烟尘、高温都会给操作人员带来伤害，影响操作人员身体健康的同时也无法保证施工质量。

为了保障施工人员的身体健康，以人为本，创造适宜的操作环境，本工程采用吸尘与降温两种措施改善狭小腔体内部的工作环境。

（1）吸尘：本项目在腔体顶部设置排气扇，在焊接的同时不断将焊接产生的烟尘抽出腔体。相邻腔体隔板上设置空气流通孔，焊接时控制相邻的腔体不同时进行焊接作业，这样焊接的腔体内部被抽出的空气可以从相邻腔体得到补充。

（2）降温：本工程位于天津市，夏季日照时间长，温度高，在腔体内焊接时环境温度最高可达 60℃。如无法及时降温，持续的高温将对焊工身体健康及生命安全造成严重威胁。针对这一情况，项目采用工业冷风机设备在操作空间相邻的腔体向操作腔体送冷气；在操作的腔体内部设置冰块降温等方法降低温度。

一次放入腔体 2m³ 左右冰块，利用冰块融化吸收大量的热量。可起到制冷 4 个小时的作用，可将腔体内部温度降低 7~8℃。

通过这些措施较好地改善了异型巨型柱狭小腔体内焊接作业的环境，减少焊接工人的

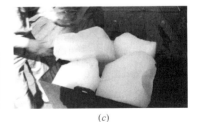

（a）　　　　　　　　　　　　　（b）　　　　　　　　　　　　　（c）

图 5.1-18　排烟降温措施

（a）排气扇；（b）冷风机；（c）冰块

不适，大大提高了工作效率，有利于现场施工工作的开展（图 5.1-18）。

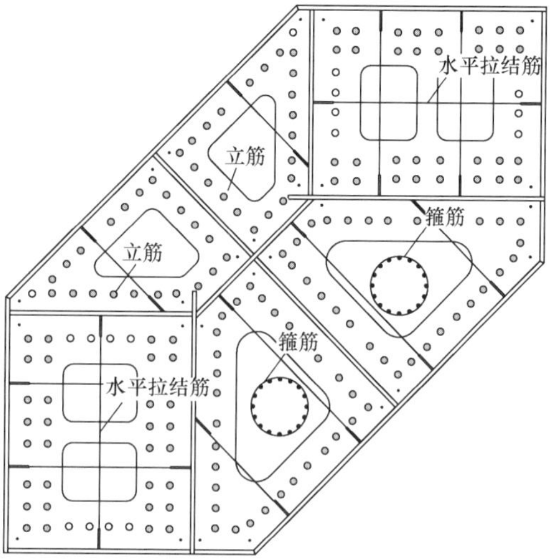

图 5.1-19 钢筋分布图

5.1.4 巨型柱钢筋施工技术

5.1.4.1 巨型柱钢筋设计

1. 巨型柱钢筋设计概况

巨型柱各腔体内设计有竖向主筋、箍筋、水平拉结筋三种类型的钢筋，其中竖向主筋最大直径为 50mm，水平拉结筋与连接钢板焊接。图 5.1-19 所示为典型巨型柱截面图。

巨型柱内钢筋说明：

（1）各腔体内纵筋采用 HRB500 ϕ 50/HRB500 ϕ 32 钢筋；

（2）除特别注明外，各腔体内箍筋采用 HRB400 ϕ 16 钢筋；

（3）除特别注明外，各腔体内水平拉结筋采用 HRB400 ϕ 25 钢筋。

2. 竖向钢筋锚固及搭接要求

本工程纵向受拉钢筋抗震锚固长度 l_{aE} 及受拉钢筋抗震搭接长度 l_{LE} 按表 5.1-6 采用。

受拉钢筋抗震锚固长度及搭接长度表　　　　　　　　　　表 5.1-6

混凝土强度等级与抗震等级 钢筋种类与直径			C50			C55			≥C60		
			一、二	三	四	一、二	三	四	一、二	三	四
HPB235	L_{aE}		$27d$	$24d$	$23d$	$26d$	$24d$	$23d$	$25d$	$23d$	$22d$
	L_{LE}		$38d$	$34d$	$33d$	$37d$	$34d$	$33d$	$35d$	$33d$	$31d$
HRB335 HRBF335	L_{aE}	$d≤25$	26	24	23	25	23	22	24	22	21
		$d>25$	29	26	25	28	25	24	27	24	23
	L_{LE}	$d≤25$	37	34	33	35	33	31	34	31	30
HRB400 RRB400 HRBF400	L_{aE}	$d≤25$	31	28	27	30	27	26	29	26	25
		$d>25$	34	31	30	33	30	29	32	29	28
	L_{LE}	$d≤25$	44	40	38	42	38	37	41	37	35

5.1.4.2 大直径 50mm 竖向钢筋施工

本工程巨型柱抗震等级为特一级，巨型柱内钢筋均为 ϕ 50mm，钢筋连接均采用无绑扎搭接（互锚）和机械连接（分体式直螺纹套筒）两种，特别注明腔体可采用无绑扎搭接，锚固长度根据设计要求确定。

1. 竖向钢筋分段

竖向主筋连接形式有两种：机械连接，无绑扎搭接。根据巨型柱构件分节、结合巨型柱混凝土浇筑分段，巨型柱竖向钢筋分段按如下原则划分：钢筋分段长度以 6m 为主；钢筋最顶端比巨型柱顶端低；钢筋最顶端比混凝土浇筑施工缝高 500mm。如图 5.1-20 所示。

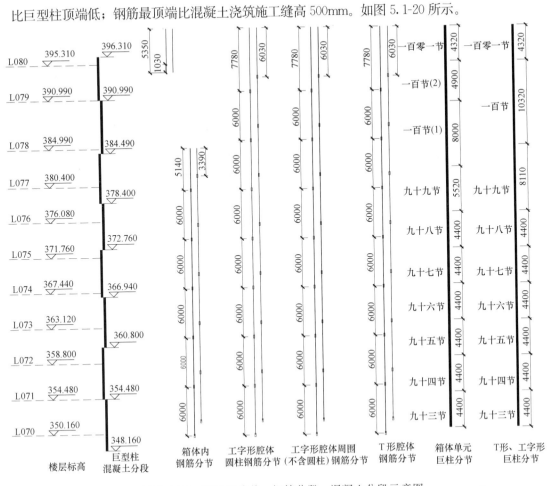

图 5.1-20　巨型柱分节、钢筋分段、混凝土分段示意图

（1）竖向钢筋安装

Φ50 大直径钢筋连接采用分体式直螺纹的连接方式，巨型柱腔体钢筋至钢板内壁仅 600mm，扳手无法在腔内作业，分体式钢筋接头在装配施工过程中不需要转动钢筋和套筒，对于多根钢筋组成的构件在对齐后对每个套筒可单独进行连接施工，因此可广泛应用于各种钢筋无法转动的多钢筋构件的连接。分体式直螺纹套筒已在本工程长桩试桩中得到较好的应用（图 5.1-21、图 5.1-22）。

（2）单根竖向钢筋安装

单根钢筋安装，钢筋长度不得超过 8m，钢筋重不超过 122.4kg，Φ50mm 大直径钢筋采用设备吊装人工辅助的吊装方式，钢丝绳直径不小于 14mm（6×19）（图 5.1-23）。

地下室巨型柱结构施工流程如图 5.1-24 所示。

（3）竖向钢筋笼整体安装

巨型柱个别腔体内设计有钢筋芯柱（圆形），可进行整体吊装，单个钢筋笼重量最大共有 16 根直径 50mm 钢筋（图 5.1-25），最长一节钢筋长约 8m，钢筋笼重约 2t，因巨型柱墙体比较狭小，无法下人作业，钢筋笼连接形式为无绑扎搭接。

图 5.1-21 分体式直螺纹接头组件

图 5.1-22 现场接头

图 5.1-23 单根钢筋吊装图

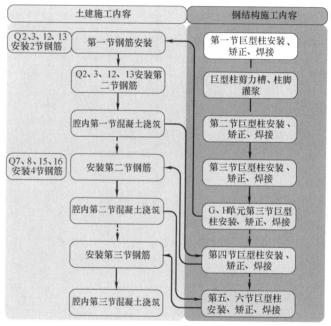

图 5.1-24 地下室巨型柱结构施工流程图

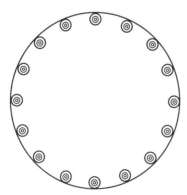

图 5.1-25 单个钢筋笼大样

对于整笼，吊点处设置吊耳，每节钢筋笼 2 个吊点，同时设置扁担搁置点，上侧吊耳作为吊钩的吊点，下侧为"扁担"搁置点，吊耳选用 HRB235 直径 22 钢筋，弯成"U"字形，与钢筋笼主筋焊接，焊缝长度 150mm，焊缝高度不小于 5mm（图 5.1-26，图 5.1-27）。

钢丝绳直径不小于 20mm（6×19）。

扁担选用 10 号槽钢（等级 Q235B），内塞直径 50mm 钢筋，电焊固定，扁担长 3m。

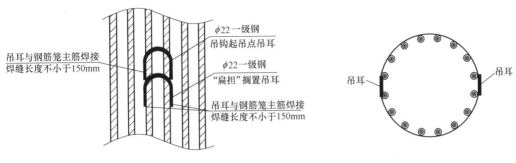

图 5.1-26　钢筋笼吊装节点大样

5.1.4.3　巨型柱变截面处钢筋施工技术

天津 117 大厦巨型柱共有 9 次截面变化，在变截面节点处部分竖向钢筋在此处收头，巨型柱典型变截面如图 5.1-28 所示。在 A 节巨型柱安装完成时，必须插入 A 节钢筋施工后再进行 B 节巨型柱的安装施工，若 A 节巨型柱安装完成后继续安装 B 节巨型柱，由于巨型柱截面变小，会产生 A 节钢筋无法施工的后果。因此在巨型柱变截面处施工时，须制定详细的施工流程，施工过程中严格执行。

图 5.1-27　巨型柱内钢筋安装图

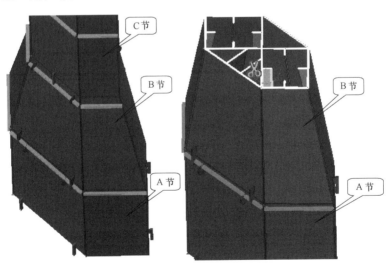

图 5.1-28　巨型柱变截面典型节点分段示意图

5.1.4.4　巨型柱腔体内水平拉结筋施工技术

巨型柱设计阶段由水平拉结筋连接巨型柱腔体内两侧竖向钢板，水平拉结筋采用焊接的形式与竖向连接板连接，焊接作业工作量极大，若先吊装巨型柱再焊接水平拉结筋则存在水平拉结钢筋吊装、焊机吊装及接线、高空焊接水平拉结筋等多道施工工序。在满足塔吊吊重要求的情况下，水平拉结筋采用在工厂内焊接和在地面焊接整体吊装两种方式完美地解决了上述问题。

1. 工厂焊接水平拉结筋

由于巨型柱截面逐渐变小，巨型柱水平隔板设计预留孔最小为 $\phi300$，施工人员无法到达腔体内进行水平拉结筋的焊接作业。为此，在巨型柱深化设计阶段将此部分钢筋深化至钢结构加工图中（图 5.1-29），在钢结构加工厂内将此部分钢筋焊接完成。图 5.1-30 所示为 MC9 巨型柱截面平面图，云线部分的水平拉结筋采取在工厂内焊接的形式。

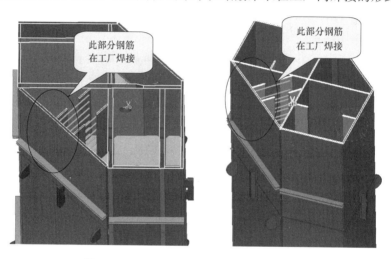

图 5.1-29 巨型柱（钢结构）深化设计图

2. 现场地面焊接水平拉结筋

由图 5.1-30 可见，巨型柱随着结构高度的变化，腔体内设计的竖向钢筋已经取消，腔体内只含有水平拉结筋的焊接施工（图 5.1-31），为提高巨型柱施工效率，采用水平拉结钢筋在地面焊接后整体吊装的形式，节省了水平拉结筋高空焊接的工期，同时避免了水平拉结筋高空施工作业所带来的安全隐患。

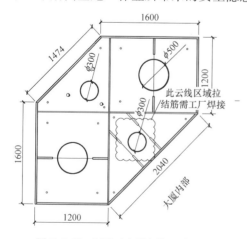

图 5.1-30 MC9 巨型柱截面平面图

图 5.1-31 巨型柱内水平拉结筋焊接

5.1.4.5　巨型柱钢筋绑扎操作平台

平台根据巨型柱截面尺寸设计，由钢平台、水平固定支撑、外防护网、堆料平台及可开合防护门组成。钢平台框架采用工字钢焊接而成，水平固定支撑为防止平台水平移动而产生倾覆，外防护网采用工具式防护网片安装，堆料平台采用钢板焊接铺设，可开合防护门方便工人上下。巨型柱钢筋绑扎操作平台做法如图 5.1-32 所示。

图 5.1-32　巨型柱钢筋作业安全操作平台

5.1.5　巨型柱混凝土施工技术

5.1.5.1　天津 117 大厦异形多腔巨型柱 C70 大体积自密实混凝土特供原材料

1. 水泥

河北某大型水泥厂生产的 P·O42.5 水泥属于中低热水泥，质量稳定，供应量足。水泥熟料中硅酸三钙含量比较少，水化速度相对较慢，28d 强度发展正常，标准稠度用水量较小，有利于研制高强大体积混凝土。主要检测指标如表 5.1-7 所示。

水泥主要检测指标　　　　　　　　　　　　　　表 5.1-7

检测项目		GB 175—2007 要求	实测值
表观密度（g/cm³）		—	3.18
比表面积（m²/kg）		≥300	356
标稠用水量（%）		—	26.0
抗压强度（MPa）	3d	≥17	27.5
	28d	≥42.5	49.2
凝结时间（min）	初凝	≥45	213
	终凝	≤600	325
水化热（J/g）	3d	—	238
	7d	—	262
体积安定性（mm）		雷氏法≤5.0	1.3
Cl⁻含量（%）		≤0.06	0.02
碱含量（%）		≤0.60	0.58

2. 粉煤灰

本工程采用河北某大型电厂生产的Ⅰ级（F类）优质粉煤灰，需水量比较小，活性较高，较其他地区粉煤灰性能优越。粉煤灰的试验检测数据如表 5.1-8 所示。

3. 粒化高炉矿渣粉

本工程采用 S95 级矿粉，其主要检测指标如下表 5.1-9。

粉煤灰主要检测指标 表 5.1-8

检测项目	GB/T 1596—2005 要求	实测值
Cl⁻含量(%)	—	0.007
碱含量(%)	—	1.06
细度(%)	$\leqslant 12.0$	10.3
烧失量(%)	$\leqslant 5.0$	2.6
需水比(%)	$\leqslant 95$	93
表观密度(g/cm³)	—	2.05

矿粉主要检测指标 表 5.1-9

检验项目		GB/T 18046—2008 要求	检验结果
密度(g/cm³)		$\geqslant 2.8$	2.88
比表面积(m²/kg)		$\geqslant 400$	418
活性指数(%)	7d	$\geqslant 75$	83
	28d	$\geqslant 95$	98
流动度比(%)		$\geqslant 95$	97
含水量(%)		$\leqslant 1.0$	0.1
Cl⁻含量(%)		$\leqslant 0.06$	0.03
三氧化硫(%)		$\leqslant 4.0$	0.44
烧失量(%)		$\leqslant 3.0$	0.22

4. 超细矿物掺合料

采用超细矿粉、硅灰、微珠三种超细矿物掺合料，性能检验执行现行国家标准《高强高性能混凝土用矿物外加剂》，其主要检测指标见表 5.1-10～表 5.1-12。

超细矿粉主要检测指标 表 5.1-10

检验项目		GB/T 18736—2002 要求	检验结果
密度(g/cm³)		—	2.86
比表面积(m²/kg)		$\geqslant 750$	1050
含水率(%)		$\leqslant 1.0$	0.8
活性指数(%)	3d	$\geqslant 85$	97
	7d	$\geqslant 100$	112
	28d	$\geqslant 115$	121
需水量比(%)		$\leqslant 100$	98
Cl⁻含量(%)		$\leqslant 0.02$	0.02
三氧化硫(%)		$\leqslant 4.0$	2.95
氧化镁(%)		$\leqslant 14$	9.96
烧失量(%)		$\leqslant 3.0$	0.78

硅灰主要检测指标　　　　　　　　表 5.1-11

检验项目	GB/T 18736—2002 要求	检验结果
比表面积(m²/kg)	≥15000	15300
含水率(%)	≤3.0	1.8
需水量比(%)	≤125	116
28d 活性指数(%)	≥85	92
Cl⁻ 含量(%)	≤0.02	0.016
二氧化硅(%)	≥85	89.6
烧失量(%)	≤6.0	2.8

微珠主要检测指标　　　　　　　　表 5.1-12

检验项目		GB/T 18736—2002 要求	检验结果
比表面积(m²/kg)		≥600	2490
活性指数(%)	7d	≥80	85
	28d	≥90	111
需水量比(%)		≤95	93
含水率(%)		≤1.0	1.0
Cl⁻ 含量(%)		≤0.02	0.01
三氧化硫(%)		≤3.0	1.48
烧失量(%)		≤5.0	4.35

5. 细集料

根据天津地区的实际情况，本工程采用河北某地的天然河砂，该砂细度适中、含泥量、泥块含量低，有机物含量少，经试验验证，无碱活性。细集料的相关性能检测如表 5.1-13 所示。

河砂主要检测指标　　　　　　　　表 5.1-13

项　　目	GB/T 14684—2011 要求	检验结果
含泥量(%)	≤1.0(Ⅰ类) ≤3.0(Ⅱ类)	0.9
泥块含量(%)	≤0(Ⅰ类) ≤1.0(Ⅱ类)	0.2
细度模数	宜 2.3～3.0	2.6
坚固性(%)	≤8	5.0
硫酸盐及硫化物含量(%)	≤0.5	0.05
Cl⁻ 含量(%)	Ⅰ类＜0.01 Ⅱ类＜0.02	0.007
轻物质含量(%)	≤1.0	0.0
有机物含量(%)	浅于标准色	合格
表观密度(kg/m³)	≥2500	2570
松散堆积密度(kg/m³)	≥1400	1530
孔隙率(%)	≤44	40
14d 砂浆棒膨胀率(%)	＜0.10 为非活性集料	0.06

6. 粗集料

本工程采用粒径为 5～16mm 碎石，主要性能检测如表 5.1-14 所示。

碎石主要检测指标　　　　　　　　　表 5.1-14

检测项目	GB/T 14684—2011 要求	实测值
含泥量（%）	＜0.5（Ⅰ类） ＜1.0（Ⅱ类）	0.5
泥块含量（%）	＜0（Ⅰ类） ＜0.5（Ⅱ类）	0.15
坚固性（质量损失）（%）	＜5	2.6
硫化物及硫酸盐（折合成 SO_3 含量）（%）	＜0.5	0.17
针片状颗粒（%）	＜5	4.8
压碎指标（%）	＜10	6.9
有机物含量（%）	浅于标准色	合格
表观密度（kg/m³）	＞2600	2710
松堆密度（kg/m³）	—	1650
孔隙率（%）	≤43	39
吸水率（%）	≤1.0	0.2
14d 砂浆棒膨胀率（%）	＜0.10 为非活性集料	0.07

7. 外加剂

外加剂采用聚羧酸高效减水剂，碱含量、氯离子含量等指标需满足现行标准《混凝土外加剂》GB 8076 中的相关规定，减水剂的相关性能试验室检测如表 5.1-15 所示。

外加剂的基本性能　　　　　　　　　表 5.1-15

厂家	品种	固含量（%）	减水率（%）	净浆流动度（mm）
中建	聚羧酸	19.5	25.8	217

5.1.5.2　C70 大体积自密实混凝土配制关键技术

采用超细矿物掺合料制备自密实性能良好、强度合格的 C70 自密实混凝土，尝试不同的胶凝材料体系，调整胶材总量及各矿物掺合料掺量优化 C70 自密实混凝土配合比。

1. 双超细粉高强自密实混凝土配制技术

掺加超细矿粉和硅灰两种超细矿物掺合料来改善混凝土的工作性能及提高强度，双超细粉高强自密实混凝土配合比见表 5.1-16，工作性能及力学性能见表 5.1-17。

双超细粉高强自密实混凝土配合比（单位：kg/m³）　　　表 5.1-16

编号	胶材总量	W/C	水泥	粉煤灰	超细矿粉	硅灰	砂	5～16mm 碎石	水	PC（%）
C70-1	580	0.27	410	60	50	60	745	945	155	2.40
C70-2	600	0.26	420	70	50	60	737	933	155	2.30
C70-3	610	0.25	420	90	50	50	751	919	155	2.10
C70-4	620	0.25	430	90	30	70	715	955	155	2.40
C70-5	620	0.27	400	100	50	70	745	905	165	2.20
C70-6	620	0.25	400	100	50	70	745	905	155	2.50
C70-7	630	0.25	430	90	50	60	745	905	155	2.50

双超细粉高强自密实混凝土工作性能与强度　　　　　　表 5. 1-17

编号	坍落扩展度（mm）	坍落与J环扩展度之差（mm）	倒坍时间（s）	离析率（%）	U形箱填充高度（mm）	抗压强度（MPa）			
						3d	7d	14d	28d
C70-1	685	10	5.2	5.1	360	61.9	71.2	79	82.8
C70-2	695	10	3.7	5.9	360	61.3	75	80.7	83.5
C70-3	705	5	3.4	6.7	362	57.3	68.3	72.2	85.5
C70-4	715	5	3.1	5.3	370	62.4	68.6	76.4	82.5
C70-5	710	0	2.6	7.7	363	60.1	68	70.4	81.2
C70-6	670	20	7.6	3.6	368	65.1	75.5	80.7	89.6
C70-7	655	25	8.8	5.3	352	69.7	70.3	85.2	92.7

　　掺入硅灰来保证自密实混凝土工作性能。掺入超细矿粉减水效应及活性效应明显。随着胶材总量的增加，混凝土各个龄期抗压强度都有增大的趋势。胶凝材料总量存在一个最佳范围，胶凝材料过高或过低都会影响混凝土的自密实性能。配合比选择的基本原则是寻找力学性能与自密实性能之间的平衡。在双超细粉胶凝材料体系下，配合比 C70-3 最佳。

2. 单超细粉高强自密实混凝土配制技术

　　要满足天津 117 大厦异形多腔巨型柱对混凝土低水化热、低收缩的要求，要降低水泥用量，适当降低超细胶凝材料用量来配制 C70 大体积自密实混凝土。单超细粉高强自密实混凝土配合比见表 5.1-18，其工作性能与力学性能见表 5.1-19。

单超细粉高强自密实混凝土配合比（单位：kg/m³）　　表 5. 1-18

试验编号	胶材	水泥	粉煤灰	S95 矿粉	硅灰	河砂	5～16mm 碎石	水	减水剂
C70-8	600	340	120	90	50	730	950	150	2.30%
C70-9	600	320	140	90	50	730	950	150	2.30%
C70-10	600	300	160	90	50	730	950	150	2.30%
C70-11	580	300	140	90	50	730	950	150	2.30%

单超细粉高强自密实混凝土性能　　　　　　表 5. 1-19

试验编号	坍落扩展度（mm）	坍落与J环扩展度之差（mm）	倒坍时间（s）	离析率（%）	U形箱填充高度（mm）	抗压强度（MPa）		
						7d	14d	28d
C70-8	700	5	3.4	6.3	365	65.0	75.8	81.4
C70-9	710	0	2.9	6.8	370	59.5	70.3	80.6
C70-10	695	0	2.8	5.2	370	60.2	68.3	77.3
C70-11	685	0	3.1	4.7	360	56.4	66.3	73.7

　　减少水泥用量，增加粉煤灰用量，使得混凝土黏度降低，坍落扩展度有增加趋势，U形箱填充高度逐渐增加，混凝土自密实性增加，9 配合比优势较大，自密实性能良好。单超细粉高强自密实混凝土强度富裕系数较小。

3. 微珠 C70 大体积自密实混凝土配制技术

利用新型特种超细矿物掺合料微珠,制备出满足天津 117 大厦异形多腔巨型柱施工要求的 C70 大体积自密实混凝土,解决了高强与低水化热、低收缩,自密实性能与低黏度之间错综复杂的矛盾。表 5.1-20 为微珠 C70 大体积自密实混凝土配合比。其性能见表 5.1-21。

微珠 C70 大体积自密实混凝土配合比(单位: kg/m³) 表 5.1-20

编号	总量	水泥	微珠	矿粉	砂	5~16mm 碎石	W	PC(%)
C70-12	580	400	90	90	750	945	150	1.75%
C70-13	580	380	110	90	750	945	150	1.70%
C70-14	600	400	110	90	740	930	150	1.70%
C70-15	600	380	130	90	740	935	150	1.70%
C70-16	620	400	130	90	730	930	150	1.70%
C70-17	620	380	150	90	730	930	150	1.70%
C70-18	610	320	130	160	720	960	145	2.20%
C70-19	590	320	130	140	740	960	145	2.20%
C70-20	570	340	110	120	760	960	145	2.20%
C70-21	550	340	110	100	760	980	145	2.20%

水泥+微珠+矿粉体系配合比工作性与强度 表 5.1-21

编号	坍落扩展度 (mm)	坍落与 J 环 扩展度之差 (mm)	倒坍时间 (s)	离析率 (%)	U 形箱填充 高度(mm)	抗压强度(MPa)		
						7d	14d	28d
C70-12	680	5	2.9	6.1	362	49	75.4	89
C70-13	695	0	2.7	6.8	370	48.9	71.5	90.1
C70-14	700	0	2.3	7.3	370	55.3	76.1	95.7
C70-15	690	5	2.4	7.4	370	54.5	68.5	95.5
C70-16	690	5	2.6	8.1	370	55.6	72.7	95.1
C70-17	690	5	2.9	8.9	370	50.5	73.6	94.3
C70-18	690	5	2.9	7.6	365	64.9	77.6	92.7
C70-19	680	0	2.6	8.4	370	60.6	71.3	88.3
C70-20	690	0	2.3	7.0	370	58.8	68.5	86.7
C70-21	675	5	3.3	6.7	360	54.9	61.1	78.5

配合比中微珠的掺入,显著降低了混凝土的黏度,使其倒坍时间值明显小于其他胶材体系,且 U 形箱填充高度基本都能够达到最大。微珠的掺入显著降低了混凝土的早期强度,但是中后期强度发展很快,28d 抗压强度都远远超过 C70 要求。微珠掺量以 110kg/m³ 为宜,掺量超过此值,微珠会导致混凝土松散,黏聚性不足,结果就是混凝土的坍落扩展度变小,倒坍时间变长,并且对混凝土强度亦没有积极影响。

综合考虑混凝土性能与经济性,最终选定 C70-20 配合比为最优配合比。

通过大量实验研究，最终制备出性能优良，符合天津117大厦异形多腔巨型柱施工要求的C70大体积自密实混凝土。通过对比来研究微珠C70大体积自密实混凝土优良的性能。配合比1、2作为对比配合比，为各个胶凝材料体系中优选出来的配合比，配合比3为最终应用于天津117大厦异形多腔巨型柱的混凝土配合比，各配合比总结见表5.1-22。

异形多腔巨型柱C70自密实混凝土优选配合比（单位：kg/m³）　　表5.1-22

编号	水泥	粉煤灰	矿粉	硅灰	超细矿粉	微珠	砂	石	水	减水剂（%）
C70-3	420	90	0	50	50	0	751	919	155	2.1
C70-9	320	140	90	50	0	0	730	950	150	2.3
C70-20	340	0	120	0	0	110	760	960	145	2.2

5.1.5.3　微珠C70大体积自密实混凝土性能研究

研究微珠C70大体积自密实混凝土性能，对C70自密实混凝土重新编号，便于识别。C70-6号配合比编为1号，C70-9号配合比编为2号，C70-20号配合比编为3号。

1. 新拌性能

C70自密实混凝土新拌混凝土工作性能如图5.1-33～图5.1-38所示。

图5.1-33　1号配合比U形箱试验

图5.1-34　2号配合比U形箱试验

图5.1-35　3号配合比U形箱试验

图5.1-36　1号配合比坍落扩展度

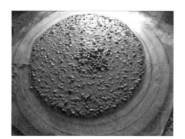

图5.1-37　2号配合比坍落扩展度

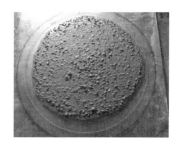

图5.1-38　3号配合比坍落扩展度

2. 流变性能

利用自主开发出混凝土流变仪测定3个配合比的流变性能。其实验结果见表5.1-23。

C70自密实大体积混凝土配合比流变性能实验结果　　表5.1-23

配合比	屈服应力(Pa)	黏度(Pa·s)	拟合方程
1	185.7	88.2	$y=88.2x+185.7$
2	291.2	73.1	$y=73.1x+291.2$
3	214.6	50.4	$y=50.4x+214.6$

掺加微珠的配合比3屈服应力适中，黏度最低。微珠的"滚珠"效应大大降低了混凝土的内聚力，在混凝土中起到润滑作用，大大降低了混凝土的黏度，在泵送过程中降低与泵管的摩擦力，提高了泵送效率，降低了泵送难度。

3. 水化温升

根据3个配合比，设计同配比胶凝材料净浆进行水化温升实验配比，水胶比固定为0.4，不掺减水剂以去除减水剂对水泥水化的影响。实验结果见图5.1-39。

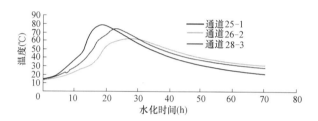

图5.1-39 水化温升试验结果

3个配合比水化放热速率分别为1号配合比＞2号配合比＞3号配合比。3号配合比水化放热速率最慢，有益于提高混凝土体积稳定性。

4. 自收缩性能

收缩是混凝土的特性，但是危害巨大。有必要研究天津117大厦异形多腔巨型柱C70大体积自密实混凝土的收缩。收缩实验测试仪器见图5.1-40，实验结果见图5.1-41。

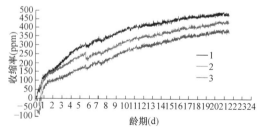

图5.1-40 非接触法混凝土收缩变形测定仪　　**图5.1-41** C70混凝土配合比自收缩实验结果

由3个配合比自收缩率曲线可知，配比3的自收缩率最低，21d自收缩率在3×10^{-4}以下，7d收缩仅为1.5×10^{-4}，收缩小，3号配合比的体积稳定性较好。

5. 抗冻性能

利用快冻法测定 C70 大体积自密实混凝土抗冻性能，采用平均质量损失率及动弹性模量损失率评价其抗冻性能。实验结果见表 5.1-24。

抗冻性能实验结果　　　　　　　　　　　　表 5.1-24

冻融循环次数	质量损失（%）			动弹模量损失率（%）		
	配合比 1	配合比 2	配合比 3	配合比 1	配合比 2	配合比 3
0	0	0	0	0.0	0.0	0.0
100	0	0	0.07	1.6	3.5	2.6
200	0	0	0	2.4	34.0	3.6
300	0	0	0.13	7.4	64.0	5.6
400	1.7	崩裂破坏	2.1	35.0	崩裂破坏	12.6
500	0	—	0.1	59.9	—	64.6
600	0	—	0.17	61.3		65.8

配合比 1 和配合比 3 的抗冻等级为 F400。配合比 2 冻融循环 300 次时动弹模量下降至 60% 以下，抗冻等级为 F200。

6. 抗氯离子渗透性能

研究异形多腔巨型柱 C70 自密实大体积混凝土的抗氯离子渗透性能。采用电通量法表征 3 个配合比的抗氯离子渗透性能。其实验结果见表 5.1-25。

抗氯离子渗透性能实验结果　　　　　　　　　　表 5.1-25

配合比	1			2			3		
电通量（C）	396	404	344	586	661	524	148	181	165
平均电通量（C）	381.3			590.3			164.7		

配合比 3 抗氯离子渗透性能最优，电通量仅为 164.7 库仑。但从抗氯离子渗透性能等级来看，3 个配合比电通量都在 100～2000 库仑之间，都具有极低的氯离子渗透性。

7. C70 大体积自密实混凝土浇筑质量评估模拟试验

（1）试验目的

由于天津 117 大厦的巨型柱采用的混凝土强度较高，自密实性能要求高，它的配制及施工均需要单独进行控制。根据设计和施工要求，在正式浇筑 C70 大体积自密实混凝土之前，需要建造一根试验用钢柱，能够代表实际巨型柱尺寸，进行模拟浇筑试验。并按照相关要求，全面检测混凝土模拟试验柱的施工质量。

由于采用的是大截面多腔钢管混凝土柱，并且在不同部位设置了水平横隔板和纵向加劲肋，故多腔钢管混凝土柱大体积混凝土浇筑质量、均匀性，特别是横隔板部位混凝土的密实性，以及混凝土终凝后与钢管壁之间的粘结性能对大截面钢管混凝土柱的承载力和延性等力学性能具有重要影响。混凝土浇筑质量以及界面粘结性能损伤和缺陷的存在对结构性能造成负面影响，进而埋下隐患，必须采取新手段对其钢管混凝土柱中混凝土的浇筑质量以及钢管混凝土柱钢管与混凝土的粘结性能进行必要的检测与评估。

（2）破坏性剖切多腔混凝土钢管柱角部验证浇筑质量试验

针对异形多腔巨型柱结构特点，重点关注多腔混凝土钢管柱的角部及横隔板下，对模拟试验柱进行剖切试验，验证 C70 大体积自密实混凝土的自密实性能。

图 5.1-42 剖切试验实图

通过异形多腔混凝土模拟试验钢管柱剖切试验，如图 5.1-42 所示可以清楚看到，横隔板以下、竖向钢管壁及角部混凝土界面粘结牢固，硬化混凝土无缺陷，混凝土自密实性能良好。

8. 混凝土应用实际效果

（1）强度评定

按相关标准要求送相关检测机构进行力学性能检测。根据相关检测数据，进行 C70 自密实大体积混凝土强度评定。

C70 大体积自密实混凝土标准养护试块检测强度评定结果如表 5.1-26 所示。

C70 大体积自密实混凝土标准养护试块第三方检测强度评定　　表 5.1-26

施工部位	样本容量	mf_{cu}	$f_{cu,min}$	评定结果
（-0.175～17.000）	23	81.8	76.2	合格
（17.000～32.400）	38	81.9	74.6	合格
（32.400～57.060）	60	76.4	70.2	合格
（57.060～86.680）	52	77.3	71.3	合格
（86.680～103.610）	13	79.5	77.6	合格

续表

施工部位	样本容量	mf_{cu}	$f_{cu,min}$	评定结果
(103.610～111.750)	16	79.0	74.6	合格
(111.750～140.590)	60	77.1	71.2	合格
(140.590～175.820)	52	77.4	72.4	合格
(175.820～182.960)	24	78.3	73.9	合格

（2）自密实及泵送性能评价

对于混凝土泵送性能，通过总结归纳巨型柱 C70 自密实混凝土泵送过程中相关指标来评价，包括坍落扩展度、主系统压力、搅拌压力、排量等指标。相关泵送性能指标统计如表 5.1-27～表 5.1-30 所示。

C70 自密实混凝土自密实性能统计结果 表 5.1-27

坍落扩展度(mm)	频次(次)	占总频次比例(%)	方量(m³)	占总方量比例(%)
<650	0	0	0	0
650～680	1	6.2	1925	5.5
680～720	15	93.8	33075	94.5

C70 自密实混凝土泵送性能统计结果 表 5.1-28

主系统压力(MPa)	频次(次)	占总频次比例(%)	方量(m³)	占总方量比例(%)
8～11	2	12.5	3745	10.7
12～16	7	43.7	15365	43.9
17～20	6	35.5	13370	38.2
>20	1	6.3	4550	13.0

C70 自密实混凝土泵送性能统计结果 表 5.1-29

搅拌压力(MPa)	频次(次)	占总频次比例(%)	方量(m³)	占总方量比例(%)
2	11	68.8	22715	64.9
3	2	12.5	4060	11.6
4	3	18.8	8225	23.5

C70 自密实混凝土泵送性能统计结果 表 5.1-30

排量(%)	频次(次)	占总频次比例(%)	方量(m³)	占总方量比例(%)
<60	1	6.3	3465	9.9
60～69	6	35.5	11235	32.1
70～80	7	43.7	14805	42.3
100	2	12.5	5495	15.7

对 C70 自密实混凝土泵送主系统压力、搅拌压力及泵送排量进行统计。主系统压力表征混凝土的泵送难易程度，主系统压力越高，混凝土不易泵送，反之，容易泵送；搅拌压力表征混凝土的黏度大小，搅拌压力越大，混凝土黏度越大，反之，混凝土黏度越小；

而泵送排量大小关系到泵送速度快慢，也可以表征混凝土泵送难易程度，混凝土容易泵送，泵送排量就可以设置较大值，泵送速度越快，混凝土不易泵送，泵送排量就必须设置较小值，泵送速度较慢。从以上统计数据可以看出，C70自密实混凝土泵送压力适中，易于泵送；混凝土黏度小，泵送速度快，大大节约了施工时间。

5.1.5.4 巨型钢管柱混凝土超高泵送设备配置技术

1. 泵机选型

巨型柱最大高度583.66m，混凝土总方量6.2万 m^3。综合考虑混凝土泵送高度及总泵送方量，现场布置三台超高压混凝土输送泵，泵车型号为三一重工生产的HBT9050CH-5D。泵车主要技术参数见表5.1-31。

泵机技术参数表　　　　　　　　　　　　　　　　　表5.1-31

技 术 参 数		HBT9050CH-5D
整机质量	kg	17350
外形尺寸	mm	7930×2490×2950
理论混凝土输送量	m^3/h	90(低压)/50(高压)
理论混凝土输送压力	MPa	24(低压)/48(高压)
输送缸直径×行程	mm	$\phi180×2100$
柴油机功率	kW	273×2
上料高度	mm	1420
料斗容积	m	0.7
柴油箱理论容积	L	650
理论最大输送距离管	m	水平3000m；垂直1000m

2. 泵管布置及理论论证

（1）泵管选型

泵管布置如图5.1-43所示。首层水平管，转换层水平管及首层到转换层的竖向管采用单层耐磨材料、壁厚为12mm、通径为 $\phi150$ 的超高压泵管。转换层以上附着在巨型柱上的泵管采用 $\phi150$ 普通高压泵管，用于巨型柱和楼面浇筑，方便运输、安装、拆卸，每套泵管长200m，壁厚5mm。

（2）泵管布置原则

① 原点布置

泵管布置先考虑布置原点（水平与竖向转向点），从原点向两端布置。

② 避免产生阻滞现象

在竖向管道内混凝土的自重作用下，水平管道反向压力过大，极易造成泵管阻滞。竖向管道越长，阻滞越明显。为避免该现象的发生，通常水平泵管布置折算长度应达到竖向泵管折算长度的1/4~1/5。经过计算，水平泵管布置总长约120m。

③ 避免形成压力梯度

泵管布置时，禁止将3个非标准件连续布置，以免形成压力梯度，造成混凝土堵塞。

④ 等高布置

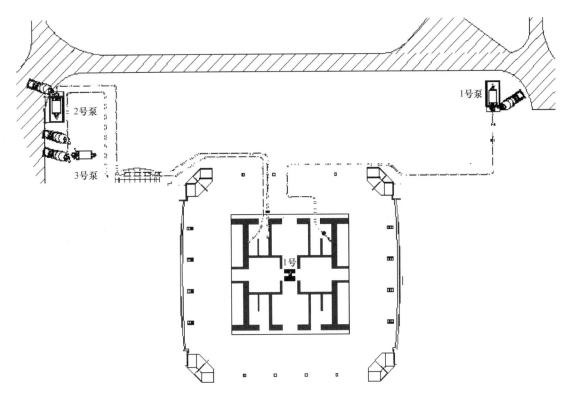

图 5.1-43　转换层泵管布置示意图

泵机出口压力对泵管管道的附加冲击荷载很大，为确保混凝土泵送安全，对水平管道、首层竖向 90°弯头采用混凝土墩进行加固。泵管安装过程中先安装泵管、支撑架，后浇筑混凝土支撑墩。水平泵管布置时，需将泵管布置在同一水平标高上，确保泵管顺直、等高布置。

⑤ 弯头设置

管路布置首先应遵循"距离最短、弯头最少"的原则；在泵机出口处为避免三种异型管连接形成管道压力梯度，需连接一段不小于 3m 长的水平管道后再设置一道水平弯头；水平管道与竖向管道连接处设置一道 90°弯头，弯头前后为方便泵管拆卸需连接短管。

⑥ 截止阀设置

水平泵送管道设置两道截止阀，第一道截止阀布置在泵机出口第一道弯头后，主要用于混凝土泵送结束后管道清洗；第二道截止阀布置在水平管道与竖向管道连接处的 90°弯头前，主要用于堵泵时混凝土的排出，即当混凝土浇筑过程中发生堵泵现象时，关闭本道截止阀，拆卸泵管，使竖向泵管内混凝土排出。

⑦ 支座设置

泵管支座分为抱箍、U 形卡两种。抱箍固定牢固可靠，但安装、拆卸复杂，对支座预埋件定位、平整度要求高；U 形卡固定牢固，可靠程度较抱箍差，但安装、拆卸方便。

天津 117 大厦首层水平管，转换层水平管及首层到转换层的竖向管支座固定形式采用抱箍形式，以确保支座固定牢固可靠，泵管常拆卸部位采用 U 形卡固定；转换层以上附着在巨型柱上的泵管由于巨型柱截面内收，支座埋件平整度不易控制，抱箍支座采用 U 形卡固定。支座按照 3m/道布置，局部转弯处在弯头两端加密。

（3）水平转换层设置

天津 117 大厦巨型柱截面经过 9 次内收并整体以 0.88°向上倾斜，竖向普通泵管布置需设置多处弯头，且普通泵管经管壁耐压试验得出最大泵送高度只有 200m，泵管通长布置极易出现爆管、堵泵危险，因此现场通过竖向高压泵管经过水平转换层向四根巨型柱泵管延伸，再通过巨型柱附着泵管的方式进行巨型柱混凝土浇筑，以减少巨型柱普通竖向泵管布置长度。转换层每 20 层设置一次，间隔高度约 100m，转换层及以下竖向泵管采用单层耐磨材料、壁厚为 12mm、通径为 φ150 的超高压泵管，巨型柱附着泵管采用 φ150 普通高压泵管。转换层设置多个转接口，可实现与 1 号、2 号及 3 号竖向泵管间连接转换（图 5.1-44，图 5.1-45）。

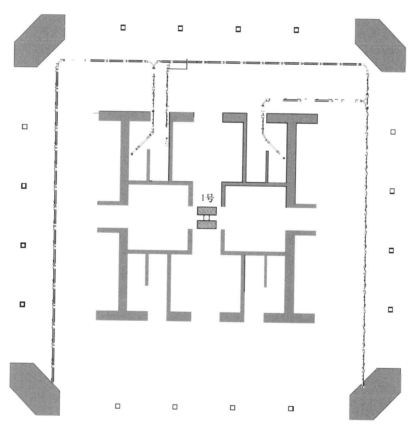

图 5.1-44 转换层泵管布置示意图

（4）特殊部位泵管布置

巨型柱收截面时，根据收截面的尺寸，采用两个 45°弯头与一定长度的水平管进行连接，以达到内收效果（图 5.1-46）。

图 5.1-45　转换层泵管现场布置示意图

图 5.1-46　巨型柱截面内收处泵管布置示意图

5.1.5.5　复杂气象条件下巨型钢管混凝土柱超高泵送施工技术

1. 寒冷气候条件下超高泵送施工技术

（1）原材料加热控制

根据《建筑工程冬期施工规程》JGJ/T 104—2011 要求，混凝土出机温度不低于 10℃，入模温度不应低于 5℃。为确保天津 117 大厦巨型柱混凝土施工质量，根据往年冬期施工经验，以 C70 自密实为例计算出机温度为 15℃时不同环境温度下（－5℃、－10℃、－15℃、－20℃）混凝土的入泵温度、入模温度、养护温度、所需原材料温度及保温层厚度等。

《建筑工程冬期施工规程》JGJ/T 104—2011 中要求，当环境最低温度不低于－15℃时，混凝土受冻临界温度不应低于 4MPa；当环境最低气温不低于－30℃时，混凝土临界受冻强度不低于 5MPa。结合冬季混凝土强度发展规律，通过计算混凝土入模养护后 2d 的温度不低于 0℃计算混凝土保温层厚度。混凝土养护保温层选择导热系数 0.04W/(m·k) 左右的材料，如岩棉毡等。结合之前混凝土冬季施工经验，冬季条件下水泥温度通常为 45～60℃，掺合料温度通常在 50℃左右。

通过热工计算环境温度为－5、－10℃、－15℃、－20℃，混凝土出机温度为 15℃时，所需原材料温度、泵管保温层厚度、入泵温度、入模温度、养护温度及维护层厚度。计算结果如表 5.1-32 所示。

混凝土材料热工温度表（℃）　　　　　　　　　　表 5.1-32

强度等级	原材料温度					泵管保温厚度	环境温度	出机温度	入泵温度	入模温度	养护温度	维护层厚度	养护 48h 后混凝土温度
	水泥	掺合料	砂	石	水								
C70 自密实	60	50	1	－1	40	0.025	－5	15.2	12.5	12.0	11.1	0.02	5.0
	60	50	1	－3	50	0.025	－10	15.6	12.2	11.5	10.4	0.02	0.5
	60	50	3	－5	50	0.025	－15	15.2	11.2	10.4	9.0	0.04	5.3
	60	50	4	－5	50	0.025	－20	15.2	10.6	9.5	7.9	0.04	1.6

针对环境温度低于—10℃等极端恶劣的天气，对商混站砂仓进行了改造，增加了砂仓加热的措施（图 5.1-47）：

① 在砂仓外壁盘加热带，同时在称斗外壁也盘加热带。

② 在砂仓上部用脚手架做骨架，用油布毡做外封，用鼓风机往里面通热风。

③ 在砂仓底部铺设加热管道。

图 5.1-47　料仓加热

（2）泵送管道加热

为解决冬期施工期间，泵管温度过低而影响混凝土流动性能的问题，项目拟采用在泵管外侧布置加热带方式对泵管进行加热保温。

1）试验验证

① 加热带性能参数（表 5.1-33）

自限热加热带性能参数表　　　　　　　　　　　　表 5.1-33

规格型号	(SZR)DTV-KF
额定电压(V)	36
标称功率(W/m·10℃)	26
最高维持温度(℃)	75±5
最高承受温度(℃)	105
最大使用长度(m)	50

② 加热试验

本次试验采用加热线与泵管环形绑扎的方法。加热带工作电压为 36V，采用温度控制箱控制泵管温度保持在设定值（20℃）。如图 5.1-48 所示。

③ 试验结论（表 5.1-34）

升温速率表　　　　　　　　　　　　表 5.1-34

时间(min)	中心温度(℃)	管壁温度(℃)
0	—14.0	—14.0
38	0.0	0.2
72	10.0	10.6
92	15.0	15.7
115	20.0	20.9

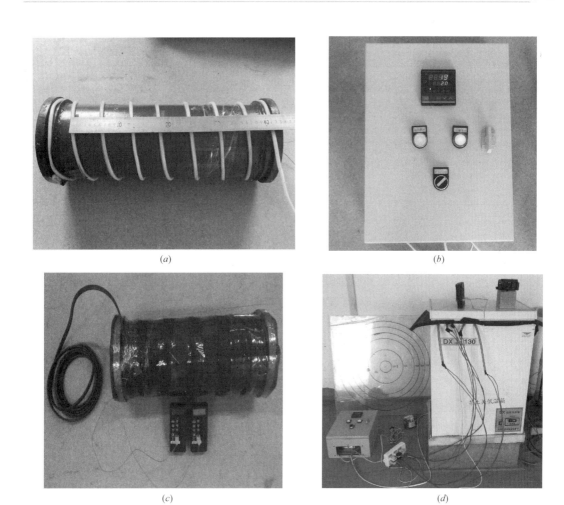

图 5.1-48 自限热加热带试验

(*a*) 自限温加热带环形缠绕；(*b*) 温度控制箱；(*c*) 保温材料包覆；(*d*) 低温试验

通过表 5.1-34 可以得出，泵管通过自限热加热带加热，115min 可以将泵管加热至 20℃，通过温度控制箱在冬季施工条件下可保持泵管管道持续温度，为混凝土超高泵送提供有利条件。

2）现场实施

现场依据加热带试验结果对泵管进行加热带保温（图 5.1-49）。在混凝土浇筑之前，加热带对泵管进行加热，加热至预定温度时进行混凝土泵送，避免混凝土入泵因温度骤降而影响混凝土性能。

冬季施工期间，项目为验证加热带现场实施效果，对泵管加热实时温度进行了检测，通过对检测数据分析，现场加热情况与试验模拟情况基本相似，现场泵管加热保温达到了预计的效果。检测数据见表 5.1-35。

（3）混凝土冬季技术准备

① 防冻剂的配制

图 5.1-49 泵管保温

泵管温升速率表

表 5.1-35

时间	第一段				第二段				第三段			
	电加热带		泵管温度		电加热带		泵管温度		电加热带		泵管温度	
	头部	尾部	头部	尾部	头部	尾部	头部	尾部	头部	尾部	头部	尾部
8:35	47	26	7.2	6.5	35	21	6.4	5.3	41	36	7.2	5.3
9:00	44	28	10.7	8.4	48	36	9.7	8.5	50	35	11.5	10
9:15	57.5	35.4	16.5	16.4	60.3	40	14	11.6	53.7	48.7	15.4	14.0
9:30	50	36.4	17.3	17.0	50.3	34	16.7	14.9	51.2	34	18.6	16.9
10:00	55.5	31.8	20	18.1	58.5	38.7	18.7	17.0	54.7	36.4	20	19

结合天津地区温度特点及工程实际，进行-15℃环境温度下专用防冻剂的配制。通过不同防冻组分与混凝土外加剂复合，研究不同防冻组分及掺量对混凝土抗冻性能。确定防冻组分及掺量后，结合不同混凝土泵送特点，调整混凝土其他组分，保证混凝土的可泵性能、力学性能及耐久性。

② 负温条件下混凝土强度发展规律

结合天津地区气候环境，在模拟实验室进行-15℃环境条件下的混凝土模拟实验。根据以上计算的保温方式对混凝土进行养护，通过成熟度法检测混凝土力学强度，检验混凝土抗冻性能及养护方式。

2. 高温气候条件下超高泵送技术

（1）混凝土性能要求

严格控制混混凝土入模温度，通过拌合用水加冰、粉料提前进料存储降低粉料温度，通过改善外加剂降低混凝土水化速度。优化混凝土配合比，较少混凝土水化热及自收缩，保持混凝土体积稳定性。调整混凝土外加剂，保证混凝土凝结时间符合项目要求，减少坍落度损失，保证混凝土正常施工。

（2）现场温控措施

现场将泵管外壁包裹反光纸，通过泵管保温减少泵管由于太阳照射产生的温度升高，减少混凝土温升过高，降低混凝土坍落度损失（图 5.1-50）。现场通过洒水及外保温等养护措施，降低混凝土温升，减少混凝土裂缝。夏季极端高温天气下应尽量选择在晚上进行混凝土浇筑施工。在混凝土入料口处设置防晒棚，减少混凝土水分流失（图 5.1-51）。

图 5.1-50 泵管反光纸粘贴　　　　　　图 5.1-51 防晒棚

3. 超高泵送水气联洗技术

（1）使用背景

根据目前国内超高层的施工实践经验，在建筑高度超过 300m 以后混凝土洗泵技术仍为难题。传统洗泵方式因堵泵概率大，泵管清洗不净，泵管密封处容易损坏等诸多情况，使得传统洗泵方式已经无法满足巨型柱混凝土超高泵送的洗泵要求。

针对上述情况，中建三局与三一重工进行合作，采购三一重工现有设备，对混凝土超高泵送水气联洗施工方法进行研究与探索，成功在主楼施工过程中实现了 300m 以上混凝土超高泵送水气联洗的高效应用。

（2）施工工艺流程（图 5.1-52）

（3）施工步骤

第一步：混凝土泵送结束后，关闭截止阀，拆底层泵出口弯管连接至气洗回收架（图 5.1-53），出料口做好防护。

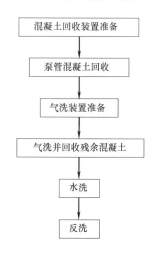

图 5.1-52 水气联洗施工流程图　　　　图 5.1-53 气洗回收架

第二步：准备工作就绪后打开截止阀，超高压管道内的混凝土做近似于自由落体运动回流至搅拌车内，只剩下水平管道及回收弯管部分混凝土。根据超高压管道的长度计算管道内的混凝土量，从而确定混凝土搅拌车可装载混凝土的体积。

第三步：塞 2 个泡过水的 ϕ175 海绵球到气洗装置接头两端，通过注水口向气洗装置内注水，调节排气孔使气洗装置内注满水，拆开水平转换层与巨型柱泵管连接泵管，连接气洗装置与泵管（图 5.1-54）。

第四步：待混凝土回收装置出口处混凝土流速变缓至一定程度后，打开空压机通过气洗装置向泵管内吹气，推动有两个海绵球和水柱形成的活塞在泵管内向下运动，将管内大部分混凝土从回收口处洗出，直至两个海绵球全部在回收弯管处吹出（图 5.1-55）。

图 5.1-54　气洗接管　　　　　　　　　　　图 5.1-55　气洗混凝土出口

第五步：气洗完成之后拆除混凝土回收装置及气洗装置，将自制牛皮纸袋柱放入泵管，将泵管与水管连通进行水洗。水洗采用高压水（水压小于传统洗泵水压）由下往上顶着自制牛皮纸袋柱进行管道清洗，水洗时要确保所用水为洁净水，待自制牛皮纸袋柱从布料机软管中洗出，观察出水情况，水由浑浊变干净后，停止水洗。

第六步：待泵管出口处水由浑浊逐渐变干净后，开始进行管道反洗，反洗即泵管内已经变干净的水通过自由落体运动经过超高压泵入料口直接流到沉淀池内，整个管道便清洗干净。

5.2　超大尺寸屈曲约束支撑施工关键技术

5.2.1　屈曲约束支撑概况及重点难点

近年来，屈曲约束支撑作为一种新型抗震结构得到广泛应用。屈曲约束支撑为双套筒形式，外筒为普通钢材，内筒为低屈曲强度软钢。地震来临时，外筒提供刚度，内筒屈服实现荷载释放，起到抗震作用。天津 117 大厦首道支撑采用屈曲约束支撑形式，由于首道支撑长度较长，达 53m，因此普通钢支撑长细比不能达到设计要求，构件承载能力差，容易失稳，屈曲约束支撑承载力与刚度分离的特点可有效克服此类问题。

天津 117 大厦屈曲约束支撑布置于 B2～7F 之间的四个立面（图 5.2-1），单重 223.1t，承载力 3900t。是目前房建领域应用的最大屈曲约束支撑。由于尺寸超大，支撑必须分段制作，现场拼装。

屈曲约束支撑整体呈 72°夹角的人字撑形式，其中芯材为 1420×820×90×90 箱形结构，材质为 Q100LY 低屈曲强度软钢；套筒为 1500×900×35×35 箱形结构，材质为 Q345B 级钢材。套筒和芯材之间存在 5mm 的无黏性材料，套筒仅在支撑中部与芯材连接固定，其余部分不与芯材接触，可以自由滑动（图 5.2-2）。

施工过程包含屈曲约束支撑分段、箱形截面部分焊接、屈曲约束支撑分段处节点处理、分段焊接接头处理、屈曲约束支撑防滑移固定等内容，工序较为复杂。

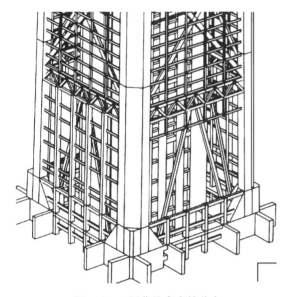

图 5.2-1　屈曲约束支撑分布

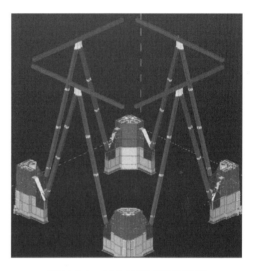

图 5.2-2　屈曲约束支撑效果图

5.2.2　屈曲约束支撑制作技术

5.2.2.1　制作流程及要点

（1）芯材抛丸除锈，除锈等级 Sa2.5。保证芯材外表面的光滑。

（2）加工芯材内撑板，板厚 20mm，每隔 2m 设置一道。控制芯材的截面尺寸。

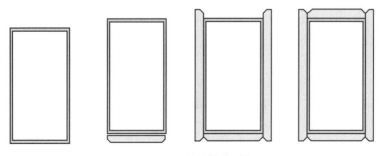

图 5.2-3　芯材拼装顺序

（3）箱形芯材本体成形拼装（图 5.2-3）。

（4）由于支撑主要承受轴向力，为减少焊接残余应力，箱形芯材成形焊采用部分熔透焊接，芯材本体焊接坡口形式如图 5.2-4 和图 5.2-5 所示。

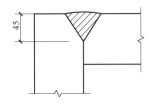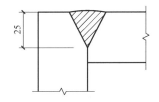

图 5.2-4　芯材本体焊缝坡口形式　　　　图 5.2-5　套筒本体焊缝坡口形式

（5）焊接后将焊缝余高打磨平整。

（6）采用 5mm 厚的无黏性材料，黏贴在套筒板内侧。

（7）使用内侧粘贴有无黏性材料的套筒板将芯材包裹，形成套筒（图 5.2-6）。

（8）为避免破坏无黏性材料层，焊接套筒箱型本体成形焊采用部分熔透焊接。

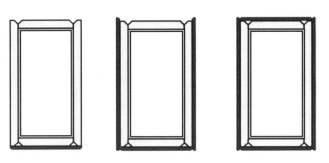

图 5.2-6　套筒拼装顺序

（9）最终将套筒接口部分焊缝余高全部打磨平整，保证外观光滑平整。屈曲约束支撑分段制作完成。

5.2.2.2　分段接头处理

为满足屈曲约束支撑分段后不同材质对接、方便现场焊接、达到焊接质量的要求，屈曲支撑分段节点位置做如下处理：

（1）在每段屈曲约束支撑芯材端头位置拼接有 Q345 材质钢板，避免现场对于 Q345 钢材与 Q100LY 钢材的焊接，两种材质对接节点处理，如图 5.2-7 所示。

（2）在两端屈曲约束支撑对接位置，为保证芯材焊接空间，套筒预留宽度 1000mm 钢板，待芯材焊接完成并粘贴无黏性材料后补焊此钢板，如图 5.2-8 所示。

屈曲约束支撑主要依靠芯材承受轴向力，为保证支撑整体受力效果达到设计承载力要求，支撑对接节点位置芯材采取 35°全熔透焊接。

由于套筒与芯材之间 5mm 间隙需粘贴无黏性材料，无法加设焊接衬垫板且套筒不属于主要受力构件，因此套筒对接采取 45°半熔透焊接。如图 5.2-9，图 5.2-10 所示。

5.2.2.3　内外筒防滑处理

由于屈曲约束支撑芯材和套筒是两个独立的体系，为防止套筒相对于芯材产生滑动，

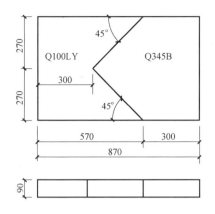

图 5.2-7 芯材不同材质钢材对接接头处理

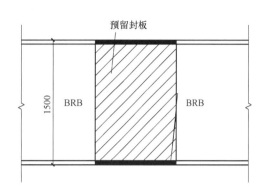

图 5.2-8 屈曲约束支撑对接位置预留封板

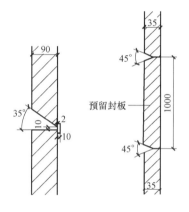

图 5.2-9 芯材、套筒封板对接焊缝示意

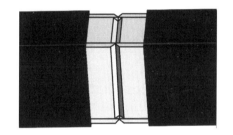

图 5.2-10 屈曲约束支撑对接位置示意

在中间段屈曲约束支撑设置永久性防滑措施，在套筒中部四个面各开 2 个长方孔，取 8 块 150mm×30mm 的钢板用双面坡口全熔透焊接于核心四个表面上，并穿出外套筒上的 8 个长方孔，将内套筒卡在外套筒上，并用塞焊焊接牢固（图 5.2-11）。

由于永久性防滑措施仅设置在中间段，为保证两端分段构件在制作、运输及安装过程中不发生滑动，在构件端头位置 4 个面利用 8 块 L 形连接板将芯材和套筒进行临时固定，并作为两段支撑的临时连接措施（图 5.2-12）。

5.2.3 屈曲约束支撑安装及焊接技术

5.2.3.1 屈曲约束支撑安装思路

天津 117 大厦所用屈曲约束支撑尺寸、重量超大，必须采用分段制作、现场拼装的方法施工。综合考虑现场塔吊吊装能力、车辆运输限制、设计图对节点的要求、屈曲约束支撑与次框架柱、楼层板的关系等各方面因素，将每根屈曲约束支撑（MB1）分为三段，最长分段 17m（72t），东西两侧屈曲约束支撑与南北侧分段情况相同，分段后采用 ZSL2700 塔吊吊装（图 5.2-13）。

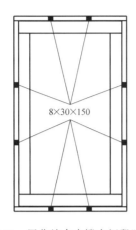

图 5.2-11 屈曲约束支撑中间段防滑措施

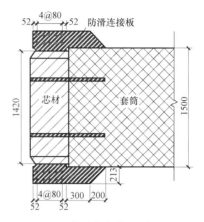

图 5.2-12 屈曲约束支撑两端段防滑措施

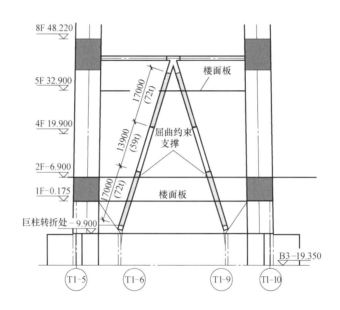

图 5.2-13 屈曲约束支撑（MB1）分段情况

根据屈曲约束支撑的受力特点，支撑主要靠芯材承受轴向力，套筒起到约束芯材，避免发生轴向外变形的作用。所以支撑由内而外分为三层：芯材、无粘结材料和套筒。如图 5.2-14 和图 5.2-15 所示，首先三层材料需要在分段接口处由内到位分步骤依次连接封闭。对接口处的焊接、粘结材料封闭有严格要求，否则将影响屈曲约束支撑的使用功能；其次，分段制作后的支撑芯材和套筒是可以自由滑动的，这就需要吊装前在支撑端部设置防滑措施，保证支撑在安装、拼接和最终封闭前套筒不发生滑动，而支撑完成最终拼接封闭后再将防滑措施移除，保证套筒自由滑动的功能。

基于以上原理，超大尺寸屈曲约束支撑的施工流程如下：

（1）屈曲支撑分段制作，端部固定防滑措施；

（2）现场完成胎架搭设；

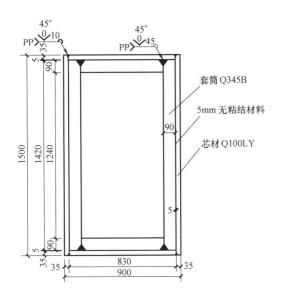

图 5.2-14 屈曲约束支撑断面图

图 5.2-15 屈曲约束支撑
分段位置实际断面

（3）屈曲支撑分段吊装就位；

（4）芯材对接接口焊接；

（5）芯材焊缝余高打磨处理；

（6）芯材无粘结材料包裹；

（7）接口区域套筒封闭焊接；

（8）端部防滑措施割除；

（9）施工完毕。

5.2.3.2 屈曲约束支撑安装流程

1. 南北屈曲约束支撑安装流程

由于本工程 2～4 层外框为悬挑结构，无次框架柱及外框梁，南北侧屈曲约束支撑安装主要依靠搭设临时胎架，按照从下到上的顺序进行安装。具体安装流程如图 5.2-16 所示。

2. 东西侧屈曲约束支撑安装流程

东西侧 2～4 层具有水平结构，因此东西侧屈曲约束支撑依附楼层结构安装，具体安装流程如图 5.2-17 所示。

5.2.3.3 屈曲约束支撑焊接技术

1. 焊接模拟分析

由于巨型屈曲约束支撑钢板厚度为 35mm（套筒）与 90mm（核心）。若采用坡口全熔透焊接，焊接量巨大，不但焊接质量难以控制与保证，也会造成板件焊接变形严重，支撑组装困难，增加支撑的初始缺陷。另外，厚板全熔透焊接的热收缩应力很大，会造成核心耗能部位钢材延性变差，影响支撑的低周疲劳性能。

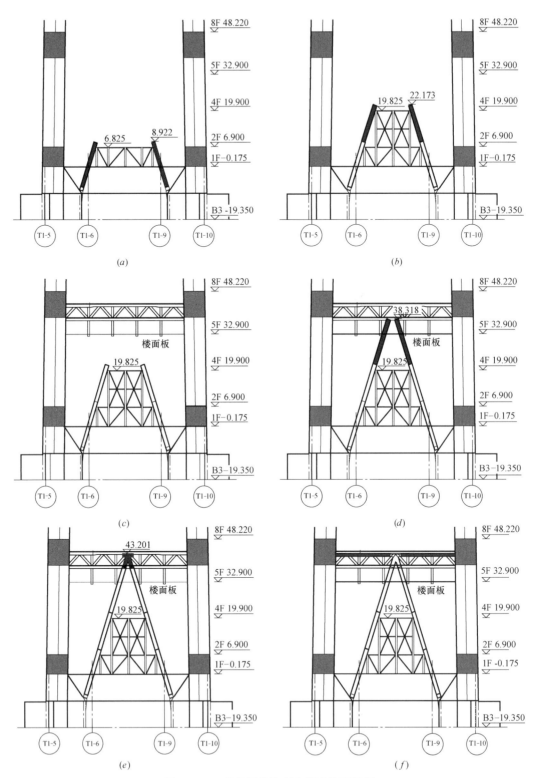

图 5.2-16　南北屈曲约束支撑安装流程图

(*a*) 搭设胎架, 安装屈曲约束支撑第一节; (*b*) 继续增高胎架, 安装屈曲约束支撑第二节; (*c*) 安装桁架、吊柱及 5 层钢梁; (*d*) 依附 5 层钢梁做安装屈曲约束支撑第三节; (*e*) 安装屈曲约束支撑 K 形节点; (*f*) 安装水平杆

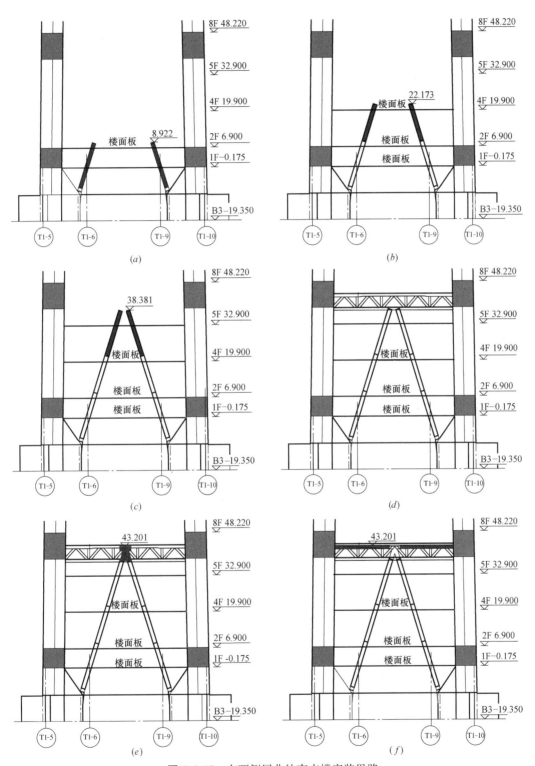

图 5.2-17 东西侧屈曲约束支撑安装思路

(a) 依附二层外框梁安装第一节屈曲约束支撑；(b) 依附四层外框梁安装第二节屈曲约束支撑；(c) 依附五层外框梁安装第三节屈曲约束支撑；(d) 安装第一榀桁架及六层钢梁；(e) 安装屈曲约束支撑 K 形节点；(f) 安装水平杆

屈曲约束支撑主要承受轴向荷载，承受弯矩较小，因此支撑腹板与翼缘之间的剪切应力也较小，保证支撑套筒形成整体抗弯机制，即保证平截面假定的剪应力需求较小，在理论上提供了减小焊接量的可能。但是屈曲约束支撑不同于普通钢支撑，其受力机理复杂，接触面众多，难以通过简单的手算或理论推导求解箱型截面的腹板与翼缘的剪应力，故采用非线性有限元软件 ABAQUS 软件对箱形截面的半熔透焊接进行精细化的数值分析为加工生产提供理论参考（图 5.2-18～图 5.2-21）。

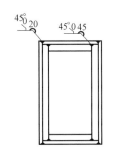

图 5.2-18　焊缝布置图

图 5.2-19　有限元建立内外套筒箱形截面

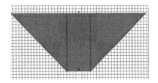

图 5.2-20　芯材焊缝模拟

图 5.2-21　套筒焊模拟

拟采用 45°双面坡口半熔透焊接，防止焊深过大，焊剂漏出熔池造成支撑内外套筒组装的困难，外套筒焊接深度为 20mm；而耗能核心焊接深度为 45mm，以减小焊接量与焊接残余应力。

对整个支撑的各个部位采用三维实体单元模拟，材料特性采用理想弹塑性模型，焊剂的强度采用 Q345，偏于安全地替代 E50 焊丝。为防止焊缝尖角点的应力集中过于严重，影响有限元收敛，将焊缝尖角处磨平处理，对于核心焊缝磨平深度考虑 8mm，对套筒焊缝磨平深度考虑 3mm。焊缝与相邻板件的连接采用 tie 属性进行模拟。内外套筒的接触属性采用法相硬接触，切向无摩擦滑移模型进行模拟。

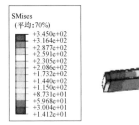

图 5.2-22　支撑整体应力云图

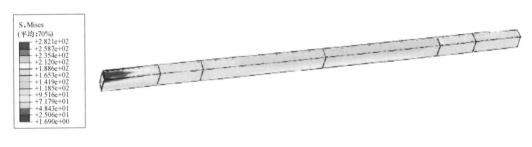

图 5.2-23 芯材应力云图

图 5.2-24 套筒应力云图

根据图 5.2-22～图 5.2-24 分析结果可见，核心屈服耗能段进入了塑性耗能状态，Q345 钢段未进入屈服，外套筒应力均未超过材料的屈服应力，说明外套筒处于弹性状态，支撑未发生屈曲失稳。

焊缝的应力沿着焊接方向呈不均匀分布，总体上，Q345 钢段应力小于材料屈服应力 345MPa，采用半熔透焊接可以满足连接强度的要求；而低屈服点钢段的材料应力达到了 345MPa，造成该现象的原因为：支撑进入耗能状态后，塑性应变集中于 Q100LY 钢段，而焊缝与之变形协调，应变超过焊剂的塑性应变后，焊接材料必定进入塑性状态，因此无论是采用全通透或半熔透焊接，焊缝的都会进入塑性。对 Q100LY 钢段的焊缝，强度不是主要影响因素，影响该段焊缝的关键因素是焊剂的延性。

支撑屈服前，由于钢材的弹性模量接近，弹性应变分布均匀，核心段屈服后，若不考虑芯材强化效应，则 Q345 段的弹性应变保持不变，塑性应变集中于 Q100LY 钢段，经简化分析，耗能段的钢材的塑性应变约在 1/300，即 0.3%，该应变值很小，一般的 E50 焊剂，沿着焊缝方向（不是垂直于焊缝方向）在达到塑性该应变时，延性是可以保证的，即不会发生撕裂。

综上，该屈曲约束支撑内外套筒采用半熔透焊接，可保证连接强度，不会对支撑性能造成较大的影响，并能为支撑加工质量控制提供很大便利，是一种较优方案。

2. 焊接思路及要点

为保证屈曲约束支撑整体的笔直度，采取整体安装并调校完成后再焊接的方式，且单节屈曲约束支撑相邻两个接头不能同时开焊，需待一端完成焊接后，再进行另一端的焊接。其焊接顺序安排如图 5.2-25～图 5.2-27 所示。

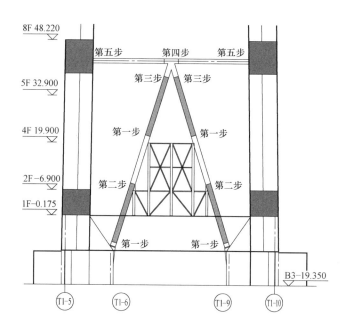

图 5.2-25　屈曲约束支撑整体焊接顺序

　　两节屈曲支撑接点位置焊接先完成内部芯材的焊接，进行打磨探伤后粘贴无粘结材料，然后再连接外部套筒。为减少局部焊接变形，芯筒接点采取对角焊接的方式，套筒采取两个对面同时焊接，焊接顺序为先焊接立焊再焊接横焊；由于水平杆与桁架距离比较近且存在仰焊情况，故水平杆两段对接位置预留 700mm×500mm 的孔洞，在箱体内部完成底部焊缝及靠近桁架面立焊缝的焊接，再将预留 700mm×500mm 的盖板进行补焊。焊口形式如图 5.2-28、图 5.2-29 所示。

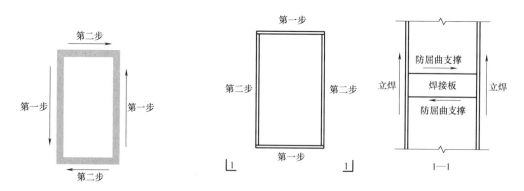

图 5.2-26　芯筒对接焊接顺序　　　　　　　**图 5.2-27**　套筒焊接顺序

5.2.3.4　屈曲约束支撑安装精度控制

1. 屈曲约束支撑测量

　　为保证屈曲约束支撑安装的精确度，在其每节端部截面四边中点设置测量控制点（图 5.2-30），在屈曲约束支撑安装之前，根据设计图纸屈曲支撑的位置解析出四点的平面坐标和高程坐标，为安装过程中测量做好准备，确保屈曲约束支撑坐标准确，避免发生扭转变形。

屈曲约束支撑由于底部截面小，重量大且安装存在一定倾斜角度，安装难度较大，容易发生倾倒。在吊装每节屈曲约束支撑时，除了及时将底部连接板用螺栓锁死并依靠安装胎架或楼层梁支撑外，还需在屈曲约束支撑背部设置拉杆固定于巨型柱，确保支撑临时固定牢固（图 5.2-31）。

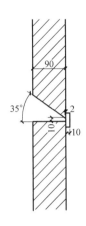

图 5.2-28 支撑芯筒焊口形式

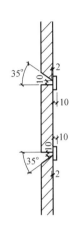

图 5.2-29 支撑套筒焊口形式

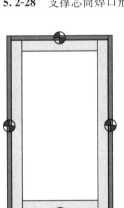

图 5.2-30 屈曲约束支撑端部截面测控点布置

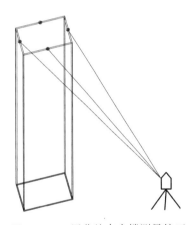

图 5.2-31 屈曲约束支撑测量校正

2. 安装精度控制方法

由于屈曲支撑主要承受轴向力的特点，支撑的平直度控制为施工的主要控制指标，也是屈曲约束支撑能否充分发挥使用功能的关键。施工过程中主要控制要点如下：

（1）支撑制作过程中严格控制芯材与套筒的平直度。

（2）通过计算得出，支撑安装后由于自重作用将有 7mm 挠度值。因此在支撑就位时，通过接口控制将中间一段支撑抬高 10mm，使支撑整体存在 1/5000 的预起拱。

（3）现场吊装就位，采用端部三维坐标控制支撑精度进行平直度初步控制。三段支撑使用螺栓固定后，采用支撑两端拉平行线的方法进行平直度精确控制。将平直度控制在

7~10mm，并且中部起拱。

（4）对接接口焊接，先焊箱体下翼缘再焊上翼缘，防止焊接变形产生下挠。

通过以上对支撑平直度的控制，支撑施工完仍略有起拱，平直度控制在 1/10000 以内。详见表 5.2-1。

屈曲约束支撑平直度测量表   表 5.2-1

支撑编号	安装起拱（mm）	焊接芯材后（mm）	封闭套筒后（mm）	施工完 30 天后（mm）
NB-1	9	6	5	4
NB-2	11	8	6	5
SB-1	10	7	6	5
SB-2	8	7	6	5
WB-1	10	9	8	6
WB-2	9	7	5	4
EB-1	12	9	7	6
EB-2	11	8	7	5

5.3 巨型斜撑施工关键技术

5.3.1 巨型斜撑概况及重难点

天津 117 大厦在每个立面布置有 8 道巨型斜撑（图 5.3-1），巨型斜撑两端与巨柱相连，分布于 B2-6F（MB1）、7F-18F（MB2）、19F-31F（MB3）、32F-47F（MB4）、48F-62F（MB5）、63F-78F（MB6）、79F-93F（MB7）、94F-105F（MB8）、106F-114M2F（MB9），巨型斜撑安装高度最大跨越 82m，单道巨型斜撑最长达 79.3m，重量为 657.42t。

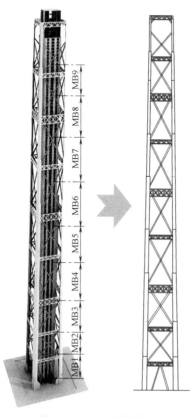

由于巨型斜撑分段后长度较长，重量大，且存在安装角度，因此巨型斜撑的吊装方法及安装控制精度为巨型斜撑施工的重难点。

巨型斜撑整榀为 X 形，构件截面为箱形，由钢板焊接组成，其截面规格如表 5.3-1 所示。

5.3.2 巨型斜撑安装及焊接技术

5.3.2.1 巨型斜撑吊装技术

本工程巨型斜撑截面大、重量重，现场现有起重设备无法满足整体吊装要求，因此，需根据起重设备的起重性能、斜撑安装位置及构件运输等限制因素对斜撑进行合理分段，现场施工采取高空拼装的方式。

图 5.3-1 巨型斜撑布置

巨型斜撑信息表 表 5.3-1

截面示意图	巨型支撑号	截面规格（mm）	重量（t）	钢材型号
	MB9	1200×900×100×50	246.64	G345GJ
	MB8	1200×900×100×50	305.76	G345GJ
	MB7	1800×900×120×50	610.98	G345GJ
	MB6	1800×900×120×50	657.42	G345GJ
	MB5	1800×900×120×50	581.30	G345GJ
	MB4	1800×900×120×50	640.92	G345GJ
	MB3	1800×900×120×50	563.34	G345GJ
	MB2	1800×900×120×50	526.12	G345GJ

巨型斜撑每节最大重量约为 67t，每节设置 4 个吊耳，如图 5.3-2、图 5.3-3 所示。

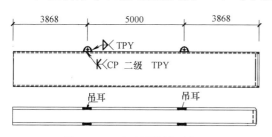

图 5.3-2　巨型斜撑吊耳布置

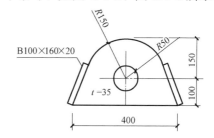

图 5.3-3　吊耳详图

由于巨型斜撑存在安装角度，因此需要在起吊前利用倒链将倾斜角度调整好，并挂设安全绳，以 MB8 段巨型斜撑为例，吊装绑钩形式如图 5.3-4 所示。

	吊索具
①	2副直径大于30mm，长3m钢丝绳
②	2副直径大于30mm，长4m钢丝绳
③	2副直径大于30mm，长4m钢丝绳(安全绳)
④	2个10t 倒链
⑤	6个10t卸扣

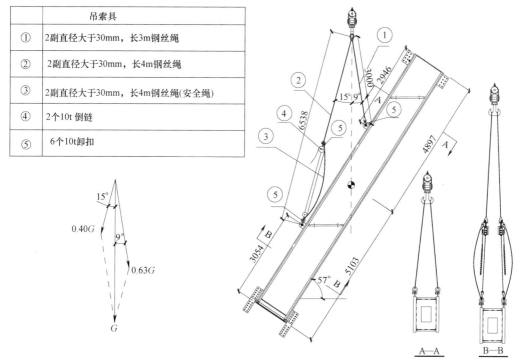

图 5.3-4　吊索具布置图

5.3.2.2　巨型斜撑安装顺序

先进行钢柱及外框梁的安装，然后按从下至上的顺序进行巨型斜撑各吊装分段的安装。由于斜撑与钢梁属于相互依附关系，因此在斜撑安装时，斜撑上部钢梁需要预留，待对应斜撑段安装完毕后进行补装，避免各构件的相互妨碍吊装。斜撑分段后安装主要依靠自下而上依附楼层钢梁和巨型柱做临时固定措施，结合巨型防屈曲支撑成功安装的经验，斜撑分段连接采取相对较大的临时连接板，主要承受构件安装过程中产生的作用力。

巨型斜撑安装主要采用 $700 \times 300 \times 13 \times 24$ 的 H 型钢，与楼层钢梁焊接形成临时固定措施，X 形斜撑下半部分水平支撑加设在斜撑两个对称的构件之间，上半部分水平支撑加设在斜撑构件和巨柱之间。斜撑安装按照从下到上的顺序跟随楼层钢梁的进度进行安装。其安装步骤如图 5.3-5 所示。

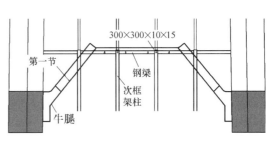

(a)

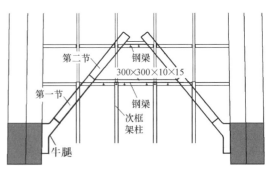

(b)

图 5.3-5　巨型斜撑安装流程

（*a*）除第一节斜撑上部次梁暂时不安装，其余对应楼层钢柱及相应连梁，形成稳定体系
后在图中主梁位置设置临时支撑，安装第一节斜撑，之后补装其上部辐射梁；
（*b*）在第二节支撑之间设置水平支撑，安装第二节巨型斜撑

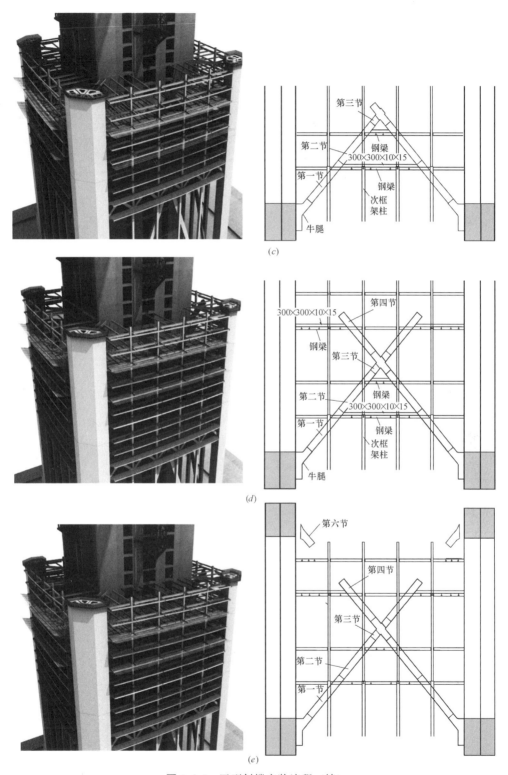

图 5.3-5 巨型斜撑安装流程（续）

（c）安装斜撑对接节点；（d）节点焊接完成后，下部临时水平支撑去除，在斜
撑与巨柱之间设置水平支撑，安装斜撑第四节；（e）安装水平钢梁，上部牛腿

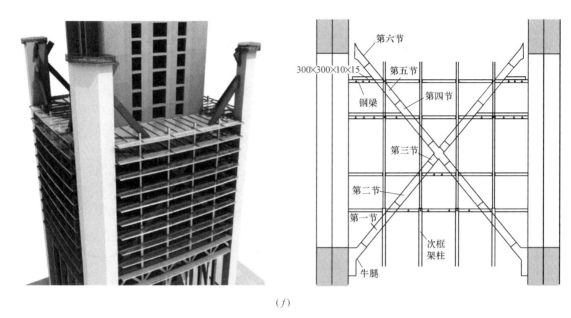

（f）

图 5.3-5 巨型斜撑安装流程（续）

（f）在巨柱与斜撑之间架设水平支撑，安装斜撑第五节

5.3.2.3 巨型斜撑焊接技术

1. 巨型斜撑整体焊接

为保证巨型斜撑整体的笔直度，采取整体安装并调校完成后再焊接的方式。

2. 巨型斜撑节点焊接

对焊接变形控制，关键在于采用合理的焊接顺序和方向（图 5.3-6、图 5.3-7）。

（1）焊接平面上的焊缝，需保证纵向焊缝和横向焊缝（特别是横向）能够自由收缩。如焊对接焊缝，焊接方向需指向自由端。

（2）先焊收缩量较大的焊缝。如结构上有对接焊缝，也有角焊缝，应先焊收缩量较大的对接焊缝。

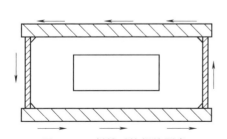

图 5.3-6 斜撑对接焊接顺序

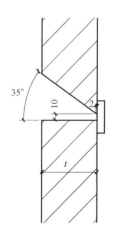

图 5.3-7 斜撑焊缝焊口形式

（3）先焊立焊缝后焊横焊缝。

（4）工作时应力较大的焊缝先焊，使内应力分布合理。

（5）交叉对接焊缝焊接时，必须采用保证交叉点部位不易产生缺陷的焊接顺序。

5.3.2.4 巨型斜撑安装精度控制技术

由于巨型斜撑的安装贯通十余层，安装高度较高且支撑存在一定倾斜角度，为确保其在整个塔楼结构中的作用不被破坏，巨型斜撑笔直度的保证至关重要。实际施工中采取了多种加固措施结合的方式确保巨型斜撑笔直度在误差允许范围内，具体加固措施为：在巨型斜撑倾斜的两个面均设置两道连接板并借助巨型柱连接，受压面利用胎架（框架梁支撑体系）支撑，形成稳定的支撑固定体系，如图 5.3-8 和图 5.3-9 所示。

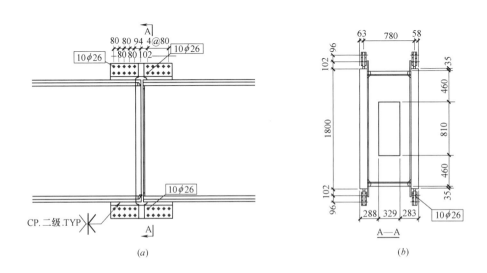

图 5.3-8 巨型斜撑固定措施

（a）平面图；（b）剖面图

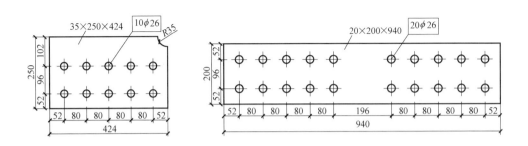

图 5.3-9 支撑连接板详图（材质 Q345B）

"X"支撑单节长度约为 25m，根据 MADIS 计算显示，单枝构件最大下挠 0.925mm 安装时在支撑每枝两段拼接处起拱 1mm，以补偿支撑在自重下的挠度（图 5.3-10）。

图 5.3-10 重力荷载标准值下的变形云图（最大变形 0.925mm）

5.4 环带桁架施工关键技术

5.4.1 环带桁架概况及重难点

天津 117 大厦共有九道环形带状桁架，属于巨型外框结构，用以抵抗侧向荷载。

带状桁架由箱形梁和组合节点构成，两端与巨柱相连。桁架长度随主体外立面的收缩，由 44m 逐渐减小为 35m。位于 31～32 层、62～63 层、93～94 层的桁架为双层桁架结构，高度为 11m，其余桁架为单层桁架结构高度为 5～6m，其中 116M-117 层桁架较其他桁架有所不同，在桁架下弦杆增加侧向支撑。桁架具体形式及位置情况如图 5.4-1 所示。

由于分段后桁架为异型构件，且重量大，因此桁架的吊装为施工的重难点。且桁架整体为封闭结构，探究合理焊接顺序可有效地消除焊接残余应力、减小焊接变形。

5.4.2 环带桁架安装与焊接技术

5.4.2.1 环带桁架分段

根据各塔吊的布设位置、吊重性能及堆场位置分析，现场选择 2 台 ZSL2700 塔吊为主要吊装设备，26m 作业半径内可吊重 100t，最大作业半径 60m，可起吊 31.9t。

首道桁架单榀重量约为 350t，远远超出塔吊吊装能力范围，需根据现场实际情况对桁架进行分段，分段需综合考虑塔吊吊重、公路运输及构件重心位置（图 5.4-2，图 5.4-3）。

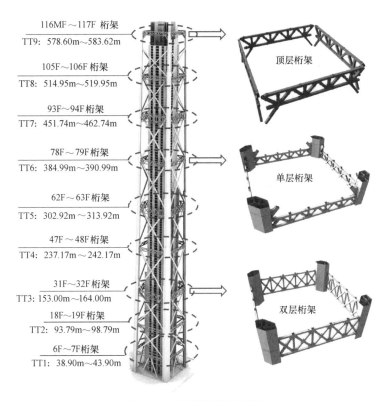

图 5.4-1　环带桁架分布图

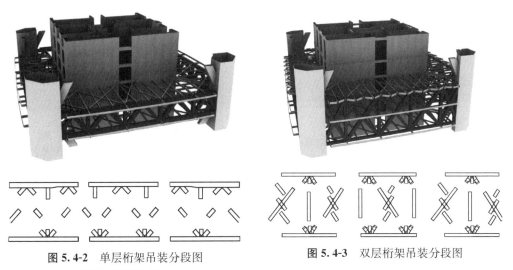

图 5.4-2　单层桁架吊装分段图　　　图 5.4-3　双层桁架吊装分段图

5.4.2.2　环带桁架安装

1. 环带桁架吊装

由于桁架重量大，且多为异型构件，吊装过程中需要着重注意两点：

（1）吊点（指塔吊吊钩）必须在构件重心上部。

（2）吊耳连线必须在构件重心的垂直线上。

以第八道桁架下弦吊装为例，绑钩形式如图 5.4-4 所示。桁架上弦组合吊装如图 5.4-5 所示。

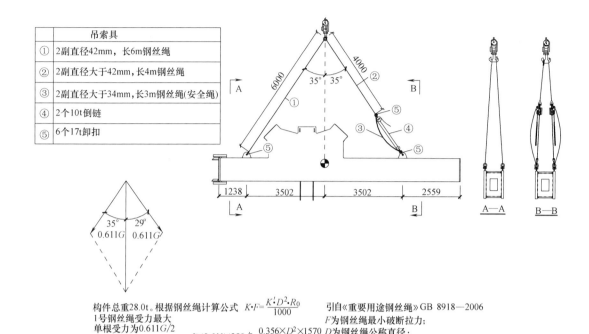

	吊索具
①	2副直径42mm，长6m钢丝绳
②	2副直径大于42mm，长4m钢丝绳
③	2副直径大于34mm，长3m钢丝绳（安全绳）
④	2个10t倒链
⑤	6个17t卸扣

构件总重28.0t。根据钢丝绳计算公式 $K \cdot F = \dfrac{K' \cdot D^2 \cdot R_0}{1000}$ 引自《重要用途钢丝绳》GB 8918—2006

1号钢丝绳受力最大 F 为钢丝绳最小破断拉力；

单根受力为0.611G/2 D 为钢丝绳公称直径；

$$6 \times 0.611 \times 280/2 = \frac{0.356 \times D^2 \times 1570}{1000}$$

R_0 为钢丝绳公称抗拉强度，取值1570MPa；

$$D = 30.3\text{mm}$$

K' 钢丝绳最小破断拉力系数，取值0.356；

根据现场实际情况选用42mm钢丝绳。 K 为安全系数，根据《建筑施工起重吊装安全技术规范》，K 取6

图 5.4-4 桁架下弦吊装示意图

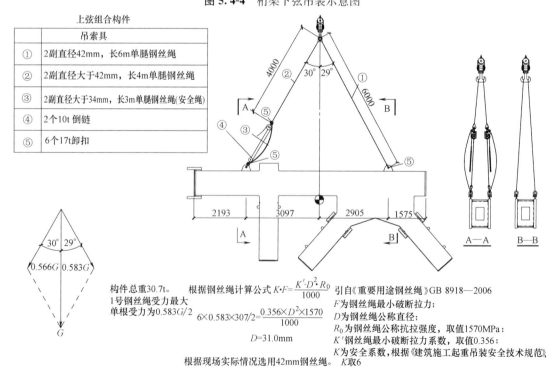

上弦组合构件

	吊索具
①	2副直径42mm，长6m单腿钢丝绳
②	2副直径大于42mm，长4m单腿钢丝绳
③	2副直径大于34mm，长3m单腿钢丝绳（安全绳）
④	2个10t 倒链
⑤	6个17t卸扣

构件总重30.7t。 根据钢丝绳计算公式 $K \cdot F = \dfrac{K' \cdot D^2 \cdot R_0}{1000}$ 引自《重要用途钢丝绳》GB 8918—2006

1号钢丝绳受力最大 F 为钢丝绳最小破断拉力；

单根受力为0.583G/2 D 为钢丝绳公称直径；

$$6 \times 0.583 \times 307/2 = \frac{0.356 \times D^2 \times 1570}{1000}$$

R_0 为钢丝绳公称抗拉强度，取值1570MPa；

$$D = 31.0\text{mm}$$

K' 钢丝绳最小破断拉力系数，取值0.356；

根据现场实际情况选用42mm钢丝绳。 K 为安全系数，根据《建筑施工起重吊装安全技术规范》，K 取6

图 5.4-5 桁架上弦组合吊装示意图

2. 带状桁架安装流程

环带桁架的本着下弦→腹杆→上弦、从两侧向中间的顺序进行安装，其中下弦安装时主要与巨型柱和次框架柱进行固定。以第八道桁架为例，安装顺序如图 5.4-6 所示。

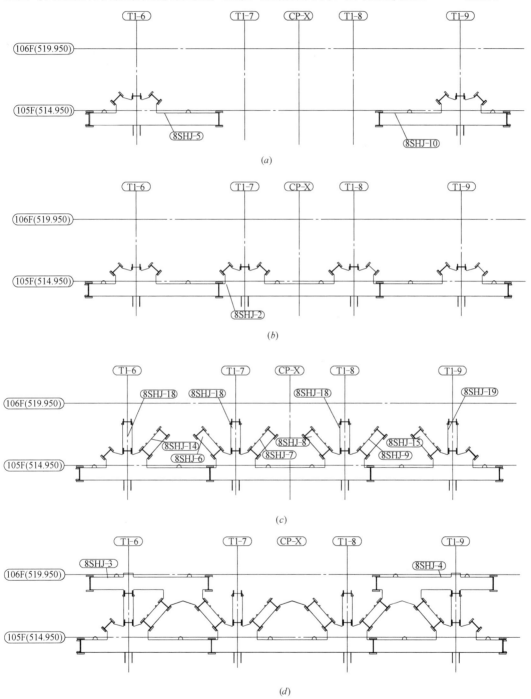

图 5.4-6 桁架安装流程

（a）安装两侧下弦；（b）安装中间下弦；（c）安装除巨柱牛腿侧两根以外其他所有腹杆；（d）安装两侧上弦

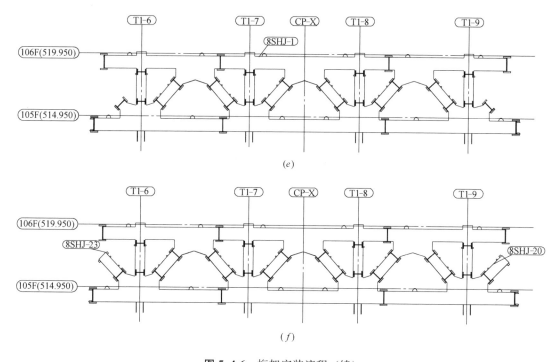

图 5.4-6　桁架安装流程（续）

（e）安装中间上弦；（f）安装与巨柱牛腿连接的斜腹杆

3. 无依附带状桁架安装

由于南北首道桁架底部净空高度近 40m，安装桁架时若搭设脚手架或胎架，施工相对繁琐且工期较长，故考虑此两榀桁架下弦吊装就位时，使用拉杆拉设于两端的巨柱上进行固定。

在两侧桁架下弦吊装完成并用拉杆固定完成后进行中间段的桁架下弦吊装，拉杆拉设位置为桁架下弦与腹杆连接节点位置。钢拉杆采用截面为 $\phi203 \times 12$ 的钢管，在巨型柱和桁架节点位置布置连接耳板，拉杆与桁架及巨型柱采用销轴连接。如图 5.4-7～图 5.4-10 所示。

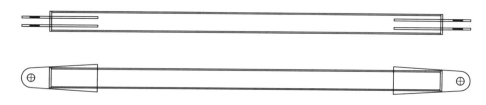

图 5.4-7　钢拉杆示意图

5.4.2.3　环带桁架测量技术

1. 桁架固定措施

桁架下弦吊装就位后只有一端与巨柱固定，另一端处于悬挑状态，针对此情况，利用次框架柱与桁架连接的特点对桁架安装阶段进行支撑固定。

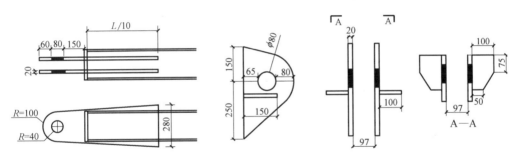

图 5.4-8 拉杆节点示意图   图 5.4-9 巨柱及桁架连接耳板示意图

图 5.4-10 现场安装照片

首先测量次框柱顶标高，在次框柱顶部焊接两块 10mm 厚钢板，钢板顶标高控制与桁架下弦标高相同，然后安装桁架，并将钢板与桁架底部焊接固定（图 5.4-11）。

2. 测控点的选取

桁架测控点的选取如图 5.4-12 所示。

3. 环桁架初步安装就位

环带桁架为散件吊装，高空原位拼装，安装过程控制点为散件自由端坐标定位控制及整体安装立面垂直度。

安装前，复核已安装巨型柱牛腿坐标，根据复测数据拟合计算，进行散件安装坐标预调，使固定端定位精度受控。吊装散拼构件，端部与巨型柱牛腿或已安装部分连接固定，在自由端立镜观测坐标，用捯链及千斤顶进行校正。

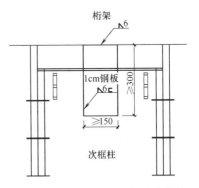

图 5.4-11 次框柱与桁架连接措施

4. 桁架精确就位

对于桁架的测控采用全站仪跟踪测量，记录、处理，监测桁架侧向弯曲和挠度，进行现场指导安装校正。

在控制基点上架设全站仪，对中整平，后视另一控制点，同时将竖盘调成 $90°00'00''$，照准一标高控制点上的水准尺，得到该水平视线标高，以及仪器横轴和视准轴交点标高。

然后观测反光贴片，进行钢柱坐标数据的自动采集，计算该点实际坐标和理论坐标的差值，得到该点的校正值，指导现场安装校正，同时弹线保证桁架弦杆的平整度，最后进行后期资料处理。

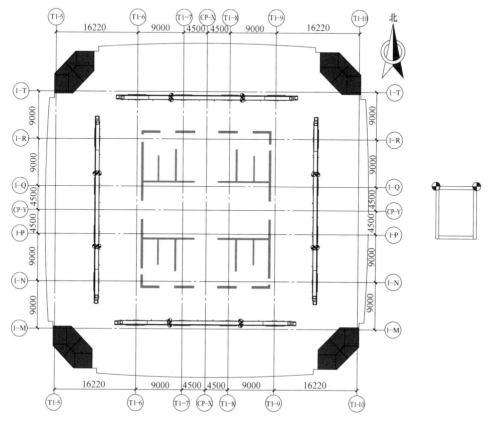

图 5.4-12　桁架测控点

5. 桁架平面坐标测控

桁架的平面坐标测量主要通过全站仪后方交汇的方法。首先将楼层基准点引到对应楼层楼面，利用楼层基准点测出核心筒墙体上的两点坐标，然后将全站仪架立于桁架上一点，通过后方交会核心筒上两点得知全站仪架立点处坐标，最后通过全站仪测出桁架测控点的坐标（图 5.4-13）。

5.4.2.4　环带桁架焊接技术

1. 焊接原则

（1）由于环带桁架为主要承重构件，因此对接接头均为全熔透形式，其中立焊缝采用双边 V 形坡口，既能减少焊丝填充量，控制焊接变形，又能起到节约成本的目的。如图 5.4-14～图 5.4-16 所示。

（2）环带桁架为箱形截面，板厚均为 40mm 以上，因此为控制焊接变形，对接接头焊接必须采用对称焊接的方式。

2. 焊接顺序

以第八道桁架焊接为例，焊接顺序如图 5.4-17 所示。

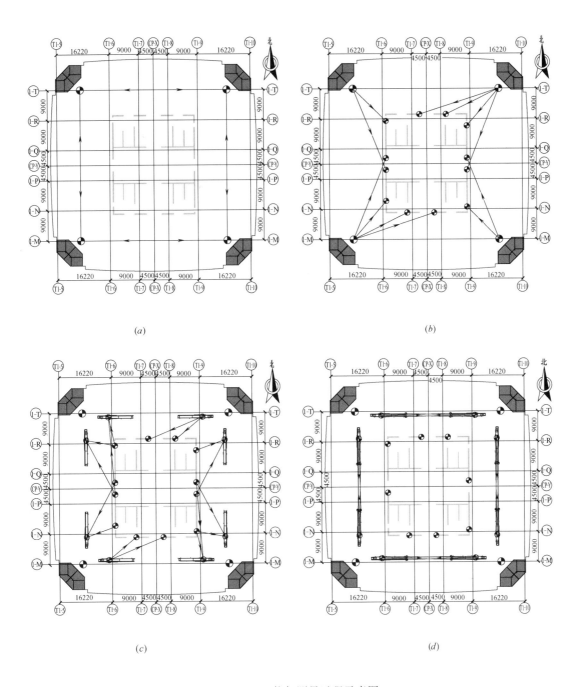

图 5.4-13 桁架测量过程示意图

(a) 楼层基准点复核；(b) 基准点投掷在核心筒上；(c) 后方交会于桁架上；(d) 测量桁架

(1) 由于上下弦杆截面大于腹杆，焊接上下弦杆所产生的内力远大于腹杆焊接产生的内力，因此总体顺序先焊接上下弦杆，后焊腹杆。

(2) 预留一个口（焊缝 5、6、7）保证上下弦杆可进行横向收缩释放内力。

(3) 同一根构件两端不能同时焊接。

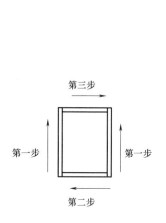

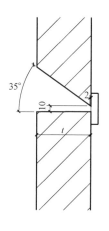

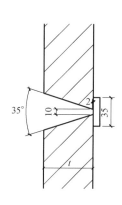

图 5.4-14 对接焊接顺序　　　图 5.4-15 横焊缝焊口形式　　　图 5.4-16 立焊缝焊口形式

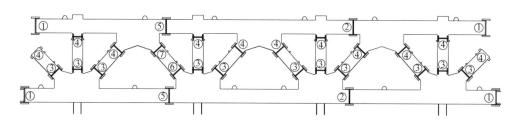

图 5.4-17 焊接顺序

第6章 核心筒结构施工关键技术

6.1 低位顶升模架施工关键技术

6.1.1 核心筒总体施工部署

6.1.1.1 总体部署

总体部署时重点考虑如下因素：工程施工总工期、主体结构施工工期，塔吊、施工电梯及混凝土浇筑设备得配置，首层平面规划，核心筒、外框结构设计特点。低位顶升钢平台模架体系的总体部署需满足如下原则：

（1）核心筒施工方法应力争提高垂直运输与材料周转的效率；

（2）满足超高层施工自身的安全性；

（3）满足核心筒沿竖向截面不断变化的要求，满足核心筒层高变化的要求；

（4）需要保证钢板剪力墙、劲性柱等钢构件的吊装要求；

（5）模架系统应满足结构的使用要求，并满足施工过程中高空改装作业的安全性和可操作性；

（6）核心筒施工进度需要与外框钢结构施工的流水节拍相配合；

（7）模板选择需要满足便于安装、拆卸以及混凝土浇筑质量的保证，并能保证周转使用的次数以及周转时转运方便；

（8）满足天津地区超高层施工较大水平风荷载的要求，天津地区属温带季风气候，按30年一遇的基本风压达到 $0.3kN/m^2$，风荷载较大；

（9）满足各类施工机械群体作业的协调要求，保证核心筒结构施工的速度，满足工期要求。

6.1.1.2 主要措施

根据工程特点和施工要求，本工程的模架系统设计和施工主要采取表 6.1-1 所示措施。

模架系统设计和施工主要措施 表 6.1-1

序号	施工要求	主要措施
1	超高层核心筒结构施工	模架系统分钢平台、顶升系统、挂架、支撑钢柱及模板系统五部分设计,各部分均需满足超高层施工的安全、快捷的要求及自身强度、刚度等性能要求

序号	施工要求	主要措施
2	结构立面及平面变化	由于核心筒内部可设支撑点少,需结合层高、平面剪力墙分布、剪力墙内收标高、劲性柱位置、钢板剪力墙位置及立面进行设计
3	层高的变化	(1)按标准层高配置定型模板,模板立面位置在模架体系固定时可自行进行调节;核心筒内收处模板需按结构进行调节; (2)采用大行程的液压油缸满足不同层高的顶升高度
4	核心筒内钢构件的吊装	(1)钢平台留设钢板、劲性柱吊装孔; (2)立柱的高度选择满足最大吊装分段的要求
5	竖向和水平交通	顶模系统内人员通道、安全疏散通道需满足模架内部垂直和水平交通。施工电梯可到达模架的钢平台处
6	混凝土结构承载力要求	支撑点尽量避开核心筒暗柱、连梁位置。对支撑点的墙体混凝土强度要求需满足施工要求

6.1.1.3 主要特点

本工程模架主要特点如下:

(1)按照竖向结构分段,采用模架施工的楼层为124层,而施工日历天仅为670d,核心筒剪力墙结构施工工期需至少满足5.4d/层。

(2)核心筒墙体围成的水平投影单层面积最大为1072m²,模架钢平台水平投影面积设计至少为1100m²,据查国内设计突破1000m²尚属首次。

(3)综合考虑工期紧凑、不可预见的恶劣天气、钢-混凝土组合截面结构施工特点、冬季严寒地区施工特点等因素,本工程低位顶升钢平台模架体系应按照跨越3.5个结构施工层设计,这在国内属于首创。

(4)为了满足施工人员快速到达核心筒剪力墙施工作业层,施工电梯应满足可直接运送人员至模架钢平台,需技术创新。

(5)北方严寒地区首次使用低位顶升钢平台模架体系,风荷载、雪荷载等取值复核计算无先例可循,需重点验算以确保施工安全。

6.1.1.4 核心筒墙体变化分析

核心筒墙体变化分析主要从内、外墙截面尺寸及平面收放情况、层高

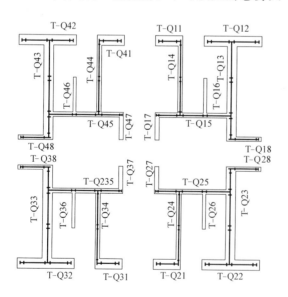

图6.1-1 塔楼核心筒地上墙肢设计编号示意图

变化、竖向钢-混凝土组合截面结构变化做出重点分析。天津117大厦塔楼核心筒地上墙肢平面设计如图6.1-1所示。

经统计分析，天津 117 大厦核心筒墙体内、外墙截面尺寸及平面收放变化为 21 次，立面层高变化亦达 20 余种；竖向钢-混凝土结构变化主要体现在钢板-混凝土、劲性钢柱-混凝土，核心筒 36 层以上、114m 以上均为内设钢板的钢板-混凝土混合结构，其范围约占整个建筑的高度 1/3，其他楼层均为劲性钢柱-混凝土混合结构。核心筒墙体围成的水平投影单层面积最大为 1072m²，墙体内收后，单层面积为 721m²，核心筒结构施工高度为＋596.500m。核心筒墙体分段多、不连续，核心筒剪力墙外墙厚度由 1400mm 分次内收至最薄处为 300mm，累积收缩 1100mm，部分墙体从 94 层以上开始逐步撤销。

6.1.1.5 核心筒与外框结构连接分析

核心筒与框架巨型结构主要通过钢梁＋组合楼板连接，无伸臂桁架等外伸巨型水平、斜向构件，如图 6.1-2 所示。核心筒内外楼板均为压型钢板或钢板或钢筋桁架楼承板组合结构楼板，核心筒剪力墙上存在大量结构预埋件、预埋钢筋、施工构造措施埋件等，且在避难层设计有大型突出核心筒剪力墙表面的结构预埋件。

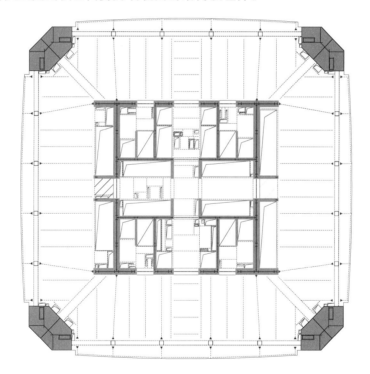

图 6.1-2 标准层平面示意图

6.1.2 低位顶升钢平台模架体系设计

6.1.2.1 低位顶升钢平台模架体系原理

低位顶升钢平台模架体系主要采用模块化设计、组装、施工，采用大行程、可高承载力的液压油缸和支撑立柱、箱梁作为模架的顶升与支撑系统，通过在核心筒预留的洞口处低位顶升其上部的钢桁架平台带动模板体系、小型施工设备、挂架体系等同步上升，完成竖向混凝土结构施工。

6.1.2.2　低位顶升钢平台模架体系组成

低位顶升钢平台模架体系由钢平台系统、支撑与顶升系统、挂架与围护系统以及模板系统组成（图 6.1-3）。

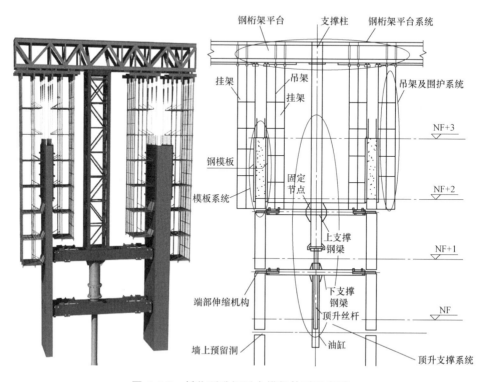

图 6.1-3　低位顶升钢平台模架体系示意图

（1）钢平台系统由钢桁架组成空间体系，钢平台由主桁架、次桁架、面外撑杆相互连接组成，钢平台为模板系统、挂架与围护系统提供足够的承载力。

（2）支撑与顶升系统由支撑和液压顶升机构组成，支撑部分包括支撑立柱、上下支撑箱梁以及箱梁上的伸缩油缸和 32 个伸缩牛腿。顶升部分包括长行程、高能力顶升油缸以及同步控制系统。支撑立柱与上支撑箱梁连接，顶升油缸缸体与下支撑箱梁连接，而相对的顶升油缸活塞杆则与上支撑箱梁连接。箱梁上的伸缩牛腿支撑在核心筒墙体的预留洞口内。

（3）挂架与围护系统由两榀水平向和竖向连接的方钢网，通过横杆连接组成挂架骨架，竖向按照操作层数进行布置，由滑轮、吊杆、水平横杆、水平纵杆、钢板网、翻板、安全通道、里面防护、兜底防护等构件组成。

（4）模板系统采用钢框胶合板模板一次性配模，根据标准层高，确定模板高度。

6.1.2.3　低位顶升钢平台模架体系与其他设备关系

与低位顶升钢平台模架体系相关联的设备主要有：外挂式动臂式大型起重设备、施工电梯、混凝土浇筑设备、钢结构焊接设备（电焊机、电加热器等）、监测设备、临时用电用水设备。其中施工电梯、混凝土浇筑设备最为关键，须重点关注其与模架的连接方式。

6.1.2.4　低位顶升钢平台模架体系设计相关条件分析

（1）拟在核心筒剪力墙上正南、正北分别布置 1 台 ZSL2700 动臂式塔吊，西北、东南角各布置一台 ZSL1250 动臂式塔吊。

（2）拟在核心筒内中心处布置 1 台双笼施工电梯与顶模衔接，且施工电梯可随模架顶升而采取增加标准节同步提升，以满足施工作业人员可直接低位顶升钢平台，节约非工作时间。

（3）拟在顶升钢平台上布置 2 台液压动臂式 HG27 型混凝土浇筑布料机。

（4）顶升钢平台上应设计有控制室、钢筋成品堆场、消防水箱、钢构焊接设备房、监控设备、人员临时休息室、临时厕所等。

（5）统计分析施工荷载、风雪荷载取值、核心筒墙体混凝土强度复核计算等。

6.1.2.5　低位顶升钢平台系统功能分区

根据低位顶升钢平台系统设计相关条件分析，初步确定钢平台的平台功能分区原则如下：

（1）平面功能分区需要区别各类功能的主次，合理安排区域位置、大小，综合考虑施工方便、安全、高效的因素，同时避免核心区域的浪费。

（2）须确保顶模系统的重心处于各个支腿的内部以防顶模倾覆，同时增加顶模抗侧能力。

（3）竖向功能分区主要包括钢筋预留区、钢筋绑扎区、模板封闭区、混凝土养护预埋件清理区。

（4）考虑项目工期特点，竖向挂架设计高度必须大于或等于三个分区高度，故挂架按照 8 层跨越 3.5 个结构施工层设计。

低位顶升钢平台系统平面和竖向功能分区如图 6.1-4 和图 6.1-5 所示。

6.1.2.6　顶升与支撑系统设计

顶升与支撑系统为主要受力构件，将钢平台上所有荷载通过支撑与顶升系统传递至核心筒剪力墙上。顶升系统包括 4 套顶升液压油缸、32 套支腿伸缩油缸、1 套现地控制柜、液压泵站以及液压管道及附件等，其中泵站一控四配置，液压泵站设备包括 1 套油箱总成、2 套液压泵电动机组（互为备用）、1 套调压控制阀组、4 套同步控制阀组；支撑系统包括格构式支撑立柱、上下支撑箱梁以及箱梁上的伸缩牛腿。

1. 顶升系统设计

（1）液压油缸

低位顶升钢平台模架体系设计时采用 4 支大油缸作为整体顶升动力系统；32 支小油缸作为支撑小牛腿的动力系统，每牛腿采用 1 个小油缸带动牛腿的伸出与收回（图 6.1-6）。

（2）控制系统

控制系统主要包括液控系统和电控系统，两个分系统实现对 4 个主缸联动控制和 32 支小缸的控制。其中液控系统主要包括泵站、各种闸阀和整套液压管路，通过控制各个闸阀的动作控制整个系统的动作和紧急状态下自锁；电控系统主要包括一个集中控制台、连

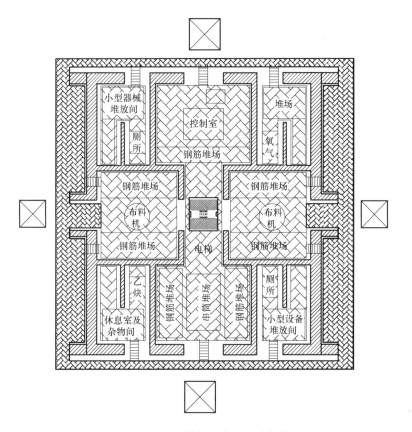

图 6.1-4 顶模钢平台平面功能分区

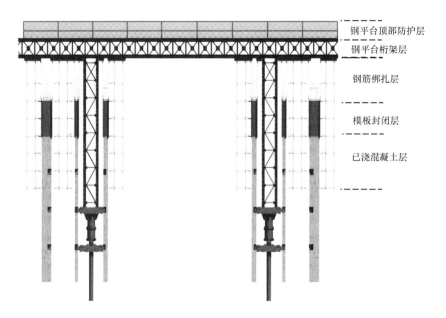

图 6.1-5 顶模系统竖向功能分区图

图 6.1-6 顶升液压油缸（左）和支腿伸缩油缸（右）三维示意图

接各种电磁闸阀与控制台的数据线、主缸行程传感器、小油缸行程限位等，实现对整个系统电磁闸阀动作的控制与监控，对主缸顶升压力的监控、对主缸顶升行程的同步控制与监控。

2. 支撑系统设计

（1）支撑构件

支撑构件包括支撑立柱、支撑箱梁、伸缩牛腿。如图 6.1-7 所示。支撑柱采用格构柱组拼而成标准柱，根据施工需要选取支撑柱的高度，支撑箱梁采取钢板焊接而成，箱梁截面 800mm×400mm×25mm×30mm，牛腿采用钢板焊接而成，截面 600mm×340mm×16mm×25mm，构件材质除特殊说明外均采用 Q345 钢。

（2）支撑箱梁定位

本工程核心筒为规则的矩形筒体，内含 9 个矩形，为了提高模架堆载的能力，同时

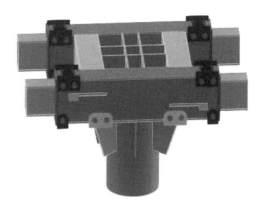

图 6.1-7 支撑构件三维示意图

增强模架的稳定性，最优的选择是将支点布置在四个角部的矩形内（图 6.1-8），支撑箱梁定位须重点考虑的原则如下：

① 塔吊标准节和顶升框必须与顶模保持一定的距离以便于塔吊顶升框的周转，同时塔吊标准节还应与钢平台桁架保持一定距离以免塔吊摆动时撞击钢平台。

② 支撑系统需要与墙体保持一定距离，进而为模板挂架的搭设以及施工预留足够的空间。

6.1.2.7 钢平台系统设计

钢平台系统设计原则如下：

（1）分析统计核心筒剪力墙的结构特点，特别是重点分析钢结构构件的尺寸、重量等。

（2）确定核心筒的大型钢构件吊装方式。

（3）确定平台堆载以及变形的要求。

（4）桁架内施工净空要求，如是否需要设置施工设备安放房间、消防水箱、临时休息室等。

（5）确定施工安全作业要求。

钢平台系统由主桁架、次桁架、面外撑杆、临边竖向防护网、平台钢板、上下通道等组成，各级桁架由 H 型钢或工字钢组合焊接而成（图 6.1-9，图 6.1-10）。

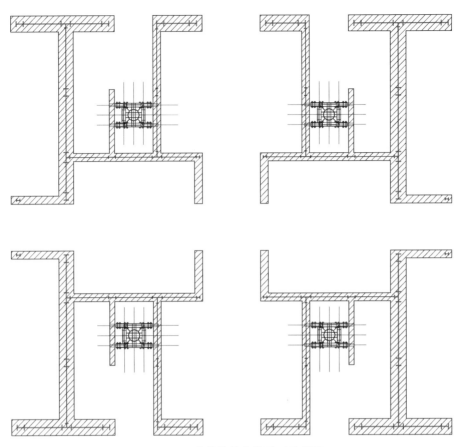

图6.1-8 支撑箱梁定位平面示意图

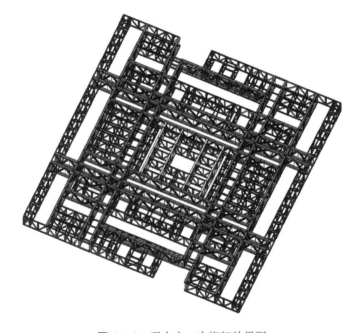

图6.1-9 平台主、次桁架效果图

6.1.2.8 挂架及安全防护系统设计

挂架系统包括可移动滑轮、吊杆、水平连系杆、吊杆接头、踏板、可翻转踏板、兜底防护和上下楼梯等（图6.1-11）。挂架系统设计主要有如下特点：

（1）本工程挂架首层设计高度为2.6m，其余各层挂架高度均为2.01m，外挂架总高度为17.29m，内挂架总高度为17.1m，其高度突破了以往设计。

（2）挂架利用钢平台下挂设的吊架梁作为挂架的吊点及滑动轨道，悬挂8步挂架作为钢筋和模板工程的操作架和外立面安全防护架。

图6.1-10 桁架对接节点，栓焊接连接示意图

（3）当墙体截面变化时，通过移动滑轮实现挂架沿轨道梁滑移，调整挂架与墙体间的距离，保证施工质量与安全。

（4）在正常施工中，可翻转踏板处于打开状态；当模架顶升时，将可翻转踏板收起，使其与墙体之间保持一定距离，为退模留出一定空间，并留出清理面板的作业空间，同时避免挂架被墙体拉扯而发生危险。

（5）架体骨架采用标准方钢管，其中竖杆通长，从顶部直达底部，竖杆上设置定型接头搭接顺墙横杆和垂直横杆。

（6）挂架系统最底部采用兜底全封闭防护处理装置，严格控制了核心筒施工期间高空坠物发生。

安全防护包括挂架外立面防护、水平防护、钢平台临边防护、爬梯安全防护、电线电缆防护、液压装置油路防护等。挂架外侧立面与钢平台四周临边进行封闭防护，水平及竖向防护均采用角钢骨架加钢板网的形式，保证使用耐久性的同时，避免火灾隐患；钢平台内临边采用焊接方管护栏杆防护；液压装置油路固定在工字钢或槽钢内侧进行防护。

6.1.2.9 模板系统设计

模板系统设计主要遵循如下原则：

（1）统计分析工程层高和确定核心筒剪力墙竖向分段施工高度。本工程楼层层高主要有4.32m、3.98m、5.02m三种楼层，模板配置要适应楼层高度。最后确定模板高度按标准楼层4.32m配置，模板高度统一为4.5m。

（2）尽量选用轻质防火的模板材料。本工程经过经济分析对比，选用进口的WISA胶合板＋钢框＋防火岩棉组合而成的大模板体系。

（3）配模尽可能多地配置标准模板，便于工厂加工。

（4）墙体两边模板基本对应，对拉螺杆位置需考虑墙体变截面时大面不受影响。

（5）配模从边角开始，分区域进行配置。分标准模板、非标准不变模板、角模和补偿模板进行配置，其中补偿模板采用角钢骨架＋木面板的形式，避免因墙体变化引起模板的浪费。

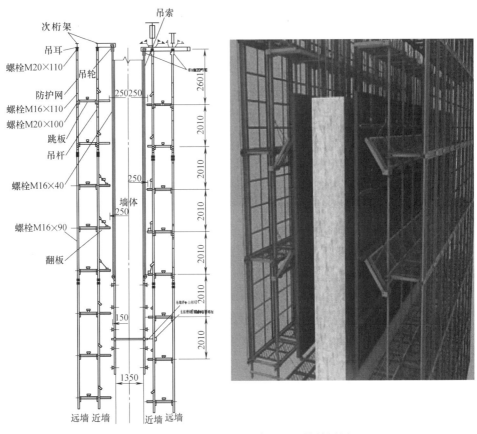

图 6.1-11　挂架组成示意图和三维效果图

（6）模板需要便于安装和拆卸以及模板表面的清理。本工程通过吊索＋电动提升装置，为模板可同低位顶升钢平台模架体系同步提升、工人拆模局部提升、分段流水施工、提高工人操作效率创造有利条件。

（7）模板加固装置须专项设计。本工程设计获得了国家发明专利的《一种可回收钢板混凝土组合剪力墙结构单侧支模加固系统》（图 6.1-12）。

图 6.1-12　模板系统整体三维效果图

6.1.2.10 抗偏抗扭系统设计

低位顶升钢平台模架体系支撑立柱设计高约 19mm，顶模在油缸顶升过程中，由于风荷载的作用可能发生立柱水平向侧移，为保证顶升过程中钢平台的方向和顶升油缸的垂直，采用抗侧装置用来纠正立柱水平向侧移，限制在顶升过程中立柱在允许的范围内偏移。

抗侧装置主要由支座、连接件和定位组件三部分组成，支座通过钢结构用高强螺栓拧在预埋在剪力墙里的锥形预埋件上，定位组件给立柱提供顶升滑移轨道（图 6.1-13，图 6.1-14）。

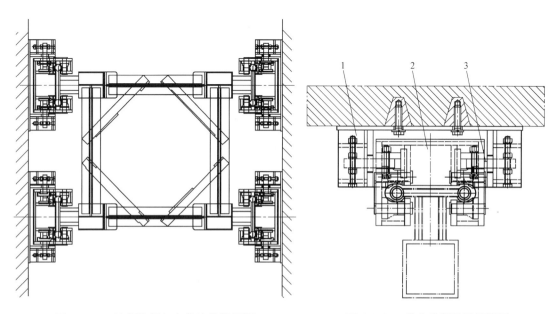

图 6.1-13 抗侧装置与立柱连接俯视图　　　　图 6.1-14 单个抗侧装置俯视图

6.1.3 低位顶升钢平台模架体系顶升

6.1.3.1 施工流程

标准层施工流程如图 6.1-15 所示。

6.1.3.2 顶升规划

顶升规划总体原则如下：

（1）为满足结构楼层施工的需求，每次顶升高度按各层高度的需要进行同步一次顶升到位。

（2）楼层超高 6m 以上以及相连两层层高超过 10.3m 以上时，可以进行调整分 2～3 次进行顶升。

（3）标准层 4.32m、3.985m 按楼层层高作为单个顶升步距即可，但非标准层如 6m、6.31m 等需分次顶升去实现。

由于首次安装楼层高度为 5 层，根据详细计算分析，本工程共顶升 128 次。楼层总体顶升规划如表 6.1-2 所示。

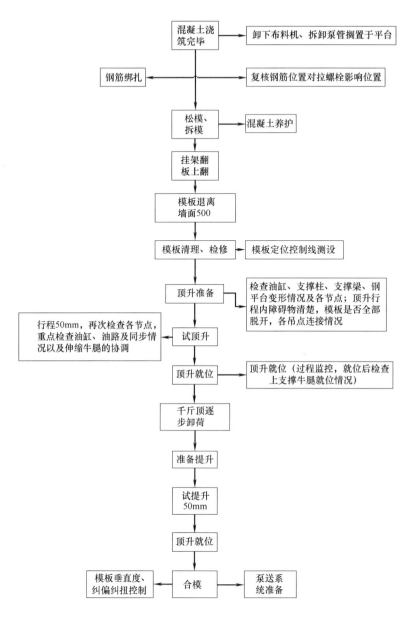

图6.1-15 标准层施工流程图

楼层总体顶升规划 表6.1-2

序号	楼层	结构标高(m)	楼层高度(m)	一次顶升高度(m)	预留洞标高(m)
1	安装时下箱梁洞口底标高				16.8
2	L004M	26.70	6.20	4.32	21.12
3	L005	32.90	6.00	5.50	26.62
4				4.32	30.94
5	L006	38.90	5.00	4.32	35.26
6	L007	43.90	4.32	4.32	39.58

续表

序号	楼层	结构标高(m)	楼层高度(m)	一次顶升高度(m)	预留洞标高(m)
7	L008	48.22	4.32	4.32	43.90
8	L009	52.54	5.02	5.02	48.92
9	L010	57.56	4.32	4.32	53.24
10	L011	61.88	4.32	4.32	57.56
11	L012	66.20	4.32	4.32	61.88
12	L013	70.52	5.02	5.02	66.90
13	L014	75.54	4.32	4.32	71.22
14	L015	79.86	4.32	4.32	75.54
15	L016	84.18	4.32	4.82	80.36
16	L017	88.50	5.29	4.82	85.18
17	L018	93.79	5.00	4.97	90.15
18	L019	98.79	4.32	4.32	94.47
19	L020	103.11	4.32	4.32	98.79
20	L021	107.43	4.32	4.32	103.11
21	L022	111.75	5.02	5.02	108.13
22	L023	116.77	4.32	4.32	112.45
23	L024	121.09	4.32	4.32	116.77
24	L025	125.41	4.32	4.32	121.09
25	L026	129.73	5.02	5.02	126.11
26	L027	134.75	4.32	4.32	130.43
27	L028	139.07	4.32	4.32	134.75
28	L029	143.39	4.32	4.32	139.07
29	L030	147.71	5.29	4.32	143.39
30	L031	153.00	6.31	4.32	147.71
31				4.32	152.03
32	L031M	159.31	4.69	4.32	156.35
33	L032	164.00	4.32	4.32	160.67
34	L032M	168.32	6.00	5.01	165.68
35	L033	174.32	4.32	4.32	170.00
36	L034	178.64	4.32	4.32	174.32
37	L035	182.96	4.32	4.32	178.64
38	L036	187.28	5.02	0.00	178.64
39	L037	192.30	4.32	5.02	183.66
40	L038	196.62	4.32	4.32	187.98
41	L039	200.94	4.32	4.32	192.30
42	L040	205.26	5.02	5.02	197.32

序号	楼层	结构标高（m）	楼层高度（m）	一次顶升高度（m）	预留洞标高（m）
43	L041	210.28	4.32	4.32	201.64
44	L042	214.60	4.32	4.32	205.96
45	L043	218.92	4.32	4.32	210.28
46	L044	223.24	5.02	5.02	215.30
47	L045	228.26	4.32	4.32	219.62
48	L046	232.58	4.59	4.62	224.24
49	L047	237.17	5.00	4.97	229.21
50	L048	242.17	4.32	4.32	233.53
51	L049	246.49	4.32	4.32	237.85
52	L050	250.81	4.32	4.32	242.17
53	L051	255.13	4.32	4.32	246.49
54	L052	259.45	4.32	4.32	250.81
55	L053	263.77	4.32	4.32	255.13
56	L054	268.09	4.32	4.32	259.45
57	L055	272.41	4.32	4.32	263.77
58	L056	276.73	4.32	4.32	268.09
59	L057	281.05	4.32	4.32	272.41
60	L058	285.37	4.32	4.32	276.73
61	L059	289.69	4.32	4.32	281.05
62	L060	294.01	4.32	4.32	285.37
63	L061	298.33	4.59	4.32	289.69
64	L062	302.09	6.31	4.32	294.01
65				4.32	298.33
66	L062M	309.23	4.69	4.32	302.65
67	L063	313.92	4.32	4.32	306.97
68	L063M	318.24	6.00	4.32	311.29
69	L064	324.24	4.32	4.32	315.61
70	L065	328.56	4.32	4.32	319.93
71	L066	332.88	4.32	4.32	324.25
72	L067	337.20	4.32	4.32	328.57
73	L068	341.52	4.32	4.32	332.89
74	L069	345.84	4.32	4.32	337.21
75	L070	350.16	4.32	4.32	341.53
76	L071	354.48	4.32	4.32	345.85
77	L072	358.80	4.32	4.32	350.17
78	L073	363.12	4.32	4.32	354.49

序号	楼层	结构标高(m)	楼层高度(m)	一次顶升高度(m)	预留洞标高(m)
79	L074	367.44	4.32	4.32	358.81
80	L075	371.76	4.32	4.32	363.13
81	L076	376.08	4.32	4.32	367.45
82	L077	380.40	4.59	5.16	372.61
83	L078	384.99	6.00	4.32	376.93
84	L079	390.99	4.32	5.42	382.35
85	L080	395.31	4.32	4.32	386.67
86	L081	399.63	4.32	4.32	390.99
87	L082	403.95	4.32	4.32	395.31
88	L083	408.27	4.32	4.32	399.63
89	L084	412.59	4.32	4.32	403.95
90	L085	416.91	4.32	4.32	408.27
91	L086	421.23	4.32	4.32	412.59
92	L087	425.55	4.32	4.32	416.91
93	L088	429.87	4.32	4.32	421.23
94	L089	434.19	4.32	4.32	425.55
95	L090	438.51	4.32	4.32	429.87
96	L091	442.83	4.32	4.32	434.19
97	L092	447.15	4.59	4.32	438.51
98	L093	451.74	6.31	4.32	442.83
99				4.32	447.15
100	L093M	458.05	4.69	4.32	451.47
101	L094	462.74	6.00	5.22	456.69
102	L094M	468.74	6.00	4.59	461.28
103	L095	474.74	3.99	4.32	465.60
104	L096	478.73	3.99	4.32	469.92
105	L097	482.71	3.99	4.49	474.41
106	L098	486.70	3.99	3.99	478.39
107	L099	490.68	3.99	3.99	482.38
108	L100	494.67	3.99	3.99	486.36
109	L101	498.65	3.99	3.99	490.35
110	L102	502.64	3.99	3.99	494.33
111	L103	506.62	3.99	3.99	498.32
112	L104	510.61	4.35	4.40	502.72
113	L105	514.95	5.00	4.55	507.27
114	L106	519.95	3.99	4.32	511.58

续表

序号	楼层	结构标高(m)	楼层高度(m)	一次顶升高度(m)	预留洞标高(m)
115	L107	523.94	3.99	4.05	515.63
116	L108	527.92	3.99	3.99	519.62
117	L109	531.91	3.99	3.99	523.60
118	L110	535.89	3.99	3.99	527.59
119	L111	539.88	3.99	3.99	531.57
120	L112	543.86	3.99	3.99	535.56
121	L113	547.85	3.99	4.49	540.04
122	L114	551.83	3.68	3.99	544.03
123	L114M	555.51	4.04	4.49	548.51
124	L114M2	559.55	3.90	3.88	552.39
125	L115	563.45	3.90	4.00	556.39
126	L115M	567.35	4.25	3.74	560.13
127	L116	571.60	7.01	3.90	564.03
128	L116M	578.60	5.05	4.25	568.28
129	L117	583.65	3.85	4.25	572.53
130	L117M	587.50	3.55	3.30	575.83
131	ROOF1	591.05	5.15	—	—
132	TOP	596.20	—		—

6.1.3.3 与劲性钢结构的关系

本工程核心筒劲性钢结构主要分为钢板墙、劲性钢柱两类，低位顶升钢平台模架体系与劲性钢结构的关系主要表现在如下几方面：

（1）钢板墙、劲钢柱的长度和高度设计划分除了考虑吊装设备的额定起重量外，还应充分考虑钢平台系统中的主次桁架、支撑立柱的影响，应在钢平台系统上设置合理的吊装口。

（2）劲性钢结构的临时固定措施，应充分考虑钢平台系统、挂架与安全防护系统后设置。

（3）钢板墙无法直接通过钢平台上的吊装口就位时，应考虑在钢平台桁架下弦设置滑道，构件从吊装孔下降至预定高度，与滑道上的滑轮连接，构件在滑道上水平移动至安装部位。

6.1.3.4 与垂直运输工具的关系

本工程在塔楼核心筒内部、顶升模架钢平台的正中央处安装1台施工升降机，能直接上到钢平台，电梯洞口占用大小为3300mm×3690mm，为保证模架在顶升过程中和顶升完成后，施工电梯与平台始终衔接，分别设置了活动附墙杆导轨、电梯活动附墙杆。在顶模平台高度范围内设置3道附墙杆，附墙杆与钢平台采用固定式连接，附墙杆与标准节采用活动式连接，当顶模平台顶升时，活动附墙杆固定不动；顶模平台顶升到位后，在已浇筑完成的剪力墙上先对施工电梯进行附着，之后活动附墙杆再与施工电梯标准节进行固定。如图 6.1-16～图 6.1-18 所示。

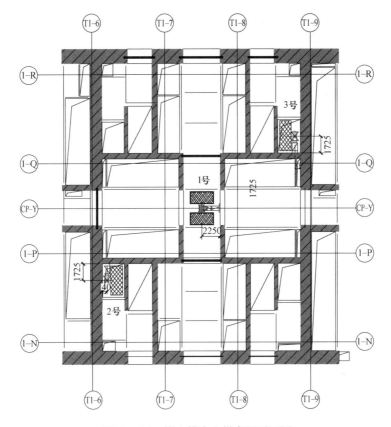

图 6.1-16 核心筒内电梯布置平面图

6.1.3.5 与混凝土浇筑设备的关系

低位顶升钢平台模架体系与混凝土浇筑设备的关系主要表现在如下几方面：

（1）HG27 混凝土布料机通过特殊基座固定布置在钢平台上，可随模架体系同步顶升。

（2）混凝土泵管在模架体系内部的竖向和水平部管固定。

（3）混凝土浇筑后设备清洗废水排污管的设置，须考虑模架体系的主要设计构造，并重点关注其竖向附着。

6.1.3.6 监测记录

监测记录主要包括：模架体系的水平和竖向位移、扭转情况、主要受力杆件的应力应变、液压油缸的压力和温度、环境温度、风速、湿度等。

6.1.4 特殊处理措施

6.1.4.1 支撑牛腿搁置墙体洞口处理措施

顶模系统支撑箱梁通过梁端的牛腿，把荷载传到核心筒墙体上，核心筒墙体上需预留

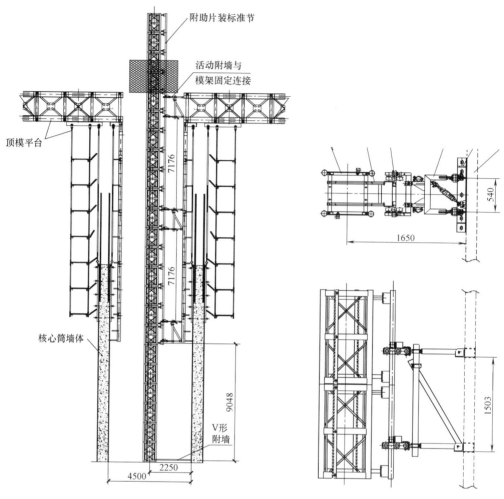

图 6.1-17　电梯上平台立面图　　　　图 6.1-18　核心筒内电梯附着示意图

洞，如图 6.1-19 所示，洞口尺寸为：400mm（宽）×800mm（高）×400mm（深），为避免与钢板剪力墙钢板相碰撞，所以洞口深度取 400mm，西侧的两根支撑箱在 42 层以下均适用该情况。

6.1.4.2　核心筒墙体收截面时挂架处理措施

内墙体单边收窄厚度在 100mm 之内，模板可不做处理，相应部位处的挂架只需做兜底防护处理即可；但外墙厚度变化较大，从首层 1400mm 变化至 300mm，又在 114m 层增加到 400mm，挂架及模板每 200mm 滑动一次，具体变化如表 6.1-3 所示。

墙体变截面，混凝土浇筑时，下层墙体施工提前浇筑 100mm 高变小截面的墙体，以方便下层截面收缩时墙体模板的根部固定，上层模板提高到变截面出的根部。如图 6.1-20 所示。

6.1.4.3　核心筒墙体收缩后模架体系的处理措施

在塔楼东西侧翼墙收掉后，模架体系东西两侧将大幅度调整一次。

具体步骤为：在 36 层混凝土浇筑完成后，翼墙收掉后，空出的位置处铺设临时走道板，调整相应模板。往上再施工 2 层后，挂架最底部高出翼墙顶部标高后，在相应位置处焊接次桁架将北侧次桁架连成整体，并将挂架内移至相应位置处后将最外围西侧钢平台切除预先规定长度。东侧翼墙收掉后钢平台部分切除做法同西侧。

6.1.4.4　外挂架抗偏抗扭措施

由于外挂架设计总高度达 17.29m，且外挂架主要通过吊索悬挂于钢平台系统的下方，其收风荷载、钢平台扭转等影响易发生偏位扭转，主要采用如下抗偏抗扭措施：

（1）通过钢绳索和拉杆将外挂架与核心筒墙体可靠拉结。

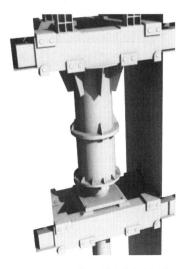

图 6.1-19　核心筒留洞示意图

核心筒墙体变截面（mm）　　　　　　　　　表 6.1-3

序号	外墙体收窄部位	收窄后厚度	收窄量	备注
1	14 层以下	1400	0	
2	14～27 层	1200	200	外侧收窄 200
3	28～39 层	1000	200	外侧收窄 200
4	40～53 层	900	200	外侧收窄 200
5	54～63 层	700	100	外侧收窄 100
6	63M～73 层	600	100	外侧收窄 100
7	74～84 层	500	100	外侧收窄 100
8	85～109 层	400	100	外侧收窄 100
9	110～114 层	300	100	外侧收窄 100
10	114M～117 层	400	100	外侧增宽 100

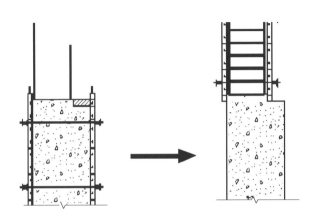

图 6.1-20　墙体变截面处模板处理示意图

（2）挂架的吊杆与钢平台系统下的滑动轨道采用限位加固措施。

（3）挂架底部采用滑轮装置，防止外挂架与核心筒外墙面接触。

（4）适当通过有差异的调整四个支撑立柱顶升高度来减少外挂架的扭转问题。

6.2 核心筒结构施工关键技术

6.2.1 钢-混凝土组合截面剪力墙概况及重难点

本工程核心筒结构剪力墙-3F～37F、114M2F～顶层均为钢-混凝土组合截面剪力墙，设置钢板厚度为 25～70mm 不等。

（1）暗柱、暗梁、连梁等钢筋密度大的部位，剪力墙钢板与结构纵向受力钢筋、箍筋、拉钩等相互交错，施工难度非常大，效率极慢。

（2）梁柱纵向主受力钢筋、墙体拉钩、封闭箍筋与钢板相交部位，施工难度较大。

（3）钢-混凝土组合截面剪力墙混凝土浇筑施工组织难度大，浇筑速度和质量受到较大影响。

6.2.1.1 钢-混凝土组合截面剪力墙钢结构概况

117 大厦钢-混凝土组合截面剪力墙分布在-3F～37F、114M2F～顶层，钢板材质为 Q345GJC，板厚 25mm、35mm、50mm 和 70mm 不等。如图 6.2-1 所示。

6.2.1.2 钢-混凝土组合截面剪力墙钢筋概况

本工程钢-混凝土组合截面剪力墙钢筋密集，尤其在约束边缘构件处施工难度巨大，约束边缘构件配筋主要由竖向主筋、架立筋、水平筋、箍筋、拉筋等组成，竖向主筋以 Φ28、Φ32 等规格钢筋为准，架立筋以 Φ18 为主，拉筋以 Φ16 为主；箍筋以 Φ16 为主，水平筋规格同该区域钢-混凝土组合截面剪力墙墙身段水平筋，在约束边缘范围箍筋与水平筋同时设置，并相互错开。

以 T-YZ42 为例，设计参数如图 6.2-2 所示。

6.2.1.3 钢-混凝土组合截面剪力墙混凝土概况

本工程核心筒混凝土工程方量约 4.5 万 m^3，一泵到顶最大高度 596.5m。主楼层高变化多，设备、避难楼层含有多个夹层。117 大厦核心筒钢-混凝土组合截面剪力墙混凝土强度为 C60，核心筒混凝土强度等级统计情况如表 6.2-1 所示。

6.2.2 钢-混凝土组合截面剪力墙钢结构施工关键技术

6.2.2.1 钢板墙吊装

受到顶模系统的影响，部分钢板墙不能直接吊装就位，因此采用塔吊换钩的方法令钢板墙可在顶模内部水平移动，达到吊装就位的目的。如图 6.2-3 所示。

6.2.2.2 钢板墙测量

钢板墙的测量验收主要分为四个方面：钢板墙上口轴线、钢板墙直线度、钢板墙垂直度和钢板墙对接口错口。

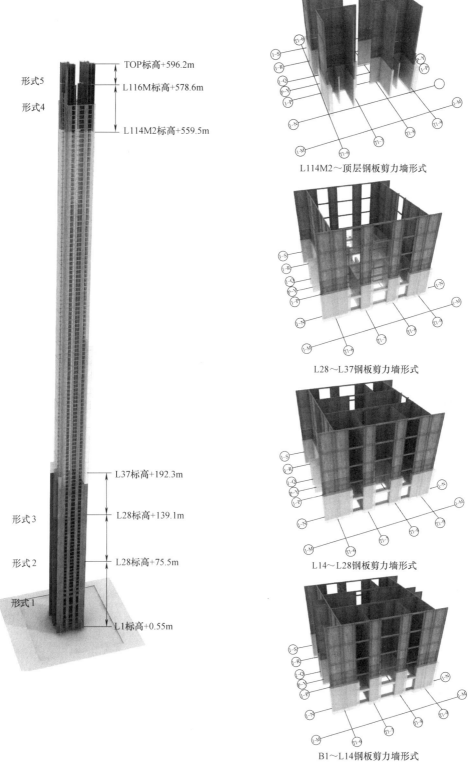

形式5

形式4

TOP标高+596.2m

L116M标高+578.6m

L114M2标高+559.5m

L114M2~顶层钢板剪力墙形式

L28~L37钢板剪力墙形式

L37标高+192.3m

形式3

L28标高+139.1m

形式2

L28标高+75.5m

L14~L28钢板剪力墙形式

形式1

L1标高+0.55m

B1~L14钢板剪力墙形式

图 6.2-1 钢-混凝土组合截面剪力墙分布图

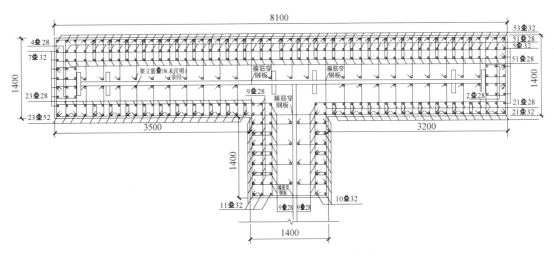

图 6.2-2 约束边缘构件 T-YZ42 配筋详图

混凝土强度等级分配表   表 6.2-1

楼层(高度,m)	核心筒混凝土	
	最大方量(m³)	强度等级
F1～F9(52.45)	1498	C60
F10～F21(107.43)	1012	C60
F22～F35(183.96)	1028	C60
F36～F50(250.81)	800	C60
F51～F66(332.88)	703	C60
F67～F81(399.63)	425	C60
F82～F97(482.71)	396	C60
F98～F108(527.92)	264	C60
F109～F116(578.6)	290	C60
F117(583.65)	165	C60

（1）钢板墙上口轴线：从深化图中读出钢板墙暗柱中心点坐标，并以此为控制点利用全站仪进行测控。轴线偏差可以控制在 10mm 以内。

（2）钢板墙直线度：钢板墙直线度主要是控制两暗柱之间直线度，可以两暗柱中心点为基准点，在钢板墙上口拉大盘尺，直接通过视觉观察暗柱之间的钢板直线度，也可通过钢板上口的坐标进行测控。

直线度的偏差与两个主要因素有关：第一是钢板的厚度，钢板越薄直线度偏差越大；第二纯钢板区域的长度，暗柱间的纯钢板区域越长，直线度偏差越大。

以天津 117 大厦为例，选取 70mm 和 35mm 两种板厚，纯钢板区域 4400mm 和 9100mm 两种长度现场实际偏差情况比较见表 6.2-2。

（3）钢板墙垂直度：主要使用磁力线锤测控钢板墙的垂直度。由于下层钢板墙焊接后拆除约束支撑有时会有较大变形偏移，上层钢板墙在安装时为控制上口轴线，有时构件垂直度会有较大偏差。

(a)

(b)

(c)

(d)

图 6.2-3 钢板墙吊装换钩图

钢板墙偏差   表 6.2-2

钢板厚度(mm)	纯钢板区域长度(mm)	直线度偏差(mm)	偏差/长度
70	4400	12	1/350
70	9100	25	1/350
35	4400	18	1/250
35	9100	38	1/240

117 大厦钢板墙构件高度 4.5m，垂直度偏差多为 10mm 左右，垂直度偏差 1/450。

（4）焊接对边错口控制范围：错口统计见表 6.2-3。

错口统计表   表 6.2-3

钢板厚度(mm)	错口(mm)	错口/板厚
70	6	1/10
35	3~4	1/9

6.2.2.3　钢板墙的焊接

一般考虑到在工厂制作和运输的限制，剪力墙钢板是分节分块运输到施工现场，在现场进行焊接安装，剪力墙钢板节与节之间用横焊缝进行连接，块与块之间利用立焊缝进行连接，现场的焊接量极大。如何在施焊过程中对钢结构的整体变形进行控制、如何对焊缝的质量予以保证是钢板墙焊接的一大难点。

1. 钢板墙焊接原则

（1）对于厚板焊接在施焊过程中采用分层、分道、对称、同速分段退焊的方法，有效地减少了焊接变形。

（2）钢-混凝土组合截面剪力墙的整体焊接采用先立焊后横焊的顺序，由于立焊缝的长度与焊接填充量远远小于横焊缝，所以立焊缝的约束作用远远小于横焊缝，同时立焊缝对构件在水平的扭转自由度进行约束，先立后横使构件的精度得到较好的保证。

（3）使用电加热技术进行焊前预热、层间加热及焊后保温，保证施焊中全程控温。

（4）为了减小焊接的收缩变形，焊缝两侧设置约束板及斜撑，防止焊接变形。

2. 厚板剪力墙双面焊焊接工艺

根据实际经验，K 形坡口（图 6.2-4）和 X 形坡口（图 6.2-5）的双面坡口按照板厚的 2/3 和 1/3 分为两侧的深、浅坡口。针对此种双面坡口的焊接分为三个步骤：

（1）焊接 2/3 板厚一侧深坡口的一半；

（2）焊接人员转到 1/3 板厚一侧，焊缝反面清根，对 1/3 板厚一侧浅坡口焊满；

（3）焊接人员再次转到 2/3 板厚一侧，将 2/3 板厚一侧深坡口剩余部分焊满。

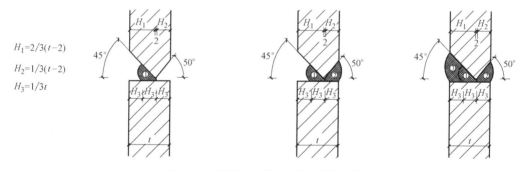

图 6.2-4　横焊 K 形坡口焊缝焊接工艺

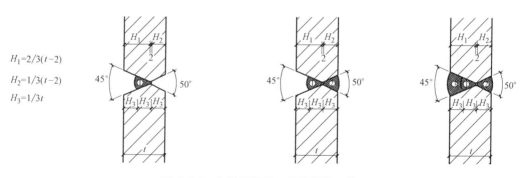

图 6.2-5　立焊 X 形坡口焊缝焊接工艺

3. 防变形控制措施

（1）局部变形控制——设置焊接约束板

钢-混凝土组合截面剪力墙在焊接前，为了减小焊接收缩变形，在焊缝两侧设置约束板固定。焊接约束板根据现场焊接形式与临时连接位置灵活布置，间距为1500mm，待焊接完成并在焊缝冷却后将约束板割除（图6.2-6）。

（2）整体变形控制——设置临时支撑

为控制钢板墙整体变形，可在剪力墙对接焊口加设临时支撑。以天津117大厦为例，临时支撑采用P180×8圆管，圆管直接焊接到钢板墙上进行固定，在控制整体变形的同时增强钢板墙的整体稳定性（图6.2-7）。

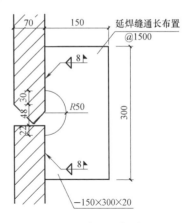

图 6.2-6 天津117大厦70mm板厚钢板墙临时连接板

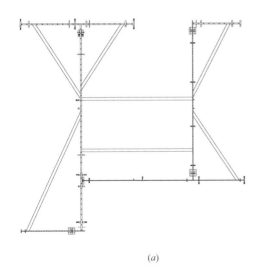

（a）

（b）

图 6.2-7 剪力墙临时支撑图

（a）天津117大厦剪力墙支撑平面布置图；（b）天津117大厦临时支撑现场实施照片

6.2.3 钢-混凝土组合截面剪力墙钢筋施工技术

6.2.3.1 钢筋碰撞深化设计

在深化设计方面，117大厦钢筋深化设计主要考虑下列因素：

（1）钢板墙箍筋开孔：本工程在约束边缘构件处钢筋密集，此位置箍筋多为连环箍，此处箍筋穿钢板位置需在钢板上开孔，开孔大小大于箍筋直径+4mm，确保箍筋顺利穿过钢板墙（图6.2-8）。

（2）钢板墙上焊接连接钢板：混凝土梁与钢板墙相交处如钢筋锚固长度不足则焊接连

接钢板。部分钢-混凝土组合截面剪力墙由于钢板厚度较厚，设计不允许开孔，此钢板处箍筋在钢板处断开，设置连接板焊接；与钢管柱相连翼墙水平筋设置竖向连接钢板；这些连接钢板若影响其他钢筋，则在相应位置开槽（图 6.2-9）。

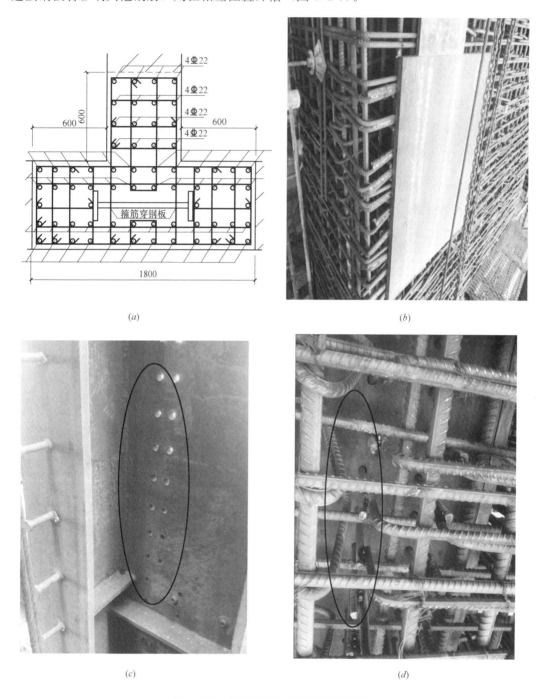

图 6.2-8　约束边缘构件处箍筋处理图

（a）约束边缘构件处箍筋穿钢板设计图；（b）约束边缘构件处钢筋绑扎；

（c）钢板墙预先开设箍筋孔；（d）箍筋穿孔后搭接焊接

(a)　　　　　　　　　　　　　　　(b)

图 6.2-9　箍筋连接板焊接图

（a）暗柱位置处在钢板墙上焊接箍筋连接钢板；（b）暗柱位置处在钢板墙上焊接箍筋连接钢板

（3）拉筋接驳器：对拉钢筋与钢板墙连接处，设置接驳器（图 6.2-10）。

 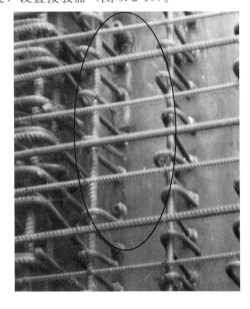

(a)　　　　　　　　　　　　　　　(b)

图 6.2-10　钢板墙节点部位深化设计图

（a）钢板墙处工厂焊接拉筋接驳器；（b）钢板墙拉筋安装

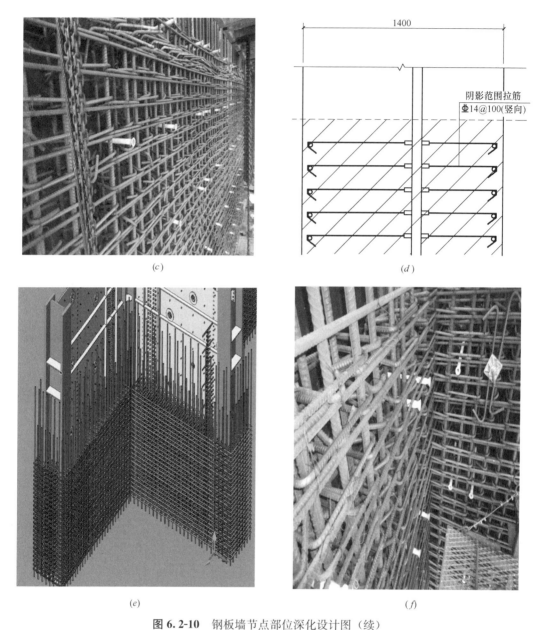

图 6.2-10　钢板墙节点部位深化设计图（续）

(c) 钢板墙钢筋绑扎完成整体效果；*(d)* 钢板墙处拉钩在钢板墙焊接接驳器设计图；

(e) 约束边缘构件处钢筋深化设计；*(f)* 约束边缘构件处现场钢筋绑扎

（4）钢板墙施工时，对于钢筋与钢板墙冲突的深化设计工作量巨大，深化设计阶段或者钢板墙加工阶段难免会出现碰撞检查的纰漏和加工错误，此类问题对于现场施工影响较大，如拉筋接驳器漏焊、箍筋位置钢板未穿孔或钢板穿孔位置有误等。诸如上述问题的处理流程为现场管理人员（工长、质检）提出，技术部根据问题情况提出处理意见，处理意见分为现场钢筋直接处理和反馈至钢结构专业处理（图 6.2-11）。

（5）对于塔吊埋件处密集钢筋与钢构件的碰撞检查采用 3D 建模，深化钢结构构件，消除现场施工碰撞问题（图 6.2-12）。

(a) (b)

图 6.2-11 钢板墙节点处理图

(a) 连梁位置纵向钢筋现场焊接连接板；(b) 箍筋与钢板打拐焊接

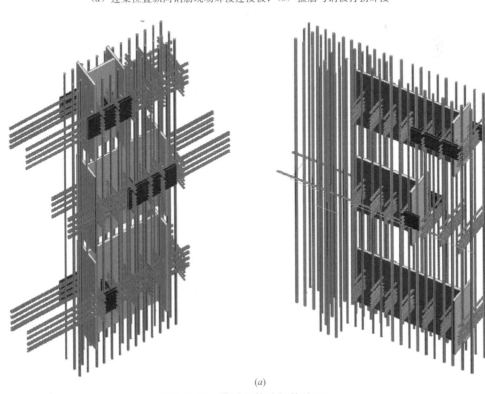

(a)

图 6.2-12 塔吊埋件处钢筋处理

(a) ZSL1250 塔吊埋件与钢筋碰撞检查

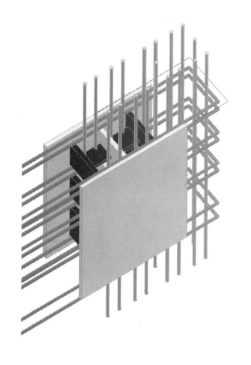
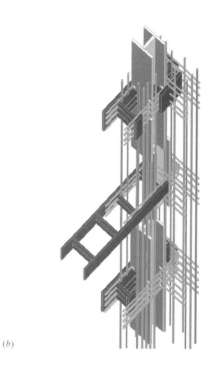

(b)

(c)   (d)

图 6.2-12 塔吊埋件处钢筋处理（续）

(b) ZSL2700 塔吊埋件与钢筋碰撞检查；

(c) 塔吊埋件竖向板条和水平钢筋连接器；(d) 塔吊埋件竖向拉筋板

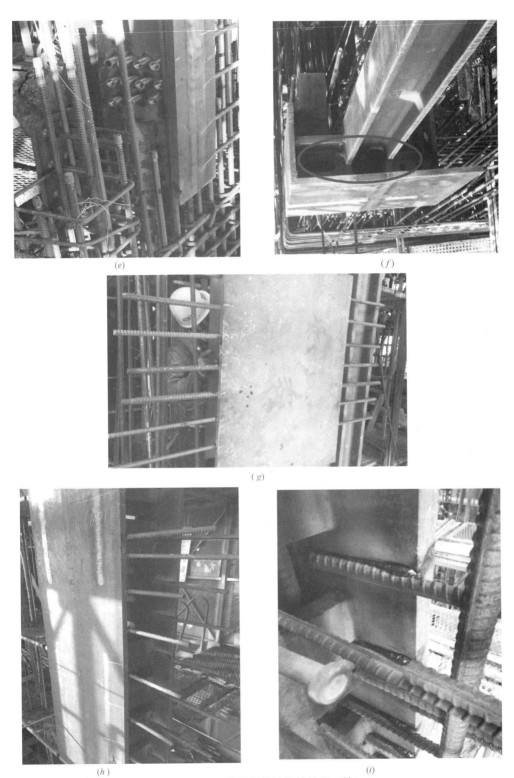

图 6.2-12 塔吊埋件处钢筋处理（续）

（e）塔吊埋件连梁主筋接驳器；（f）塔吊埋件钢筋预留穿孔；（g）塔吊埋件处水平钢筋提前焊接，
保证埋件处钢筋焊接质量；（h）塔吊埋件处水平钢筋焊接照片 1；（i）塔吊埋件处水平钢筋焊接照片 2

(j) (k)

图 6.2-12 塔吊埋件处钢筋处理（续）

（j）塔吊埋件处水平钢筋焊接照片 3；（k）塔吊埋件处水平钢筋焊接照片 4

（6）加强层钢板埋件对暗梁箍筋影响及处理：117 大厦核心筒 114M2F 以上为钢-混凝土组合截面剪力墙，钢-混凝土组合截面剪力墙墙体厚度为 400mm，其中 114M2F、116MF、117F 外框水平楼板为钢板组合楼板，由于墙体变薄，根据设计院要求，钢板埋件由原锚筋形式变为钢板形式直接连续焊接在剪力墙钢板上，给核心筒结构暗梁箍筋施工带来巨大难题，经过多次与设计院沟通并形成洽商，对暗梁处箍筋形成如图 6.2-13 所示做法。

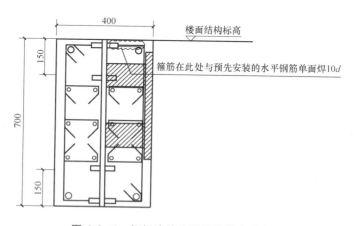

图 6.2-13 钢板墙处暗梁箍筋做法示意图

6.2.3.2 钢-混凝土组合截面剪力墙交叉施工流程

117 大厦核心筒施工采用两个劳务队伍，平面划分为东西轴对称的两个施工区域，两个劳务队伍同时施工方便对于质量、安全、进度等方面的管理。核心筒施工采用施工单位自主研发低位顶升模架体系作为施工操作平台，结构核心筒标准层高（4.320m）及钢板墙分段原则（主要考虑运输及吊重）等，顶模挂架总高度为16.7m，约为3个半结构层方便钢板墙阶段立面交叉施工。

钢板墙施工阶段和工序施工节奏已在本书6.2.1节详细阐述，立面交叉施工工序如图6.2-14、图6.2-15所示。

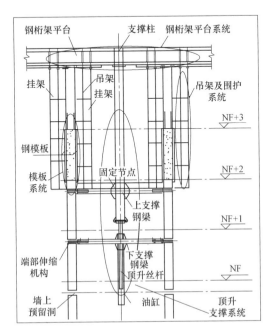

图6.2-14 顶模挂架立面交叉作业施工示意图

6.2.4 核心筒模板施工技术

117大厦核心筒剪力墙模板体系采用钢框木模板，包括剪力墙侧面模板、端部堵头板及连梁下侧墙体堵头板。面板采用18mm厚WISA模板，根据结构特点，模板的标准规格（宽度）系列为3000、2700、2400、2100、1800、1500、1200、900、600、300，宽度符合300的模数，不足部分采用散拼模板，模板高度为4.5m，核心筒剪力墙墙体配模根据墙厚的变化及墙体翼缘的收缩及时调整。117大厦共配置钢框木模板约1742.8m²。剪力墙钢框木模板主背楞采用40×100×4的双方钢管，间距900mm，次背楞采用40×100×3的方钢管，间距300mm；对拉螺栓采用D15的高强螺栓，抗拉强度达到600N/mm²，螺栓间距纵横向均不超过900mm。螺栓通过焊接套筒与钢板连接，套筒内径15mm，外径35mm，长60mm。如图6.2-16所示。

6.2.4.1 模板方案比选

117大厦钢框木模板于核心筒施工至5F开始使用，2014年春节前施工至43F共计浇筑混凝土43次，利用春节复工间歇期更换面板63.3%，其中墙侧模更换率60.2%，端部

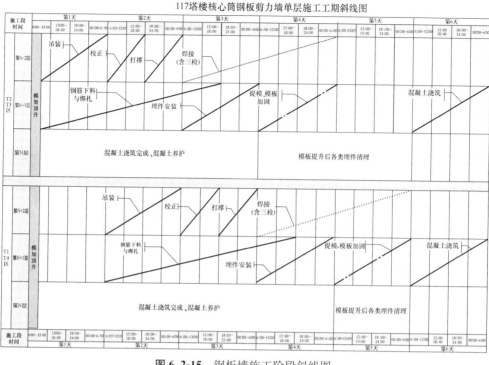

图 6.2-15　钢板墙施工阶段斜线图

堵头板更换率 68.3％，连梁下侧墙体堵头板更换率 64.4％，角模板更换率 94.5％。2015年春节前施工至 104F 共计浇筑混凝土 112 次，利用春节复工间歇期更换面板 147.5％，其中墙侧模更换率 128.4％，端部堵头板更换率 154.2％，连梁下侧墙体堵头板更换率 148.6％，角模板更换率 210.7％。详见表 6.2-4。

6.2.4.2　钢框木模体系设计

1. 钢框木模板体系设计概述

117 大厦剪力墙形式主要为：36 及以下各层为钢-混凝土组合截面剪力墙＋局部钢筋混凝土剪力墙（墙内无钢板）；37-114 夹层 1 为钢筋混凝土剪力墙（墙内无钢板）；114 夹层 2-TOP 为钢-混凝土组合截面剪力墙＋局部钢筋混凝土剪力墙（墙内无钢板）。核心筒剪力墙（包括剪力墙两侧模板、端部堵头板及连梁下侧墙体堵头板）主要采用钢框木模板体系，连梁侧模及底模采用普通散拼木模板。钢框木模板体系主要由各规格标准模板、标准角模、高强对拉螺栓、模板夹具、边框、主背楞、次背楞、吊钩等组成（图 6.2-17）。其中，面板采用 18mm 厚 WISA 模板，边框采用 120mm×60mm×3mm 的薄壁型钢，横向主背楞采用 40mm×100mm×4mm 的双方钢管，间距 850mm/900mm，竖向次背楞采用 40mm×100mm×3mm 的方钢管，间距 300mm，边框及主、次背楞材质均为 Q235；对拉螺栓采用 D15 的高强螺栓，抗拉强度达 600kN/mm²（螺栓抵抗拉力值即为 106kN），螺栓间距纵横向均不超过 900mm。模板的穿墙螺栓孔全部为直径 32mm 的圆孔；面板与钢框之间通过拉铆钉连接，模板骨架之间通过焊接连接，节点处焊缝满焊，焊缝高度均为 4mm。边框连接部位安装撬点，方便模板的安装与拆除。钢-混凝土组合截面剪力墙位置采用单侧支模，钢板出厂前在钢板上焊接连接套筒，高强螺栓通过焊接套筒与钢板连接，套筒内径 15mm，外径 35mm，长 60mm。

(a)

(b)

图 6.2-16 剪力墙模板图

(a) 核心筒剪力墙合模照片；(b) 剪力墙脱模效果照片

　　根据本工程结构墙体特点，提前设计配模图，确定大模板加工尺寸，大模板的标准规格（宽度 mm）系列为 3000、2700、2400、2100、1800、1500、1200、900、600、300，宽度符合 300 的模数，并配有 50、100、200mm 宽填充板。模板高度为 4.5m，重量约 64kg/m²。

钢框木模板面板更换情况统计表　　　　　　　　　　表 6.2-4

模板更换 日期	模板累计更 换面积(m²)	模板更换 比例	VISA 面板材 料费(元)	模板更换人 工费(元)	费用合计 (元)	核心筒施 工进度
2014.7	949	63.3%	196443	37960	234403	72F
2014.8	1376	91.8%	284832	55040	339872	80F
2014.9	1686	112.4%	349002	67440	416442	87F
2014.10	1929	128.6%	399303	77160	476463	93F
2014.11	2048	136.5%	423936	81920	505856	94MF
2014.12	2098	139.9%	434286	93920	528206	98F
2015.4	2213	147.5%	458091	88520	546611	108F

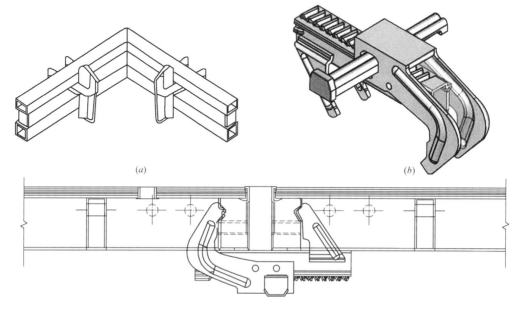

(a)　　　　　　　　　　　　　　　　　　　　(b)

(c)

图 6.2-17　剪力墙模板卡具图

(a) 直角背楞；(b) 模板夹具示意图；(c) 模板间采用夹具连接，夹具详图

阴角部位采用全钢阴角模，模板的边框采用 120mm×60mm×3mm 的薄壁型钢，主、次背楞均采用 100mm×40mm×3mm 的矩形钢管，材质均为 Q235。

2. 模板加固体系设计及节点做法

（1）普通墙体

普通墙体（无钢板）采用对穿 D15 高强螺栓连接，配套垫板及螺母加固（图 6.2-18）。模板下包裹老墙 100～200mm，高墙螺栓竖向间距为 900mm/900mm/900mm/850mm，横向间距根据各层配板图螺栓定位，间距不大于 900mm。

图 6.2-18 剪力墙模板加固图

（2）钢-混凝土组合截面剪力墙单侧支模

钢-混凝土组合截面剪力墙采用单侧支模技术，钢板出厂前在加工场内焊接螺栓配套连接套筒，高强螺栓通过套筒与钢板连接，套筒内径 15mm，外径 35mm，长 60mm。并采用项目部设计的对拉螺栓套管连接固定，详见图 6.2-19。

（3）洞口模板加固

洞口模板采用模板、木枋现场组合定型模板，施工时在洞口模两侧粘贴海棉条防止漏浆，确保棱角顺直美观。为保证洞口下墙的混凝土质量，在洞口下侧模板上钻 2～3 个透气孔，便于排出振捣时产生的气泡。为防止纵向跑模，用短钢筋作为限位筋焊在附加筋上，以限制模板的位置。具体做法详见图 6.2-20。

图 6.2-19 钢-混凝土组合截面剪力墙对拉螺杆图

（4）超高剪力墙浇筑段大模板与散拼木模板连接

局部超高剪力墙浇筑段大模板上部需增加散拼木模板，模板采用 15mm 厚双面覆膜木胶合板，后固定 40mm×90mm 木枋，竖向布置，间距 100mm，模板木枋做成定尺型，厚 120mm。详见图 6.2-21。

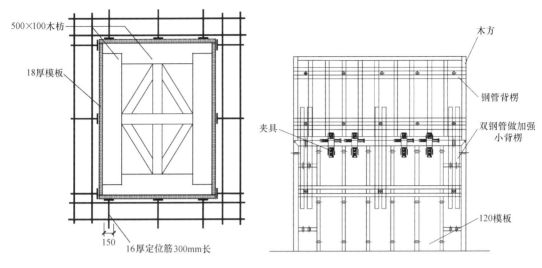

图 6.2-20 洞口模板加固示意图

图 6.2-21 散拼模板图

3. 模板保温体系设计

为满足冬施期间模板保温性能，保证混凝土养护质量。WISA 板背面，模板背楞之间填充 7cm 厚泡沫保温板，外侧采用镀锌铁皮包覆。如图 6.2-22 所示。

图 6.2-22 模板保温图片

4. 模板改造

（1）模板改造原因

因核心筒剪力墙截面尺寸随楼层增高逐渐变小，14F、28F、40F、54F、63MF、74F、85F、114MF2 等剪力墙均有墙截面尺寸发生变化，且核心筒东西两侧翼墙分别在67 层、36 层收头，导致局部位置大模板尺寸无法满足墙体变化后安装要求，需进行改造、替换。

（2）改造方法

为节约成本，避免材料浪费，因墙体变化需新增的模板采用前期拆除的模板进行加工改造，加工改造由模板厂家在加工场内进行。为保证工期要求，加工改造所需模板需提前一个月运至模板加工厂加工。

6.2.5 核心筒混凝土施工技术

6.2.5.1 超高泵送混凝土配比技术

1. 原材料

钢-混凝土组合截面剪力墙混凝土原材料性能要求如表 6.2-5 所示。

混凝土原材料验收标准　　　　　　　　　　　　　表 6.2-5

名　　称	质 量 要 求
水泥	PO.42.5，符合 GB 175—2007
硅灰	符合 GB/T 18736—2002
矿粉	S95 等级，符合 GBT 18046—2008
粉煤灰	I 级、符合 GBT 1596—2005
石子	碎石 5～16 连续级配
	碎石 5～25 连续级配
砂子	中砂、Ⅱ区、含泥量≤2%
	细砂、Ⅱ区、含泥量≤2%
外加剂	高性能专用聚羧酸减水剂

原材料进厂质量控制标准。详见表 6.2-6～表 6.2-12。

水泥进厂质量控制标准　　　　　　　　　　　　　表 6.2-6

夏季入罐前检测温度	标准稠度用水量(g)	凝结时间(min)		抗压强度(MPa)	
		初凝	终凝	3d	28d
	≤135	≥165	≤240	≥26	≥50

Ⅰ级粉煤灰　　　　　　　　　　　　　　　　　　表 6.2-7

入罐前检测细度、需水比	细度(%)	烧失量(%)	需水比(%)
	≤12	≤3%	≤95

矿粉　　　　　　　　　　　　　　　　　　　　　表 6.2-8

流动度比(%)	比表面积(cm²/g)	活性(%)	
		7d	28d
≥95	≥4000	≥75	≥95

硅灰　　　　　　　　　　　　　　　　　　　　　表 6.2-9

入罐前检测需水量比	烧失量(%)	SiO₂含量(%)	需水量比(%)	28活性指数(%)
	≤3.5	≥90.0	≤120	≥105

细河砂　　　　　　　　　　　　　　　　　　　　表 6.2-10

品种	细度模数	含泥量(%)	泥块含量(%)
细河砂	1.8～2.2	≤2	0.5
中河砂	2.4～2.8	≤1	0.5

石子　　　　　　　　　　　　　　　　　　　　　　表 6.2-11

品种	级配	针片状(%)	含泥量(%)	压碎指标(%)	泥块含量(%)
碎石	5~10mm 5~16mm	≤5	≤0.5	≤10	0

外加剂　　　　　　　　　　　　　　　　　　　　　　表 6.2-12

外加剂	减水率(%)	凝结时间之差(min)	3h 扩展度损失(mm)
聚羧酸	≥25	−90~+120	±20

2. 剪力墙混凝土超高泵送性能研究

（1）细集料对超高泵送混凝土性能的影响

不同比例复合砂检测数据　　　　　　　　　　　　表 6.2-13

测试项目	中砂:细砂比例						
	0:1	5:5	6:4	7:3	8:2	9:1	1:0
细度模数	2.0	2.4	2.6	2.7	2.8	2.8	2.9
紧密堆积密度(kg/m³)	1580	1630	1670	1700	1680	1650	1620
空隙率(%)	40.0	38.4	37.0	35.8	36.7	37.9	39.1

由表 6.2-13 所见，复合砂的紧密堆积密度高于中砂和细砂，空隙率小于中砂和细砂空隙率，表明中砂和细砂混合后可形成良好的填充作用。

当中砂:细砂=7:3 时，复合砂颗粒级配符合天然砂 2 区，级配分布较为合理（图 6.2-23）。

不同砂比例超高泵送混凝土配合比及性能结果　　　　表 6.2-14

编号	中砂:细砂	泵送性能指标			力学强度(MPa)	
		扩展度(mm)	倒锥时间(s)	压力泌水率(%)	R_7	R_{28}
S-1	5:5	670	3.8	0	55.7	70.2
S-2	6:4	700	3.5	0	56.8	69.4
S-3	7:3	720	2.8	0	57.5	71.5
S-4	8:2	720	2.9	5	56.2	70.4
S-5	9:1	710	3.2	10	57.1	71.5

从表 6.2-14 中可以看出，在混凝土浆体量不变时，混凝土骨料空隙率越小，需填充空隙的浆体量越少，"富裕"浆体越多，扩展度越大；其中当中砂:细砂=7:3 时，混凝土扩展度最大，这与该条件下的复合砂空隙率最小相一致。空隙率越小，倒锥时间越小，压力泌水率随细砂用量的增多而减小，当细砂用量大于 30% 时，混凝土压力泌水率为 0。

砂率是混凝土配合比设计的重要参数之一。（表 6.2-15）混凝土固体部分的空隙率是决定其稳定性的重要指标（图 6.2-24）。

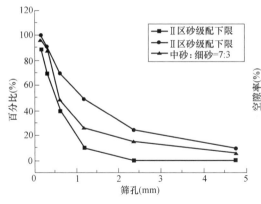

图 6.2-23 中砂：细砂＝7：3时复合砂颗粒级配

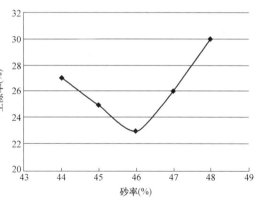

图 6.2-24 不同砂率条件下骨料空隙率

砂率对超高泵送混凝土性能的影响　　　　　　表 6.2-15

编号	砂率（％）	泵送性能指标			力学强度（MPa）	
		扩展度（mm）	倒锥时间（s）	压力泌水率（％）	R_7	R_{28}
S-6	44	700	4.0	20	55.2	70.3
S-7	45	710	3.4	10	57.5	69.1
S-8	46	720	2.8	0	57.5	71.5
S-9	47	700	3.6	0	59.8	71.7
S-10	48	680	4.1	0	57.9	72.6

从图 6.2-24 中可以看出，一定范围内，混凝土骨料空隙率随砂率增大呈现先减小后增大的趋势。当砂率为 46％时，混凝土骨料空隙率最小。从表 6.2-15 中可以看出，随着砂率增大，混凝土扩展度呈现先增大后减小的趋势，骨料空隙率越大，"富裕"浆体量较少，混凝土流动性差，混凝土倒锥时间也随骨料空隙率减小而减小。混凝土压力泌水率随砂率增大而减小，当砂率超过 46％时，混凝土压力泌水率为 0。

（2）粉煤灰用量对超高泵送混凝土性能的影响

粉煤灰用量对超高泵送混凝土性能的影响　　　　　　表 6.2-16

编号	胶凝材料（％）				泵送性能指标			力学强度（MPa）	
	水泥	粉煤灰	矿粉	硅灰	扩展度（mm）	倒锥时间（s）	压力泌水率（％）	R_7	R_{28}
F-1	54	30	10	6	730	2.0	0	52.7	69.2
F-2	54	25	15	6	730	2.2	0	54.6	70.8
F-3	54	20	20	6	720	2.8	0	58.5	72.5
F-4	54	15	25	6	700	3.5	5	59.2	72.8
F-5	54	10	30	6	700	4.0	10	59.7	71.5

粉煤灰的填充作用、微集料效应及活性效应对混凝土的物理力学性能具有重要影响。从表 6.2-16 中可以看出，随着粉煤灰用量的减少，混凝土扩展度逐渐减小，倒锥时间增大。粉煤灰用量越少，粉煤灰减水作用越弱，混凝土扩展度减小，同时混凝土内部游离水

减少，混凝土黏度增大，其倒锥时间提高。当粉煤灰用量大于15%时，混凝土压力泌水为0。

（3）水泥用量对超高泵送混凝土性能的影响

水泥用量对超高泵送混凝土性能的影响 表6.2-17

编号	胶凝材料(%)				泵送性能指标			力学强度(MPa)	
	水泥	IFA	矿粉	硅灰	扩展度 （mm）	倒锥时间 （s）	压力泌水 率(%)	R_7	R_{28}
C-1	64	20	10	6	690	4.5	0	63.9	76.2
C-2	59	20	15	6	710	3.0	0	59.7	73.6
C-3	54	20	20	6	720	2.8	0	58.5	72.5
C-4	49	20	25	6	720	2.8	0	56.4	70.2
C-5	44	20	30	6	730	2.6	10	51.3	70.7

从表6.2-17中可以看出，随着水泥用量的减少，混凝土扩展度逐渐增大，倒锥时间逐渐减小。当混凝土水泥用量小于49%时，混凝土压力泌水率较高。混凝土早期抗压强度随水泥用量降低而下降。

（4）浆体量对超高泵送混凝土性能的影响

混凝土输送过程中，浆体起到润滑管壁的作用，适量的混凝土浆体输送时带动骨料，在高压下混凝土不分散，不离析。固定胶材比例、水胶比、外加剂用量及砂率不变如配比C-3，研究混凝土浆体量变化对混凝土的泵送性能的影响规律。

浆体量对超高泵送混凝土性能的影响 表6.2-18

编号	浆体量(%)	泵送性能指标			力学强度(MPa)	
		扩展度(mm)	倒锥时间(s)	压力泌水率(%)	R_7	R_{28}
G-1	28	700	3.5	0	50.2	69.2
G-2	29	720	2.8	0	54.5	69.5
G-3	30	720	2.6	0	58.5	72.5
G-4	31	730	2.5	0	58.0	72.4
G-5	32	750	2.5	10	54.3	70.3

从表6.2-18中可以看出，浆体量增加导致"富裕"浆体量增多，骨料颗粒包裹层厚度增大，混凝土骨料颗粒之间摩擦阻力减小，混凝土流动性增大，屈服应力减小。比较浆体量对混凝土压力泌水率影响发现，混凝土浆体量≤31%时，混凝土压力泌水率为0，而当混凝土浆体量＞31%时，压力泌水率增大，这是因为浆体量过大，混凝土中游离水过多，压力泌水率增大。

（5）外加剂组分对超高泵送混凝土性能的影响

外加剂性能对混凝土可泵性具有重要的影响，其中外加剂中保坍组分对控制混凝土的经时损失具有重要作用，保持外加剂其他组分不变，研究不同保坍组分用量对混凝土可泵性能的影响。

外加剂组分对超高泵送混凝土性能的影响   表 6.2-19

编号	保坍组分量比（‰）	泵送性能指标			2h 后混凝土性能	
		扩展度（mm）	倒锥时间（s）	压力泌水率（%）	扩展度（mm）	倒锥时间（s）
P-1	5	690	3.0	0	500	8.0
P-2	10	710	2.8	0	580	5.6
P-3	15	700	2.9	0	640	4.1
P-4	20	720	2.5	0	690	3.2
P-5	25	720	2.2	10	750	2.3

从表 6.2-19 中可以看出，外加剂组分中保坍组分用量越大，混凝土经时损失越小。当保坍组分用量为 25‰时，混凝土压力泌水率增大，同时混凝土 2h 后扩展度增大。

（6）混凝土流变性能研究

结合混凝土宾汉姆模型，采用自主研制混凝土流变仪（专利已授权，如图 6.2-25 所示）检测混凝土流变性能（黏度 τ 及屈服应力 η），通过配合比及外加剂调整改善混凝土流变性从而优化其施工性能。

图 6.2-25　混凝土流变仪

混凝土流变性能改善   表 6.2-20

配合比	屈服应力（Pa）	黏度/（Pa·s）	拟合方程	倒坍时间（s）
普通 C60 混凝土	291.2	125.1	$y=125.1x+291.2$	6.8
117 大厦 C60 混凝土	185.7	88.2	$y=88.2x+185.7$	2.7

从表 6.2-20 可知，117 大厦所用 C60 混凝土在屈服用力及黏度上均有了显著改善，混凝土松软度提高，并能够在高压、长距离、长时间保持稳定，自主生产的外加剂为 117 大厦的施工提供重要保障。

剪力墙 C60 混凝土 621m 泵送前后混凝土物理性能   表 6.2-21

混凝土物理性能	扩展度（mm）	倒锥时间（s）	压力泌水率（%）	R_7	R_{28}
泵送前	710	2.9	0	60.2	71.5
泵送后	700	2.3	0	58.2	69.8

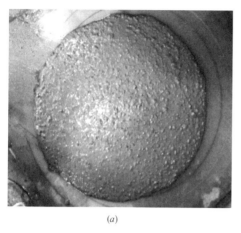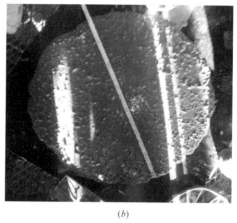

(a) (b)

图 6.2-26　剪力墙 C60 混凝土泵送前后状态图

(a) 混凝土入泵状态图；(b) 混凝土出泵状态图

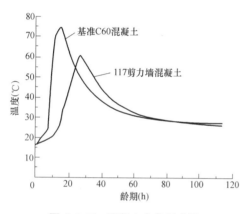

图 6.2-27　混凝土水化温升图

由表 6.2-21 及图 6.2-26 可以看出，剪力墙 C60 混凝土经 621m 超高泵送后混凝土和易性良好，混凝土泵送损失小，在一定泵送速率下泵送压力小，混凝土入模后流动性能及填充性能优异，混凝土强度较高，满足 117 大厦剪力墙混凝土施工要求。

3. 剪力墙混凝土裂缝控制技术

（1）混凝土水化温升

从图 6.2-27 中可以看出，117 大厦剪力墙混凝土水化温升峰值较低，出现时间延长，混凝土水化放热量及集中放热量均有较大改善，混凝土因自身温度应力导致的开裂风险明显降低。

（2）混凝土自收缩试验

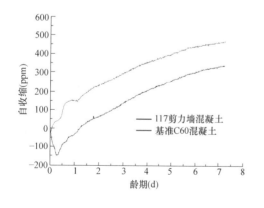

图 6.2-28　自收缩试验图及结果

通过混凝土早期自收缩数据及图6.2-28可以看出，整个过程117大厦剪力墙混凝土收缩值均较小，在7d时，剪力墙C60混凝土自收缩仅为万分之3.5左右，开裂风险小，基准C60混凝土自收缩较大。

（3）平板开裂试验

参照GB/T 50082—2009《普通混凝土长期性能和耐久性能试验方法标准》开展混凝土平板开裂试验（图6.2-29）。

经过观察发现，混凝土长期（14d、28d）117大厦剪力墙混凝土及基准C60

图6.2-29 平板开裂试验图

混凝土样均无明显裂纹产生，表明混凝土本身抗约束条件下开裂性能较好。

4. 冬期施工配合比设计

（1）冬期施工混凝土工作性能研究

采用剪力墙混凝土基准配合比，验证相同环境下（环境温度为0℃），使用相同原材料，同一配合比混凝土在不同出机温度下的工作性能存在差异性。详见表6.2-22、表6.2-23及图6.2-30。

原材料温度（℃） 表6.2-22

水泥	粉煤灰	矿粉	硅灰	碎石	河砂	
					细	粗
20	3	3	3	—2	—1	—1

混凝土出机性能 表6.2-23

编号	水温（℃）	出机温度（℃）	外加剂掺量（%）	倒坍时间（s）	扩展度（mm）	工作性描述
1	60	20	2.4	2.6	680	流动性好、黏聚性好、浆体饱满
2	40	15	2.4	2.5	660	流动性好、黏聚性好、浆体量一般
3	20	10	2.4	2.2	620	流动性一般、黏聚性一般、浆体量少
4	10	5	2.4	2.4	550	流动性差、黏聚性一般、浆体量少

从试验结果可以看出，混凝土出机温度越高，混凝土工作性能越好，混凝土出机温度越低，外加剂活性难以发挥，混凝土工作性能变差。

（2）冬期施工混凝土力学性能研究

① 不同受冻温度混凝土力学强度研究

采用基准混凝土配合比进行试验，将混凝土预养护12h后在不同负温温度下进行混凝土受冻，研究不同受冻温度对混凝土力学性能的影响。

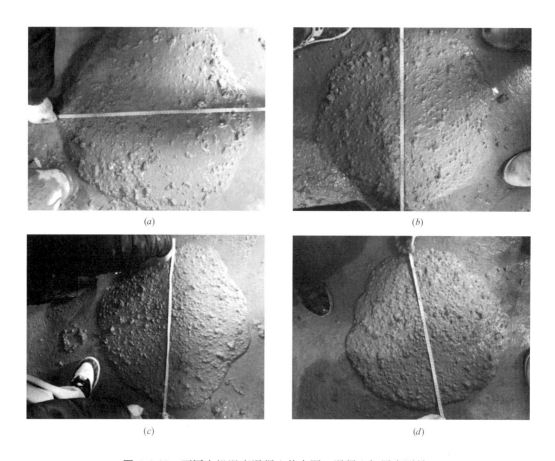

(a)　　　　　　　　　　　　　　(b)

(c)　　　　　　　　　　　　　　(d)

图 6.2-30 不同出机温度混凝土状态图（混凝土拓展度测量）

不同受冻温度对混凝土力学性能的影响 表 6.2-24

受冻温度	0	−5	−10	−15
−7	28.4	4.7	3.1	2.9
−7＋7	54.2	48.9	39.5	28.9
−7＋28	72.6	64.7	56.6	45.4

从表 6.2-24 可以看出，随着混凝土受冻温度降低，混凝土强度越低。受冻温度越低，游离水冻胀能力越强，混凝土强度越低。当混凝土受冻温度≥−5℃时，混凝土后期强度可以达到强度设定值。而当受冻温度≤−10℃时，混凝土后期强度无法满足强度需求。

② 防冻剂对受冻混凝土力学性能影响研究

引入不同用量的混凝土防冻剂，混凝土受冻温度为−10℃，混凝土成型后直接进行受冻养护（预养护时间为 0），研究混凝土防冻剂对混凝土力学性能的影响。

防冻剂对受冻混凝土力学性能的影响 表 6.2-25

防冻剂用量	基准	12％	18％	24％
−7	—	2.3	3.4	5.1
−7＋7	32.1	41.9	44.6	50.9
−7＋28	43.2	50.8	56.6	68.4

从表 6.2-25 中可以看出，基准混凝土未经预养护情况下直接受冻混凝土强度很低，在-7d 甚至没有强度，即无水化产物生成；掺入适量防冻剂后，由于其冰点降低作用，混凝土产生水化产物形成强度，其抗冻性能也在一定范围内随防冻剂掺量的提高而提高；当防冻剂掺量为 24% 时，混凝土抗冻能力最强，后期强度最高。

③ 标准条件预养护对受冻混凝土强度发展规律影响研究

采用基准混凝土进行试验，混凝土预养护时间分别为 6h、12h、18h、24h、36h 及 48h，混凝土受冻温度为−10℃。研究预养护时间对混凝土强度发展的影响规律。

标准养护时间对受冻混凝土力学性能的影响　　　　表 6.2-26

预养护时间(h)	6	12	18	24	36	48
−7	3.0	3.1	7.2	10.5	15.3	20.7
−7＋7	37.9	39.5	52.7	54.6	53.7	55.9
−7＋28	49.8	56.6	70.4	72.2	71.5	73.0

从表 6.2-26 可以看出，在受冻温度为−10℃时，随着混凝土预养护时间的提高，混凝土−7d 强度越高。当预养护时间≤12h 时，混凝土早期强度较低，在受冻后由于混凝土未形成足够的水化产物，游离水过多导致混凝土结构膨胀破坏，正温养护后混凝土强度并没有增长至使用要求。当预养护时间≥18h 时，混凝土受冻前强度足够抵抗受冻环境，正温后混凝土强度恢复至使用要求。

④ 含气量对受冻混凝土强度影响规律研究

混凝土含气量对混凝土的抗冻性能具有重要的影响。在其他条件都不变的前提下，研究不同含气量对混凝土抗冻性能的影响，如图 6.2-31 所示。

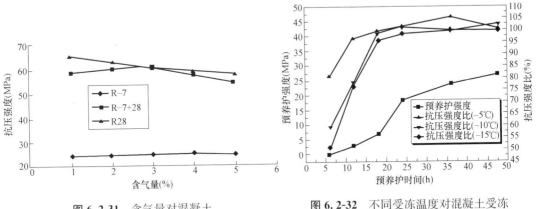

图 6.2-31　含气量对混凝土　　　　图 6.2-32　不同受冻温度对混凝土受冻
　　　　抗冻性能的影响　　　　　　　　　　　　临界强度的影响

从图 6.2-31 中可以看出，随着混凝土含气量的提高，混凝土 R-7 抗压强度有先增大后减小的趋势，当混凝土中含有适量的气泡时，游离水受冻膨胀后可被混凝土中的气泡消解，减小了受冻的膨胀破坏，强度较高，含气量太高导致混凝土孔隙率增大，结构不密实，强度下降。与 R-7 相似，R-7＋28 强度同样呈现先增大后减小的规律。R28 强度则随混凝土含气量的提高而下降。当含气量为 3% 时，混凝土 R-7＋28/R28 的比值最高，为最佳含气量。

（3）混凝土受冻临界强度研究

① 受冻温度对混凝土受冻临界强度的影响规律研究

保持混凝土出机温度为 10℃，混凝土含气量为 3%，研究不同受冻温度（−5℃、−10℃及−15℃）对混凝土受冻临界强度的影响规律。

从图 6.2-32 中可以看出，当受冻温度为−5℃时，混凝土在预养护 12h 就达到了临界强度为 3.0MPa，混凝土抗压强度比为 96.9%；而受冻温度为−10℃及−15℃时，预养护时间在 18h 后才达到受冻临界强度 6.8MPa，混凝土抗压强度比分别为 98.5%及 95.7%。表明受冻温度越低，预养护时间越长，受冻临界强度也越高。

② 防冻剂对混凝土受冻临界强度的影响规律研究

防冻剂可降低混凝土受冻冰点，提高其在低温条件下的强度发展速度。保持受冻温度（−10℃）、出机温度（10℃）及含气量（3%）不变，研究无机盐防冻剂用量（占减水剂比例，$4\%NaNO_3 + 8\%Ca(NO_3)_2$，简称 4%na+8%ca、6%na+12%ca 及 8%na+16%ca）对混凝土受冻临界强度的影响。

混凝土预养护强度随防冻剂掺量的提高而提高。当防冻剂掺量为 8%na+16%ca 时，混凝土预养护 6h 就达到受冻临界强度；同时，防冻剂用量为 4%na+8%ca 及 6%na+12%ca 时，混凝土在预养护 12h 后就达到了受冻临界强度。表明防冻剂可提高混凝土的抗冻能力，可显著降低混凝土预养护时间。

③ 入模温度对混凝土受冻临界强度的影响规律研究

寒冷条件下，出机温度对混凝土强度发展具有重要意义。保持混凝土受冻温度为−10℃，混凝土含气量为 3%，研究不同出机温度（0℃、10℃及 20℃）对混凝土受冻临界度的影响。

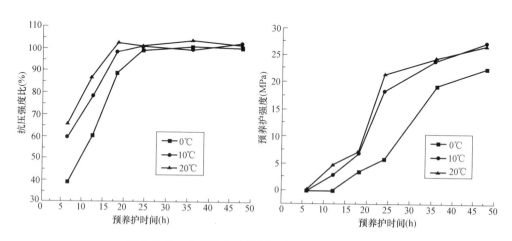

图 6.2-33 出机温度对混凝土受冻临界强度的影响

从图 6.2-33 中可以看出，出机温度为 0℃时，混凝土预养护强度发展缓慢，在预养护 24h，混凝土才达到受冻临界强度，为 5.8MPa；而出机温度为 10℃及 20℃时，在预养护 18h，混凝土就达到混凝土受冻临界强度，分别为 6.8MPa、7.2MPa。混凝土出机温度越高，混凝土中胶凝材料水化反应越剧烈，强度增长越快，即达到混凝土受冻临界强度的时间越短。

④ 含气量对混凝土受冻临界强度的影响规律研究

适宜的含气量有助于提高混凝土抗冻性能。保持混凝土出机温度为10℃、受冻温度为−10℃，研究不同混凝土含气量（1%、3%及5%）对混凝土受冻临界强度的影响。

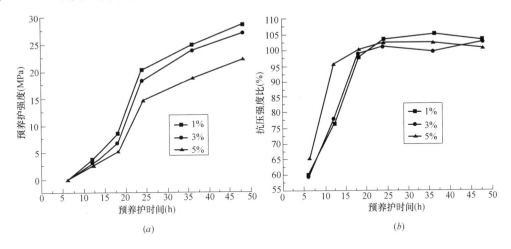

(a)   *(b)*

图 6.2-34 含气量对混凝土受冻临界强度图

（*a*）预养护强度；（*b*）抗压强度比

从图6.2-34中可以看出，混凝土预养护强度随含气量提高而越低。当混凝土含气量为5%时，混凝土在预养护12h即达到了受冻临界强度，而当含气量为1%及3%时，虽然其相同预养护时间条件下强度较高，但其达到受冻临界强度的时间却越长，为18h，表明适宜含气量可降低冻胀对混凝土结构造成的破坏，有助于混凝土的抗冻性能的提高。

（4）冬期施工混凝土耐久性能研究（表6.2-27）

	耐久性试验混凝土配合比		表 6.2-27
标号	防冻剂	预养护时间	养护环境
1		18h	受冻
2	18%	12h	受冻
3	—	—	标养

① 抗冻性能研究

利用快冻法测定剪力墙C60混凝土抗冻性能，采用平均质量损失率及动弹性模量损失率评价其抗冻性能。测试仪器见图6.2-35；平均质量损失率试验结果见表6.2-28；动弹性模量损失率实验结果见表6.2-29。

由表6.2-28试验结果可知，配比1在冻融循环300次的时候试块直接崩裂破坏。配比2在冻融循环达到400次的时候质量损失率达到最大，为1.6%，相同规律，配比3最大质量损失率也出现在冻融循环400次的时候，为2.5%，都远远小于5%的质量损失率。

图 6.2-35 快冻法混凝土抗冻性能测定设备

平均质量损失率试验结果表 　　　　　　　　表 6.2-28

冻融循环次数	质量损失/%		
	配合比 1	配合比 2	配合比 3
0	0	0	0
100	0	0	0
200	0	0	0
300	崩裂破坏	0	0
400	0	1.6	2.7
500	0	0	1.6
600	0	1.8	2.5

动弹性模量损失率试验结果 　　　　　　　　表 6.2-29

冻融循环次数	动弹模量损失率(%)		
	配合比 1	配合比 2	配合比 3
0	0.0	0.0	0.0
100	1.6	3.5	4.9
200	39.8	4.8	10.5
300	崩裂破坏	27.9	39.8
400		63.1	65.9
500		65.9	68.6
600		68.8	70.8
抗冻等级	F200	F300	F300

　　由动弹模量损失率试验结果可知，配比 2 和配比 3 在冻融循环 400 次时，动弹模量损失达到 40% 以上，可以认为混凝土已经冻融破坏，这与质量损失实验结果相吻合，冻融循环达到 300 次的时候，混凝土内部开始出现微裂缝，冻融破坏开始，水进入微裂缝导致试块质量不再降低，而出现增大的趋势，动弹模量开始大幅降低。因此配合比 1 和配合比

3 的抗冻等级为 F300。配合比 2 冻融循环 300 次时试块崩裂破坏，抗冻等级为 F200。

② 抗氯离子渗透性能研究

本课题采用电通量法表征 3 个配合比的抗氯离子渗透性能。试验过程如图 6.2-36 所示，其实验结果见表 6.2-30。

根据通电 6h 通过混凝土的总电通量，可以判断混凝土抗氯离子渗透性能。根据电通量大小，把混凝土抗氯离子渗透性能分成不同等级，如表 6.2-31 所示。

图 6.2-36　剪力墙 C60 混凝土抗氯离子渗透性能实验研究

剪力墙 C60 混凝土配合比抗氯离子渗透性能实验结果　　　表 6.2-30

配合比	1			2			3		
电通量(C)	1487	1743	1655	597	564	549	448	429	467
平均电通量(C)	1628.3			570			448		

ASTMC1202 电通量及对混凝土的分类　　　表 6.2-31

6h 总电通量(C)	氯离子渗透性	6h 总电通量(C)	氯离子渗透性
>4000	高	1000~2000	低
2000~4000	中	<100	可以忽略
100~2000	极低		

混凝土的渗透性与混凝土的密实性和空隙结构有关。配合比 3 正常标准养护，混凝土水化充分，密实度高，空隙少，因此其抗氯离子渗透性能最优，电通量仅为 448 库仑。配合比 1 混凝土受冻后水化进程受到阻碍，混凝土空隙率大，其电通量最大为 1628.3 库仑。相比于配合比 1，配合比 2 中防冻剂具有防冻及早强作用，提高了混凝土水化程度，电通量大幅度降低，仅为 570 库仑。防冻剂可有效降低混凝土氯离子渗透性能。

③ 抗碳化性能研究（图 6.2-37）

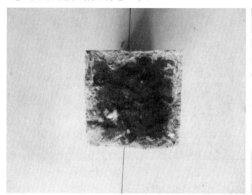

图 6.2-37　混凝土碳化试验试块

混凝土碳化试验结果（mm） 表 6.2-32

编号	7d	14d	28d	60d
1	0.9	1.2	4.3	5.2
2	0.2	0.5	2.7	3.4
3	0	0.4	2.9	3.5

从表 6.2-32 中可以看出，试样 3 碳化 28d 深度为 2.9mm，60d 为 3.5mm，表明 C60 混凝土抗碳化性能良好。与样 3 相比，试样 1 各龄期碳化程度均有不同程度的增大，表明虽然经过预养护，混凝土受冻恢复正温后强度骨架已经形成，但是水化程度仍不如空白样，混凝土孔隙率较高，相同条件下抗碳化能力更弱；比较试样 2 发现，虽然预养护时间相较 1 较短，但是加入防冻剂后加快了低温条件下水化速度，同时提高了混凝土内部的碱储备，从而提高了混凝土的抗碳化能力。

6.2.5.2 混凝土低温超高泵送性能评估模拟试验

1. 试验目的

由于天津 117 大厦结构高度高，对混凝土超高泵送性能是一大考验，为了确保实际施工顺利，避免堵管，充分了解混凝土工作性能要求，特建立千米级盘管模拟试验基地，通过水平泵送模拟试验收集混凝土泵送性能相关数据，为配合比调整及工作性能优化提供依据；通过压力传感器检测混凝土沿程压力损失，为 117 大厦混凝土超高泵送施工提供理论依据。

2. 试验概况

千米级盘管试验占地约为 38×54m，总长 800m，钢栏式固定方法；布置 15 条平行水平直管，每条采用 17 根 3m 管连接，弯管处用 2 根半径 1m 弯管连接两条直管；泵管全部采用 150mm 泵管，泵管连接方式为法兰连接。泵管连接好后通过泵水进行密封性检查，泵管末端采用垂直扬高 5m 结束，以便于混凝土的回收利用。盘管试验基地如图 6.2-38 所示。

3. 试验过程

泵送试验水平盘管试验泵送流程如图 6.2-39 所示。

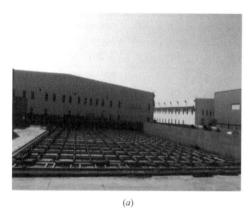

(a)   (b)

图 6.2-38 超高泵送混凝土盘管实验

（a）盘管试验基地；（b）泵管末端回收管道

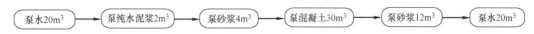

图 6.2-39 泵送试验流程

整个试验泵送数据情况如表 6.2-33 所示。

水平泵送设备相关数据 表 6.2-33

编号	主系统压力	换向压力	搅拌压力	泵送方量	排量	备注
水	2	19	4	20	35%	双机低压
净浆	2	19	4	2	35%	双机低压
砂浆（润管）	4	19	4	4	35%	双机低压
混凝土	12	19	4	60	80%	双机低压
	6	19	4		50%	双机高压
砂浆（洗管）	4	19	4	12	65%	双机低压
水	2	19	4	20	50%	双机低压

混凝土入泵、出泵对比如图 6.2-40 所示。

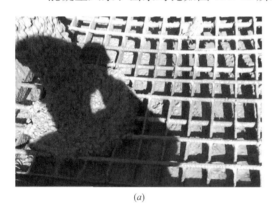

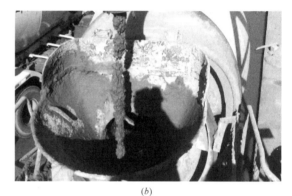

(a)   (b)

图 6.2-40 混凝土入泵、出泵对比图

（a）混凝土入泵时状态；（b）混凝土出泵口处状态（接入罐车）

4. 数据分析

（1）混凝土性能基本性能检测

混凝土入泵及出泵检测数据如表 6.2-34 所示。检测现场如图 6.2-41。

混凝土数据检测情况 表 6.2-34

混凝土性能指标	扩展度	倒坍时间	含气量	R_7	R_{28}
C60 入泵前	710	2.4	2.0	57.4	74.2
C60 出泵后	700	2.2	2.5	54.8	71.9

从盘管试验混凝土检测数据可以看出，C60 混凝土入泵前各项性能优越；扩展度达 710mm，倒坍时间为 2.4s，含气量为 2.0%；出泵后和易性良好，混凝土松软，无浮浆，石子不下沉，扩展度为 700mm，倒坍时间 2.2s，基本无损失，含气量 2.5%，较入泵前略有增长。

（2）理论泵送高度计算

盘管试验水平管道总长 800m，垂直管 10m，90°弯管 35 个，每个损失 0.1MPa，S 阀压力损失 0.2 MPa。采用三一 HBT90CH-2150D 设备进行泵送，该泵的最大出口压力为 48MPa。

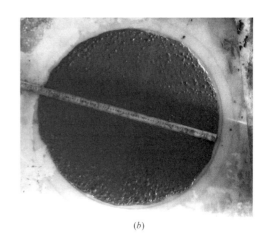

(a)　　　　　　　　　　　　　　　　　　(b)

图 6.2-41　C60 混凝土性能检测

（a）入泵扩展度 710mm；（b）出泵扩展度 700mm

混凝土泵送所需压力 $P = P_1 + P_2 + P_3$，其中 P_1 是混凝土在管道内流动的沿程阻力造成的压力损失，P_2 是管型结构压力损失，P_3 为混凝土在垂直高度方向因重力产生的压力。

结合盘管试验所得数据，经计算，混凝土在单位长度管道内的压力损失为：$\Delta P_1 = 0.0056\text{MPa/m}$。

该泵最大出口压力为 48MPa，预留 20% 为压力储备，则实际施工最大输出压力为 $48 \times (1 - 20\%) = 38.4\text{MPa}$。

结合 117 大厦实际布管情况（水平管 110m、90°弯头 5 个，截止阀 2 个，S 阀 1 个），经计算，C60 混凝土泵送垂直高度理论上可达到 1250m。

6.2.5.3　冬期混凝土试验墙模拟试验

1. 试验目的

为保证天津高银 117 大厦剪力墙 C60 混凝土冬期施工顺利，特进行此试验，探究 C60 混凝土冬期施工条件下强度增长规律，评价低温对混凝土强度影响程度，保证工程质量，监控工程结构混凝土强度，积累混凝土冬期施工经验。

2. 试验概况

试验中需浇筑 C60 混凝土试验墙，考虑到回弹法与钻芯法对试验墙的取样要求与试验次数，试验墙高度选为 1.5m。

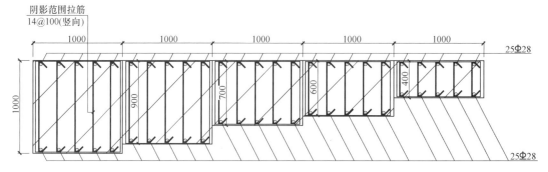

图 6.2-42　试验节点尺寸及钢筋节点详图

本试验墙体为 117 大厦核心筒外边缘约束边缘构件中最具代表性的节点,本节点有几个特点:①试验墙体厚(本试验考虑 5 种墙体厚度);②钢筋密集;③受冬期施工影响较大。具体平面尺寸及钢筋节点详图见图 6.2-42。

3. 混凝土配合比及图片

试验混凝土配合比采用基准配合比(图 6.2-43)。

(a)

(b)

(c)

图 6.2-43 剪力墙模拟实验

(a)试验墙支模及脱模后图;(b)标养及同条件混凝土试块(一);(c)标养及同条件混凝土试块(二)

4. 测试方法

冬期混凝土强度试验应检测标准养护试件抗压强度、同条件养护试件抗压强度、回弹法测试强度、钻芯法测试强度。

回弹法测定混凝土试验所用回弹仪满足现行国家标准《回弹仪》GB/T 9138 相应要求并进行保养与检定，单龄期检测区不少于 10 个，测区面积不宜大于 0.04m²，每一测区读取 16 个回弹值。回弹值与混凝土强度计算遵照行业标准《回弹法检测混凝土抗压强度技术规程》JGJ/T 23—2011 执行。

钻芯法芯样公称直径为 100mm、高径比为 1∶1 的混凝土圆柱体试件，单龄期标准芯样试件的最小样本量不宜少于 15 个，芯样试件的试验和抗压强度值的计算遵照 CECS 03：

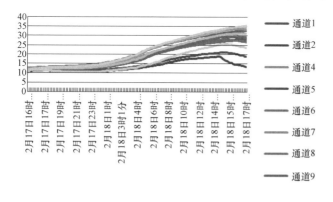

图 6.2-44 试验墙实体温度测试图

2007《钻芯法检测混凝土强度技术规程》执行。

同条件和标准养护强度测试时间依次为混凝土浇筑后的第 3d、7d、14d、28d、56d，之后每隔 1 个月测试 1 次，共计 15 次，其中同条件试块留置组数为 45 组，标准养护试块留置组数为 45 组。试件尺寸为：150mm×150mm×150mm。

5. 剪力墙混凝土冬期养护措施

试验剪力墙混凝土不得采用湿水养护，拆模后迅速涂刷混凝土养护剂，并在内外表面挂设覆盖防火等级为 B1 级的岩棉被进行保温养护，养护时间不低于 14d。

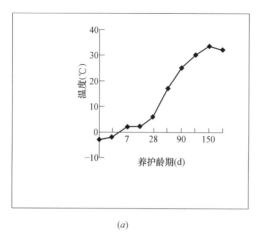

(a)

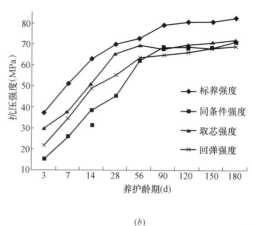

(b)

图 6.2-45 试验墙实体温度测试图

(a) 试验墙试验期间环境温度图；(b) 剪力墙 C60 混凝土冬期施工强度结果

6. 数据记录及结论

从图 6.2-44 和图 6.2-45 中可以看出，混凝土标养试块强度增长最快，实体早期强度发展速度略高于同条件试块，表明大体积混凝土由于自身水化热等因素，早期强度较高。到后期随着环境温度提高，实体强度与同条件试块强度相当。

6.2.5.4 混凝土泵送性能评价

剪力墙混凝土泵送性能统计结果   表 6.2-35

主系统压力 /MPa	工况	频次/次	占总频次比例（%）	方量（m³）	占总方量比例（%）
12～15	双机低压	22	18.0	26518	36.9
16～20		24	19.7	23346	32.5
12～13	双机高压	21	17.2	9273	12.9
14～16		55	45.1	12678	17.7

剪力墙混凝土泵送性能统计结果   表 6.2-36

搅拌压力（MPa）	频次/次	占总频次比例（%）	方量（m³）	占总方量比例（%）
2	58	47.5	49864	69.4
3	37	30.3	12544	17.5
4	27	22.2	9407	13.1

剪力墙混凝土泵送性能统计结果   表 6.2-37

排量（%）	频次（次）	占总频次比例（%）	方量（m³）	占总方量比例（%）
40～59	55	45.1	24271	33.8
60～79	26	21.3	10967	15.3
80～100	41	33.6	36577	50.9

对 117 大厦剪力墙 C60 混凝土泵送主系统压力、搅拌压力及泵送排量进行统计（表 6.2-35～表 6.2-37）。主系统压力表征混凝土的泵送难易程度，主系统压力越高，混凝土不易泵送，反之，容易泵送；搅拌压力表征混凝土的黏度大小，搅拌压力越大，混凝土黏度越大，反之，混凝土黏度越小；而泵送排量大小关系到泵送速度快慢，也可以表征混凝土泵送难易程度，混凝土容易泵送，泵送排量就可以设置较大值，泵送速度越快，混凝土不易泵送，泵送排量就必须设置较小值，泵送速度较慢。从以上统计数据可以看出，剪力墙 C60 混凝土泵送压力适中，易于泵送，混凝土黏度小，泵送速度快，大大节约了施工时间。

6.2.5.5 超高泵送技术

1. 管道布置技术

天津 117 大厦共选用三套混凝土输送泵对 117 大厦钢-混凝土组合截面剪力墙、巨型柱、楼板混凝土进行浇筑。其中 2 套输送泵在核心筒封顶前采用一泵到顶的方式负责核心筒剪力墙混凝土的浇筑，另一套输送泵采用设置转换层，并在 4 根巨型柱设置 4 条普通高压泵管的方式负责巨型柱及水平结构混凝土的浇筑。核心筒封顶之后，负责浇筑核心筒的一套输送泵改为浇筑水平结构混凝土，以确保整体施工进度。现场共布置三台超高压混凝土输送泵，泵车型号为三一重工生产的 HBT9050CH-5D（图 6.2-46）。

(a)   (b)

图 6.2-46 泵送设备图

(a) HBT9050CH-5D；(b) HGY28 布料机

（1）泵管选型

1 号、2 号及 3 号泵的首层水平管，转换层水平管及首层到转换层的竖向管采用单层耐磨材料、壁厚为 12mm、通径为 ϕ150 的超高压泵管。3 号泵转换层以上附着在巨型柱上的泵管采用 ϕ150 普通高压泵管，用于巨型柱和楼面浇筑，方便运输、安装、拆卸，每套泵管长 200m，壁厚 5mm。

（2）泵管布置原则

① 原点布置

泵管布置先考虑布置原点（水平与竖向转向点），从原点向两端布置。

② 避免产生阻滞现象

在竖向管道内混凝土的自重作用下，水平管道反向压力过大，极易造成泵管阻滞。竖向管道越长，阻滞越明显。为避免该现象的发生，通常水平泵管布置折算长度应达到竖向泵管折算长度的 1/4～1/5。经过计算，水平泵管布置总长约 120m。

③ 避免形成压力梯度

泵管布置时，禁止将 3 个非标准件连续布置，以免形成压力梯度，造成混凝土堵塞。

④ 等高布置

泵机出口压力对泵管管道的附加冲击荷载很大，为确保混凝土泵送安全，对水平管道、首层竖向 90°弯头采用混凝土墩进行加固。泵管安装过程中先安装泵管、支撑架，后浇筑混凝土支撑墩。水平泵管布置时，需将泵管布置在同一水平标高上，确保泵管顺直、等高布置。

（3）泵管布置控制要点

① 弯头设置

管路布置首先应遵循"距离最短、弯头最少"的原则；在泵机出口处为避免三种异型管连接形成管道压力梯度，需连接一段不小于 3m 长的水平管道后再设置一道水平弯头；水平管道与竖向管道连接处设置一道 90°弯头，弯头前后为方便泵管拆卸需连接短管。巨柱变截面处宜使用小度数弯头，现场需配置备用管。

② 截止阀设置

水平泵送管道设置两道截止阀，第一道截止阀布置在泵机出口第一道弯头后，主要用于混凝土泵送结束后管道清洗；第二道截止阀布置在水平管道与竖向管道连接处的 90°弯头前，主要用于堵泵时混凝土的排出，即当混凝土浇筑过程中发生堵泵现象时，关闭本道截止阀，拆卸泵管，使竖向泵管内混凝土排出。

③ 支座设置

泵管支座分为抱箍、U 形卡两种。抱箍固定牢固可靠，但安装、拆卸复杂，对支座预埋件定位、平整度要求高；U 形卡固定牢固及可靠程度较抱箍差，但安装、拆卸方便。

2. 洗泵水气联洗技术

天津 117 大厦在主体结构施工时核心筒与外框施工高差最大达 150m，临时施工用水由于各种不确定性因素（扬程、实时性等）不能满足传统洗泵用水要求，为此天津 117 大厦在超高泵送洗泵阶段采用了水气联洗施工技术，减小了洗泵阶段所带来的爆管、堵泵风险，具有深远的推广价值。

（1）气洗装置

气洗装置由进气口、注水口、放气孔、气压表、高压管道五部分组成，此装置为国家发明专利（授权专利号：201410362651），其中气洗开始前需将橡胶海绵球装在气洗装置的两侧，然后通过注水口将两端海绵球之间的空间注满水，调节放气孔确保气洗装置注满水，进气口主要在气洗时将空压机胶皮管一端连接在进气口上。如图 6.2-47 所示。

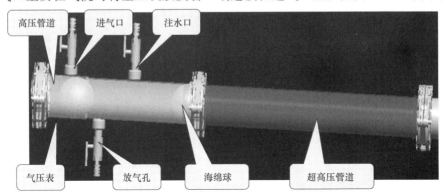

图 6.2-47 气洗装置图

（2）混凝土回收装置

混凝土回收装置由超高压泵管截止阀、回收架、回收弯管、搅拌车组成。在混凝土浇筑完成之后，首先关闭截止阀拆除截止阀后面的 1～2 节超高压泵管，然后快速连通回收装置管道，并将搅拌车开至混凝土回收装置处，同时将顶模布料机臂架扬起保证布料机管道竖直，上述工作准备就绪后打开截止阀，超高压管道内的混凝土做近似于自由落体运动回流至搅拌车内，此时注意根据超

图 6.2-48 混凝土回收图

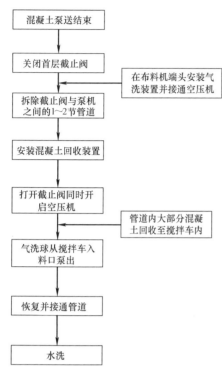

图 6.2-49 水气联洗整体施工流程图

高压管道的长度计算管道内的混凝土量，从而确定混凝土搅拌车可装载混凝土的体积。如图 6.2-48 所示。

（3）水气联洗施工流程（图 6.2-49）

① 泵送结束后关闭首层截止阀，拆除截止阀与超高压泵车之间的管道 1～2 节，安装混凝土回收装置同时混凝土搅拌车到位。

② 打开截止阀竖向管道的混凝土由于自重会回流至混凝土搅拌着内，只剩下水平管道部分混凝土。

③ 待混凝土回收装置出口处混凝土流速过缓后顶部连接气洗装置，打开空压机进行吹气，将两个海绵球全部在回收弯管处吹出；

④ 拆除混凝土回收装置及气洗装置，连通管道进行水洗，水洗采用高压水顶着自制牛皮纸袋柱进行管道清洗，水洗时要确保所用水为洁净水，顶模上布料机软管通至污水斗内，待自制牛皮纸袋柱从布料机软管中洗出；

⑤ 布料机软管的水由浑浊逐渐变干净后，开始进行管道反洗，反洗就是泵管内已经变干净的水通过自由落体运动最经过超高压泵入料口直接流到沉淀池内。

上述水洗过程共进行两次，整个管道便清洗干净（图 6.2-50～图 6.2-52）。

图 6.2-50 气洗装置安装

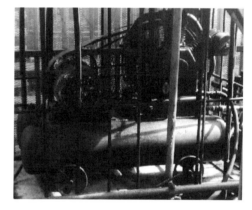

图 6.2-51 气洗空压机准备就绪

6.2.5.6 核心筒混凝土冬期施工技术

1. 混凝土入泵温度控制

为确保混凝土施工质量，根据往年冬期施工经验，通过热工计算确定出机温度需为 15℃。针对环境温度低于－10℃等恶劣天气情况的出现，在做好热水搅拌、罐体保温等措

图 6.2-52 混凝土回收装置安装

图 6.2-53 料仓底部加热管道

施基础上，对搅拌站专用料仓进行了改造，增加了料仓加热的相关措施：

（1）料仓底部铺设加热管道（图 6.2-53），并与市政供热系统接驳；

（2）料仓外壁铺设加热带；

（3）料仓上部采用脚手架搭设保温棚，使用热鼓风机通风。

此外，混凝土入泵料斗处采取封闭措施，大风天气时使用挡风帆布将料斗四周封闭，起到了很好的保温效果，同时也为放灰的工人提供了良好的工作环境。

2. 泵管电伴热保温

天津 117 大厦单根泵管长度达 600m，混凝土输送过程中的温度损失影响巨大，是泵送能否成功的关键因素。针对这一施工难题，项目技术人员组织技术攻关，发明并应用了一种泵管智能温控电伴热装置，通过在管体上缠绕电加热带，外侧使用橡塑海绵包裹，攻克了泵管的加热保温难题。

在该装置的验证试验中，采用加热带与泵管平行绑扎的方法，选用 5 根加热线平行绑扎，加热带工作电压为 36V，环境温度 -15℃，采用温度控制箱控制泵管温度保持在设定值（20℃），管壁、管中心温升速率如表 6.2-38 所示。

泵管温升实验　　　　　　　　　　　　　　　　表 6.2-38

时间(min)	中心温度(℃)	管壁温度(℃)
0	-14.0	-14.0
38	0.0	0.2
72	10.0	10.6
92	15.0	15.7
115	20.0	20.9

由表 6.2-38 可知，当环境温度为 -15℃时，泵管加热至 20℃只需 2h，中心与管壁温度基本同步持平，通过该装置的温控控制器可以很好地将泵管温度维持在设定温度（20℃），从而保证混凝土正常施工。

3. 带模养护

混凝土在 5℃以下早期强度形成非常缓慢，早强剂或防冻剂的添加只能起到降低冰点的作用，并不能提供水化热量。因此，带模蓄热养护对混凝土强度发展影响至关重要。天津 117 大厦核心筒模板采用钢框木模体系，方钢背楞之间的空隙为填充保温材料提供了空间。经热工计算，项目部采用 100mm 厚挤塑板作为保温材料，接缝处使用发泡胶填充密实。考虑由此带来的消防安全隐患，保温层外侧用 1.5mm 厚镀锌铁皮覆盖，并用自攻螺钉与模板背楞固定牢固。

实践证明，寒冷地区超高层建筑混凝土冬期带模养护时间不宜小于 48h，拆模前先采用回填仪对局部剪力墙面进行强度检测，验证是否满足拆模条件，并应及时做好后续保温措施。

4. 补水养护

模板拆除后，大风天气导致混凝土表面失水过快造成混凝土结构表面强度低，产生收缩裂缝，从而影响结构安全和耐久性。天津 117 大厦应用一种节水保湿养护膜技术，较好地解决了上述问题。该养护膜以塑料薄膜为载体，内壁一侧粘贴有高分子颗粒材料，可吸收混凝土表面蒸发的水分，形成饱和的固态状附着在结构表面，后期通过毛细作用将水分反补结构（图 6.2-54）。

该养护膜施工时，首先在结构表面涂刷粘结剂，将养护膜内壁整体粘贴在结构表面，接缝处用胶带连接，并用滚轮压实，不得空铺，粘贴的养护膜可在混凝土早期水化热的影响下与结构基层紧密结合。粘贴时应注意选用界面友好型粘结剂，避免对后期装饰装修作业产生影响。

5. 挡风保温帘

为实现蓄热养护效果，在剪力墙外侧悬挂了 50mm 厚岩棉被作为挡风保温帘，岩棉被外侧采用防火油布进行包裹。岩棉被上端悬挂在大模板底部的挂钩上，下部使用钢丝与对拉螺杆孔固定。在不影响模板安装的前提下，起到了很好的挡风保温作用（图 6.2-55）。

图 6.2-54　补水养护膜

图 6.2-55　岩棉被

6.3　内筒水平结构施工关键技术

6.3.1　技术背景

目前国内外超高层混凝土墙体的施工普遍采用顶升模架系统。而由于顶模的结构特点和上部平台使用面积的需要,顶模往往将核心筒顶部几乎完全封闭。因此,顶模封闭下核心筒内部水平结构施工尤为困难。随着超高层施工的工期要求越来越高,提高核心筒内部封闭空间的结构施工速度越来越受人们的关注。对于顶模系统下部核心筒封闭空间的钢构件的安装方法,国内外尚无系统研究。深圳平安中心、广州东塔等超高层核心筒内部水平结构为纯混凝土结构,需要层层架设周转模板,施工效率不高。

天津 117 大厦核心筒水平结构为钢梁+压型钢板组合楼板,其内部钢构件单层 45t,共 5300t。如图 6.3-1 所示。

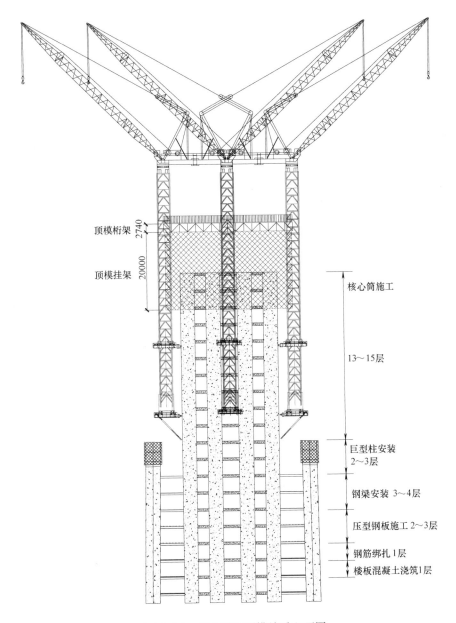

图 6.3-1 核心筒与顶模关系立面图

6.3.2 内筒钢梁安装总体部署

顶模下部核心筒钢构件的吊装放弃使用塔吊从上部吊装就位的传统方法。而解决问题的关键点便在于寻找合适的吊装路径并在顶模下部选择一套合适的独立吊装设备，作为核心筒内部钢构件安装的基本条件（图 6.3-2）。

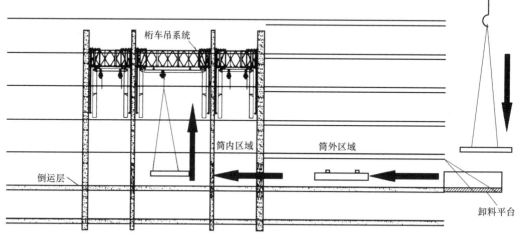

图 6.3-2 钢梁安装示意图

6.3.2.1 内筒构件施工原理

构件倒运：结构外筒设置倒运层，倒运层设置悬挑卸料平台。内筒钢构件通过塔吊吊运至倒运层卸料平台上，通过卷扬机和液压平板车等设备将构件运至核心筒内部吊装设备下部，完成构件倒运工作。

吊装：在核心筒内筒布置一台独立的吊装设备，满足构件的垂直运输要求。

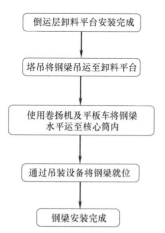

图 6.3-3 内筒钢梁吊装流程图

6.3.2.2 内筒构件吊装流程

内筒钢梁吊装流程如图 6.3-3 所示。

6.3.2.3 等节奏攀升法

核心筒内钢结构吊装的关键除了使用吊装设备外，还需要一层完整的水平楼板作为构件倒运层。为保证内筒构件连续吊装的前提，每吊装 6 层结构后，立即浇筑最上面一层混凝土楼板，作为新的钢梁倒运层。倒运层转换后，内筒钢结构继续在新的倒运层以上施工，新旧倒运层之间的混凝土楼板可以陆续施工。采用混凝土楼板跳层浇筑的方法保证了内筒钢结构等节奏的攀升连续施工，也加快了结构整体施工速度。

根据目前的施工经验，内筒每 6 层进行一次吊装。其中核心筒内主梁从下到上进行安装，所有主梁安装完毕后，次梁从上到下进行安装。其原因主要是因为已安装完钢梁影响待安装钢梁。为了减少吊装设备的倒运或提升，每次钢梁安装到极限，再进行吊装设备的提升。

6.3.3 自爬式行吊系统

目前顶模下部钢结构吊装主要有三种吊装设备：悬臂吊、拔杆、自爬升桁车吊。

悬臂吊可解决内芯筒吊装问题，但相对而言，缺点较多。悬臂吊一般结构简单，吊臂为三角桁架形式，吊重有限，如果核心筒内存在翼墙，悬臂吊转动也将受到限制。

拔杆则有效地解决了悬臂吊存在的问题，全方位的摆动和起重性能可满足一般情况下钢构件的吊装，但同样暴露出三点问题。第一，拔杆吊装及转动都是依靠卷扬机和倒链进行，对操作人员要求极高，必须对设备了解透彻，相对来说不易上手；第二，拔杆安装高度较高，一般高于外框，同时钢丝绳缠绕复杂，造成了每次倒运时间长的问题；第三，由于设备直接安装在顶模下部，需在拔杆上面布置完善防护系统，保证施工安全。

根据拔杆的问题衍生出自爬升桁车吊系统，不仅解决上述问题，同时施工更趋近于标准化，如图 6.3-4、图 6.3-5 所示。

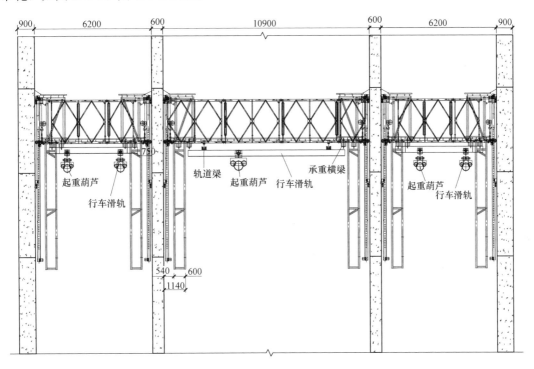

图 6.3-4 桁车吊立面图

6.3.3.1 自爬式行吊系统简介

自爬升桁车吊系统由附着系统、动力系统、支撑系统、防护系统、桁车吊系统组成。

1. 附着系统

附着系统包括预埋套筒、附墙螺栓和附墙支座。通过附墙螺栓将附墙支座固定在套筒上，形成自爬升桁车吊附着系统（图 6.3-6）。

2. 动力系统

自爬升桁车吊系统提升动力主要来源于电动链条葫芦，通过链条葫芦的正反转实现导

图 6.3-5 自爬升桁车吊系统

图 6.3-6 预埋套筒

轨和机位的交替爬升（图 6.3-7，图 6.3-8）。

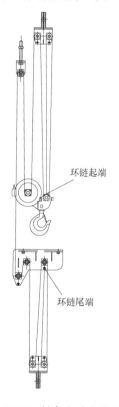

环链起端

环链尾端

图 6.3-7 链条电动葫芦图纸

图 6.3-8 机位与链条电动葫芦照片

3. 桁车吊系统

本工程共选用 12 台桁车吊，其中 4 台 5t 设备，8 台 3t 设备（图 6.3-9，图 6.3-10）。桁车吊系统主要由轨道梁、行走电机、行车滑轨、起重葫芦组成。

轨道梁：与架体平台连接，可为桁车吊滑轨提供滑行轨道，轨道梁最近两个固定点不得大于 3m。

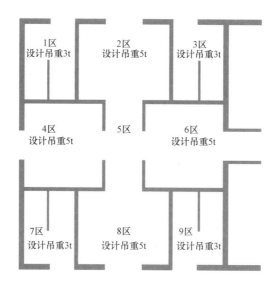

图 6.3-9 核心筒内设计吊重

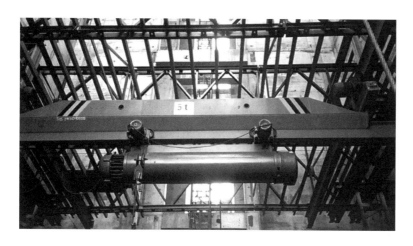

图 6.3-10 5t 桁车吊图纸

行走电机：与行车轨道固定，为桁车吊滑轨在轨道梁方向滑动提供动力。

行车轨道：为电动葫芦滑行提供轨道，桁车轨道两端最大悬挑长度不得大于 800mm。

起重葫芦：构件垂直运输动力来源。

6.3.3.2 爬升原理

1. 普通爬升

本系统采用电动葫芦实现导轨与机位架体相互爬升。固定机位架体，提升导轨；固定导轨，提升机位架体。如图 6.3-11 所示。

2. 变截面爬升方法

随着楼层增加，核心筒墙体会出现变截面，影响系统爬升。核心筒内墙厚度变化为 600mm→500mm→400mm→300mm，截面变化时在附墙支座位置加 50mm 厚垫块，架体

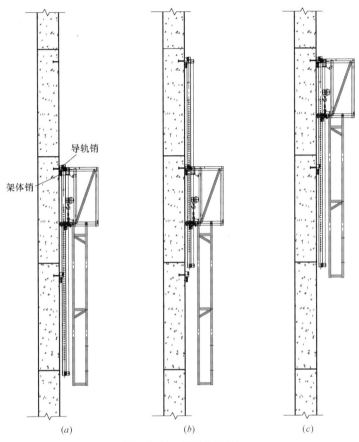

图 6.3-11 爬升原理图

(a) 松开导轨销，电动葫芦反转，将导轨提升到位；(b) 导轨提升到位后，
安装导轨销，松开架体销，电动葫芦正转，将架体提升到位；(c) 将架体
提升到位后，安装架体销，完成整个提升过程

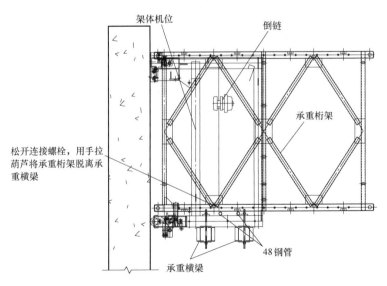

图 6.3-12 变截面爬升处理示意图

导轨进行第一次斜爬；到位之后，去掉 50mm 垫块，导轨第二次斜爬，到位之后架体正常提升。如图 6.3-12 所示。

截面变化、架体爬升的同时须用倒链将承重桁架脱离承重横梁，在承重桁架与承重横梁之间加垫钢管，待截面内收完毕，架体爬升到位之后，恢复承重桁架与承重横梁的连接。

第7章 大型设备部署与特殊技术应用

7.1 大型动臂式塔吊应用技术

塔吊在超高层建筑施工过程中占有十分重要的地位，是主要结构构件及大型材料垂直运输的生命线，也是施工组织是否顺畅的关键。塔吊选型、布置合理与否将直接影响构件及材料垂直运输的效率和工程的整体进度，是超高层建筑施工组织设计的核心内容之一。

天津117大厦最大吊装高度达597m，其结构形式、构件规格与尺寸、施工组织、工程条件等各方面都有其独有的特点，与普通超高层建筑相比，天津117大厦对塔吊的合理配置提出了更高的要求，需要有针对性地进行选型与部署。同时，天津117大厦塔楼作为工程结构的综合体，施工过程涉及多专业同时交叉施工，塔吊的配置不仅要满足构件、钢筋等结构材料的吊运安装要求，还需完成大型机电设备以及小部分玻璃幕墙单元的吊装任务，并配合吊运一些施工废料。因此，综合考虑各方面因素，结合天津117大厦的施工特点对塔吊进行合理的选型与部署是保证工程顺利进行的关键。

7.1.1 需求分析

7.1.1.1 吊次预算

塔吊吊次是衡量塔吊垂直运输工作总量的直接数据，准确的吊次预算是合理进行塔吊选型的必要条件。根据天津117大厦结构设计所给出的物料需求以及现场施工组织的相关要求，经统计、计算得出完成天津117大厦地上工程的构件、材料、设备的吊运和相关的辅助工作共需要使用塔吊约为61682吊次。其中钢结构施工需使用塔吊共34537吊次，占总吊次的56%；土建工程施工使用塔吊共18796吊次，约占总吊次的30.5%；幕墙使用塔吊吊次6398次，占10.3%。机电使用塔吊1951吊次，约占总吊次3.2%。天津117大厦塔楼各类物料运输所需吊次统计情况如表7.1-1所示。

天津117大厦主塔楼垂直运输吊次统计表　　　　　　　　　　表7.1-1

作业类别	构件名称	吊次	备注
土建	钢筋	17927	成捆吊装，部分成捆串吊
	其他辅助	869	包含布料机、模板等转运
钢结构	巨型柱	1008	每件1吊次
	次柱	624	每件1吊次
	钢板剪力墙	892	分块吊装

续表

作业类别	构件名称	吊次	备注
钢结构	核心筒内连梁	796	每件1吊次
	核心筒内暗柱	564	每件1吊次
	斜撑	296	每件1吊次
	环桁架杆件	566	每件1吊次
	钢梁	21243	小型钢梁串吊
	外筒施工操作架	857	每件1吊次
	钢梁预埋件	425	分块吊装
	压型钢板	3975	打包成捆吊装
	焊接工具房	241	每件1吊次
	氧气、乙炔、CO_2	545	打包吊装
	高强螺栓	415	打包吊装
	栓钉	345	打包吊装
	地面转移构件	875	部分钢柱翻身、转移
	其他	870	
机电	设备	1951	每件1吊次
幕墙	幕墙板块	6398	打包吊装
合计		61682吊次	

7.1.1.2 构件分类与单位吊次时间

塔吊单次吊运所用时间是衡量塔吊吊运能力的重要指标。塔吊单次吊运时间受诸多因素的影响，会随着吊运高度、吊件类型、吊运工况、操作人员的不同而产生较大变化。为了能够有效地估计塔吊单次吊运的平均时间，从而对塔吊需求做出相对准确的判断，需要将吊件按照不同类型进行合理分类并结合其他一些主要影响因素对吊运时间进行分析。按照表 7.1-1 所提供的相关数据，将其中主要构件分为三类，分类情况见表 7.1-2。

天津 117 大厦主要吊件分类　　　　　表 7.1-2

构件类别	构件名称	吊装总次数	所占比例(%)
一	如钢柱、钢板剪力墙等一件一吊的构件	6903	11%
二	如楼层钢梁等数件一吊的构件	53034	86%
三	其他零星材料及辅助工作	1745	3%

由意向选型塔吊的相关性能可知，动臂式塔吊的起重速度约为 $40 \sim 140 \text{m/min.}$，塔吊每吊装一次所需时间，除了受吊件类型的影响外，在忽略一些次要影响因素的条件下主要受吊运高度的影响。以经验数据为依托，按吊件类别对单位吊次所需时间进行分析，详细数据见表 7.1-3～表 7.1-5。

综合以上统计分析数据，为了能够更为便捷、有效地对塔吊吊运能力进行估算，将各类构件平均吊装时间的加权平均数作为单位吊次所需时间：$32.6 \times 11\% + 41.6 \times 86\% + 22.6 \times 3\% = 40.04$（min）。

一类构件单位吊次时间分析表   表 7.1-3

标高区段	一吊次所需时间分配（min）						每吊次时间（min）	平均时间（min）
	绑扎	起钩	回转	就位	松钩	落钩		
100m 以下	3	0.5～2.5	1.5	12	2.5	0.3～1.5	23	
100～200m	3	0.7～5	1.5	12	2.5	0.4～3	27	
200～300m	3	1.4～7.5	1.5	12	2.5	0.8～4.5	31	32.6
300～400m	3	2.1～10	1.5	12	2.5	1.3～6	35	
400～500m	3	2.9～12.5	1.5	12	2.5	1.7～7.5	39	
500m 以上	3	3.6～13.5	1.5	12	2.5	2.2～8.1	40.6	

二类构件单位吊次时间分析表   表 7.1-4

标高区段	一吊次所需时间分配（min）						每吊次时间（min）	平均时间（min）
	绑扎	起钩	回转	就位	松钩	落钩		
100m 以下	6	0.5～2.5	1.5	18	2.5	0.3～1.5	32	
100～200m	6	0.7～5	1.5	18	2.5	0.4～3	36	
200～300m	6	1.4～7.5	1.5	18	2.5	0.8～4.5	40	41.6
300～400m	6	2.1～10	1.5	18	2.5	1.3～6	44	
400～500m	6	2.9～12.5	1.5	18	2.5	1.7～7.5	48	
500m 以上	6	3.6～13.5	1.5	18	2.5	2.2～8.1	49.6	

三类构件单位吊次时间分析表   表 7.1-5

标高区段	一吊次所需时间分配（min）						每吊次时间（min）	平均时间（min）
	绑扎	起钩	回转	就位	松钩	落钩		
100 以下	2	0.5～2.5	1.5	3	2.5	0.3～1.5	13	
100～200m	2	0.7～5	1.5	3	2.5	0.4～3	17	
200～300m	2	1.4～7.5	1.5	3	2.5	0.8～4.5	21	22.6
300～400m	2	2.1～10	1.5	3	2.5	1.3～6	25	
400～500m	2	2.9～12.5	1.5	3	2.5	1.7～7.5	29	
500m 以上	2	3.6～13.5	1.5	3	2.5	2.2～8.1	30.6	

7.1.1.3 塔吊台班核算

地上工程结构施工时工期仅为 1126 个日历天，其中塔吊需爬升 30 次。完成工程施工所需台班数是塔吊选择的重要因素，结合前面分析得到的相关数据和台班计算的相关参数，计算得出天津 117 大厦地上工程塔吊台数总需求量为 3.75 台，取塔吊实际需求台数为 4 台。具体计算如下：

$$N_i = Q_i \times K / (q_i \times T_i \times b_i)$$
$$= 61682 \times 1.2 / (12 \times 1096 \times 1.5)$$
$$= 3.75$$

式中 N_i ——某期间机械需用量；

Q_i——某期间需完成的吊次工作量；

b_i——工作班次；单班为1，双班为2，按大班1.5计；

T_i——某期间（机械施工）的天数，扣除塔吊爬升时间，29d；

K——不均衡系数；一般取1.1～1.4，吊装（装卸）作业取1.2；

q_i——机械的产量指标，塔吊每个吊次平均需40.04min，每个台班按8h考虑，可完成12次；

7.1.2　塔吊选型

7.1.2.1　定制要求

天津117大厦主塔楼塔吊选型主要考虑以下因素：

（1）吊装钢丝绳长度需求长。本工程塔楼高度为597m，考虑塔吊大臂长度以及卷扬机限位钢丝绳长度，塔吊钢丝绳选择不得少于800m。

（2）为保证塔机使用安全，充分发挥塔吊起重能力，兼顾经济性，本工程塔吊选择使用850m钢丝绳，850m钢丝绳限位双绳起重高度为460m，460m以上高度构件吊装时必须采用单绳进行吊装任务。

（3）构件从地面到高空就位时间长。塔吊卷扬机系统需采用快速卷扬机系统，对单位吊次时间进行控制，确保单位吊次时间不超过预算估计时间。

（4）在天津117大厦主塔楼施工过程中大部分吊装工作都是高扬程，长距离的吊运，所使用钢丝绳长度较常规吊装工况有大幅增加，卷扬机在容绳量增加后，引擎驱动效率会有降低。为了确保高空吊装工作的顺利进行，要求对塔吊卷扬机的功率进行加大。

（5）构件单件重量大。最大构件单位吊重达96t，所选塔吊型号必须满足最大构件其中吊运要求，卷扬机需选用对应大起重力卷扬机。

（6）受塔楼结构形式及施工要求的限制，塔吊只能布置在相对有限的范围内，所选塔吊臂长必须要能保证塔楼地上工程施工的全覆盖。

7.1.2.2　塔吊型号与性能参数

根据现场施工垂直吊运需求分析以及塔吊定制的相关要求，对目前市场上主要的法福克、中昇、三一重工等塔机生产商的塔吊性能和购置使用成本等进行综合分析。决定4台塔吊全部选用中昇机械生产的大型动臂式塔吊，分别是两台ZSL2700动臂式塔吊和两台ZSL1250动臂式塔吊，其相关性能参数如下：

1. ZSL2700动臂式塔吊

ZSL2700动臂内爬自升式塔式起重机为一种新型全液压无级调速塔式起重机。该型塔机最大起重力矩为2700t·m，吊臂总长68.18m，共由7节组成。最大额定起重量为100t，最大额定起重量时允许的最大工作幅度26m；最大工作幅度65m，最大工作幅度时允许的最大额定起重量27.5t。其主要性能及技术指标如表7.1-6所示。

2. ZSL1250动臂式塔吊

ZSL1250动臂内爬自升式塔式起重机为一种新型全液压无级调速塔式起重机。该型塔机最大起重力矩为1250t·m，吊臂总长63.8m，共由7节组成。最大额定起重量为64t，

ZSL2700 动臂式塔吊性能参数表　　　　　　　　　　　　表 7.1-6

项目名称		单位	设计值		备注
最大额定起重量		t	100		
最大起重量时允许最大幅度		m	26		
最大工作幅度		m	65		
最大幅度时额定起重量		t	27.5		
最小工作幅度		m	6		
起升机构	卷扬速度	m/min	1~110	0~555	液压无级调速控制
	对应最大起重量	t	0~100t		
	最低稳定下降速度	m/min	1		
	转速	r/min	1800		

最大额定起重量时允许的最大工作幅度为 19.2m；最大工作幅度为 60m，最大工作幅度时允许的最大额定起重量为 12t。其主要性能及技术指标如表 7.1-7 所示。

ZSL1250 动臂式塔吊性能参数表　　　　　　　　　　　　表 7.1-7

项目名称		单位	设计值	备注
最大额定起重量		t	64	
最大起重量时允许最大幅度		m	19.5	
最大工作幅度		m	60	
最大幅度时额定起重量		t	12	
最小工作幅度		m	5.6	
起升机构	卷扬速度	m/min	1~110	液压无级调速控制
	对应最大起重量	t	0~64	
	最低稳定下降速度	m/min	1	
	转速	r/min	1700	

7.1.3　塔吊布置

7.1.3.1　平面布置原则

在性能参数与塔吊数量满足现场需求的前提下，合理的塔吊布置是保证施工现场垂直运输顺利进行的又一关键。天津 117 大厦塔楼塔吊布置采用的是"先大后小"的布置方式以确保最大吊重构件的顺利吊装。

1. ZSL2700 布置原则

（1）ZSL2700 为核心筒大吊重起重设备，在塔楼施工中，主要负责巨型柱、钢板剪力墙等大吨位构件的吊运与安装，通常塔机的最大吊重会随着吊臂水平幅度的增大而减小。根据天津 117 大厦主塔楼总平面布置的相关要求以及现场施工的客观条件，塔楼施工的主要运输道路及材料堆场大都设置于塔楼南北两侧，为了对塔吊水平幅度进行控制，确保塔机吊运能力满足施工的最大吊运需求，将两台 ZSL2700 塔吊必须分别布置于核心筒南北两侧。

（2）天津 117 大厦塔楼结构水平截面基本对称，不同高度的最大吊重构件均为巨型柱，在吊臂覆盖范围内要保证塔机最大吊重量达到相关要求，其位置应该设置在南北侧剪力墙的中间，即为巨形柱的中间位置，如果偏向某一边，吊重分配就会不均匀，会出现某些巨柱分段无法吊装的情况。

2. ZSL1250 布置原则

（1）ZSL1250 相对吊重较小，主要负责钢梁及压型楼板的等轻型构件及材料吊装，由于两台 ZSL2700 塔吊已分别布置于塔楼南北两侧，以确保塔吊臂幅达到全覆盖为前提，结合群塔作业工况的综合分析，将两台 ZSL1250 分别布置于核心筒剪力墙的东西两侧。

（2）由于道路及主要堆场大都布置于塔楼南北两侧，如果将两台 ZSL1250 塔吊，分别设置于东西两侧的中央位置，将会离道路的距离较远，垂直吊运能力将会有所降低。在保证塔吊臂幅全覆盖的前提下，将两台 ZSL1250 塔吊分别设置于核心筒西南角和东北角。

7.1.3.2 塔吊定位与编号

根据塔吊选型及平面布置的具体要求，在塔楼施工至 4MF 层后，天津 117 大厦塔楼所选用的 4 台大型动臂式塔吊，

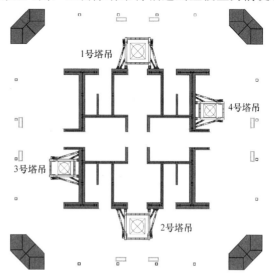

图 7.1-1 核心筒剪力墙外挂塔吊编号定位图

全部采用核心筒剪力墙外挂自爬升式布置，分别以 1 号、2 号、3 号、4 号进行编号。其中 1 号和 2 号塔吊为中昇公司生产的 ZSL2700 型塔吊，3 号和 4 号塔吊为中昇公司生产的 ZSL1250 型塔吊，4 台塔吊随塔楼施工进度逐步安装就位。塔吊定位及编号如图 7.1-1 所示。

7.1.4 塔吊爬升规划

7.1.4.1 核心筒塔吊爬升原则

随着施工进行，核心筒高度的增加，塔吊也需要向上爬升以满足吊装高度的要求。在进行塔吊的爬升规划设计时，主要遵循以下几个原则：

（1）塔吊在爬升的过程中，必须由爬架将其固定在核心筒外，爬架通过埋件与剪力墙相连，爬架埋件最后无法取出，所以塔吊爬升次数越少，对埋件的损耗越少，可以减少工程量，在条件允许的情况下，尽量减少爬升次数。

（2）为了进行核心筒混凝土的施工，在核心筒剪力墙外围布置有顶升模架系统，塔吊的爬升施工应综合考虑顶模系统的影响，对爬升工况进行相关分析，避免塔吊爬架与顶模架系统产生冲突。现以一次爬升分析为例，爬升工况分析主要是通过计算塔吊爬升夹持和

塔吊塔头与顶模之间的最小距离，分析塔吊爬升是否满足相关要求，如图 7.1-2 所示。塔吊的每次爬升必须进行相同的分析，以确保塔吊爬架和顶模架系统之间有足够的安全距离相互不干扰。

（3）根据塔吊设计的相关参数，ZSL2700 塔吊相邻 2 道爬升梁之间距离须限定在 18～24m，其最不利工况主要受塔机悬挑距离的影响，18m 时为最不利工况；ZSL1250 塔吊两道爬升梁之间的距离须限定在 16～24m，16m 时为最不利工况。

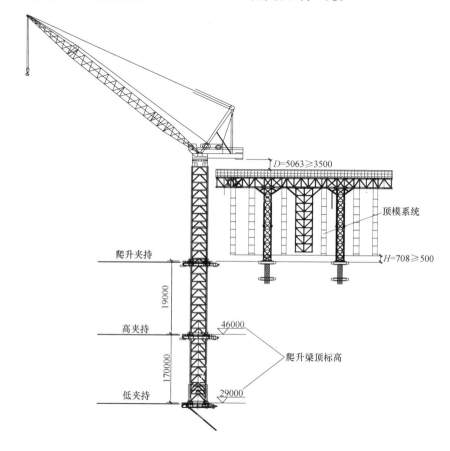

图 7.1-2　塔吊爬升工况分析图

7.1.4.2　塔吊爬升

根据塔吊的爬升原则，综合考虑顶模、爬升梁间距及扶墙位置等各种工况，在整个核心筒的施工过程中，塔吊共需要爬升 30 次，塔吊在平面上的位置保持不变，但是由于核心筒剪力墙墙体会逐渐变薄，塔吊和墙，以及塔吊和爬架的相对位置会发生改变。东西、两侧的两台 ZSL1250 塔吊爬升次数及爬升完成后爬升梁顶标高如表 7.1-8 所示，最小爬升高度为 17.0m，最高爬升高度 21m。受爬升高度限制及现场综合工况限制，ZSL2700 塔吊无法与 ZSL1250 塔吊实现完全同步等高爬升，ZSL2700 塔吊以 ZSL1250 塔吊爬升规划为基础，在爬升节点与爬升总次数与 ZSL1250 保持一致的前提下，采取对每次的爬升高度在其限制范围能进行适当调整的方式进行爬升。详见表 7.1-8。

塔吊爬升次数与爬升梁标高 表 7.1-8

爬升次数	爬升高度（m）	爬升梁位置	梁顶高度（m）	爬升次数	爬升高度（m）	爬升梁位置	梁顶高度（m）
首道座梁		L3	10.100	第16次	17.500	L62	299.500
第1次	18.900	L5	29.000	第17次	17.500	L63M	317.000
第2次	17.000	L8	46.000	第18次	17.000	L67	334.000
第3次	19.000	L12	65.000	第19次	17.000	L71	351.000
第4次	21.000	L16	86.000	第20次	18.000	L75	369.000
第5次	18.000	L21	104.000	第21次	19.000	L79	388.000
第6次	18.000	L25	122.000	第22次	17.000	L83	405.000
第7次	18.000	L29	140.000	第23次	18.000	L87	423.000
第8次	18.000	L31M	158.000	第24次	17.000	L91	440.000
第9次	18.000	L34	176.000	第25次	17.000	L94	457.000
第10次	17.500	L38	193.500	第26次	18.000	L96	475.000
第11次	18.000	L42	211.500	第27次	17.000	L100	492.000
第12次	18.000	L46	229.500	第28次	20.000	L105	512.000
第13次	18.000	L50	247.500	第29次	17.000	L109	531.000
第14次	17.500	L54	265.000	第30次	18.000	L144	549.000
第15次	17.000	L58	282.000				

7.1.4.3 塔吊爬升系统及流程

每台外挂塔吊配备 3 套爬架和 1 套爬梯，通过安装、拆除和倒运，循环使用，依靠塔吊自身配置的内爬系统，完成塔吊爬升工作。塔吊爬升主要通过布置在塔吊标准节内的千斤顶和固定在上、下爬架之间的爬升梯的相对运动来实现。

塔吊爬升具体流程如下：

（1）安装第三套固定框架，千斤顶开始顶升。

（2）塔吊标准节固定在爬升梯孔内，千斤顶回缩。

（3）千斤顶重复步骤（1）、（2），塔吊标准节向上移动。

（4）塔吊爬升到位，千斤顶缩回，爬升梯向上转移。完成一次爬升动作。

7.2 基于"通道塔"的垂直运输创新技术

7.2.1 垂直运输总体部署

7.2.1.1 施工电梯编号与平面定位

根据对天津 117 大厦施工期间人员、材料等垂直运输需求数据的相关分析，综合考虑通道塔的应用以及现场施工实际情况，天津 117 大厦塔楼整个施工周期采用了三种形式的施工电梯，共 9 部施工电梯 18 个梯笼，用以承担施工期垂直运输任务。其中 5 部电梯（2

号、3号、4号、5号、6号）附着于通道塔，分别布置于通道塔东、南、北三侧，2部（7号、8号）附着于塔楼东侧外框。由于天津117大厦主体结构施工采用"不等高同步攀升"施工工法，利用顶升模架系统对核心筒剪力墙进行施工，核心筒与外框结构施工存在一定高差，通道塔及外框施工电梯仅能到达外框水平结构已完成区域，施工人员及材料无法运输至顶模系统，需有1部电梯（1号）布置于核心筒内部，作为转换电梯将施工人员及材料运输至顶模。11号电梯布置于电梯井道内，用以替代1号电梯承担通道塔顶层以上各楼层施工期的垂直运输任务。电梯编号及平面定位如图7.2-1所示。

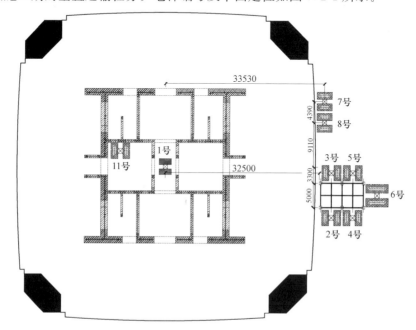

图7.2-1 主塔楼施工电梯总体平面布置图

7.2.1.2 施工电梯立面规划

核心筒内1号施工电梯为顶模平台的专用垂直运输施工电梯，位于核心筒中间位置，穿过楼板。为了不影响下部结构水平楼板的封闭施工，同时考虑到1号电梯附墙高度的相关限值，分别将1F、18F、35F、50F、66F、84F、94F作为1号电梯上至顶模平台的起始转换楼层，电梯基础根据转换层的不同分阶段进行托换。1号施工电梯所能到达的最高标高与顶升模架平台保持一致，最终随顶升模架钢平台攀升至屋顶层。

7号、8号两部外挂施工电梯只安装至32F，主要用于低区施工阶段的垂直运输，在通道塔安装前于18F层接力1号施工电梯，通道塔施工电梯投入使用后开始拆除。

通道塔施工电梯垂直运输高度由天津117大厦塔楼外框结构施工情况决定，与外框结构楼板施工进度基本同步，逐步向上加节，附着施工电梯安装至相应高度后分别在35F、50F、66F、84F、94F接力1号施工电梯。

通道塔所附着的2号、3号、4号、5号、6号施工电梯共10个电梯笼，垂直运输区段从1F到100F，共通过107个结构层，主要服务于砌体、幕墙、机电、装饰等专业的人员及材料运输。施工电梯总体阶段的立面规划如图7.2-2所示。

标高(m) Elevation	层高(m) Height	楼高(m) Floor	用途 Purpose	双笼施工电梯 顶模 1号	双笼施工电梯 通道塔 2号	3号	4号	5号	6号	外挂 7号	8号	双笼施工电梯 核心筒 11号
591.450	5.100	RF	屋顶（机房14）	•								•
587.550	3.900	117M	机电层14	•								•
584.100	3.450	117F	酒廊	•								•
578.650	5.450	116M	观望台	•								•
571.645	7.005	116F	餐饮	•								•
567.395	4.250	115M	机电层13	•								•
563.495	3.900	115F	会所	•								•
559.595	3.900	114M2	机房层12	•								•
555.555	4.040	114M	复式套房上层	•								•
551.880	3.675	114F	复式套房下层	•								•
547.895	3.985	113F	宾客房	•								•
543.910	3.985	112F	宾客房	•								•
539.925	3.985	111F	宾客房	•								•
535.940	3.985	110F	宾客房	•								•
531.955	3.985	109F	宾客房	•								•
527.970	3.985	108F	宾客房	•								•
523.985	3.985	107F	宾客房	•								•
520.000	3.985	106F	宾客房	•								•
515.000	5.000	105F	机房层11及避难层8	•								•
510.655	4.345	104F	宾客房	•								•
506.670	3.985	103F	宾客房	•								•
502.685	3.985	102F	宾客房	•								•
498.700	3.985	101F	宾客房	•								•
494.715	3.985	100F	宾客房	•	•	•	•	•	•			•
490.730	3.985	99F	宾客房	•	•	•	•	•	•			•
486.745	3.985	98F	宾客房	•	•	•	•	•	•			•
482.760	3.985	97F	宾客房	•	•	•	•	•	•			•
478.775	3.985	96F	宾客房	•	•	•	•	•	•			•
474.790	3.985	95F	宾客房	•	•	•	•	•	•			•
468.790	6.000	94M	酒店大堂上层	•	•	•	•	•	•			•
462.790	6.000	94F	酒店大堂下层	•	•	•	•	•	•			•
458.100	4.690	93M	机电层10		•	•	•	•	•			•
451.790	6.310	93F	机电层9及避难层7	↕	•	•	•	•	•			•
↕	↕	↕	↕		↕	↕	↕	↕	↕			
178.840	4.320	34F	办公楼		•	•	•	•	•			
174.520	4.320	33F	办公楼		•	•	•	•	•			
168.370	6.150	32M	中区电梯大堂上层		•	•	•	•	•	•	•	
164.050	4.320	32F	中区电梯大堂及避难层3		•	•	•	•	•	•	•	
159.360	4.690	31M	机电层4		•	•	•	•	•		•	
153.050	6.310	31F	机电层3		•	•	•	•	•			
147.910	5.140	30F	交易层		•	•	•	•	•	•		
143.590	4.320	29F	办公楼		•	•	•	•	•			
139.270	4.320	28F	办公楼		•	•	•	•	•		•	
134.950	4.320	27F	办公楼		•	•	•	•	•	•	•	
129.930	5.020	26F	交易层		•	•	•	•	•		•	
125.610	4.320	25F	办公楼		•	•	•	•	•	•		
121.290	4.320	24F	办公楼		•	•	•	•	•			
116.970	4.320	23F	办公楼		•	•	•	•	•		•	
111.950	5.020	22F	交易层		•	•	•	•	•	•		
107.630	4.320	21F	办公楼		•	•	•	•	•			
103.310	4.320	20F	办公楼		•	•	•	•	•		•	
98.990	4.320	19F	办公楼		•	•	•	•	•	•		
93.840	5.150	18F	机电层及避难层2		•	•	•	•	•		•	
88.700	5.140	17F	交易层		•	•	•	•	•	•		
84.380	4.320	16F	办公楼		•	•	•	•	•			
80.060	4.320	15F	办公楼		•	•	•	•	•		•	
75.740	4.320	14F	办公楼		•	•	•	•	•	•		
70.720	5.020	13F	交易层		•	•	•	•	•			
66.400	4.320	12F	办公楼		•	•	•	•	•			
62.080	4.320	11F	办公楼		•	•	•	•	•		•	
57.760	4.320	10F	办公楼		•	•	•	•	•	•		
52.740	5.020	9F	交易层		•	•	•	•	•			
48.420	4.320	8F	办公楼		•	•	•	•	•			
44.100	4.320	7F	办公楼		•	•	•	•	•			
38.950	5.150	6F	机电层及避难层1		•	•	•	•	•			
32.950	6.000	5F	餐饮		•	•	•	•	•			

图 7.2-2 施工电梯总体立面规划图

26.750	6.200	4M												
19.950	6.800	4F	会议室											
14.350	5.600	3F	餐饮及宴会厅											
6.950	7.400	2F	办公及酒店大堂											
4.320	2.630													
0.000	4.320	1F	办公及酒店大堂											

图 7.2-2　施工电梯总体立面规划图（续）

7.2.2　垂直运输通道塔关键应用技术

7.2.2.1　应用背景

目前，针对超高层人员与材料的垂直运输设备主要包括：塔式起重机、施工电梯、混凝土输送设备等。其中，施工电梯作为超高层建筑施工垂直运输体系的重要组成部分，其运输保障将直接关系到现场施工的正常进行。在施工人员的上下班、中小型建筑材料运输、机电安装材料的运输和施工机具的运输中都发挥了重要作用，尤其是拆除塔式起重机后作用更加重要，大量的结构装修材料、机电安装材料以及施工人员的上下都要依靠施工电梯。

随着超高层建筑数量逐渐增多、规模越来越大，高度也在不断增加，对施工电梯，尤其是对施工电梯支撑体系的架设高度和稳定性的要求也越来越高。然而，传统施工电梯的支撑体系形式比较单一，主要使用轨导架及附墙杆系统，施工电梯的标准节结构形式也一直没有什么变化，不论架设高度多高，从上到下基本上为同一规格的无缝钢管。导轨架与主体结构之间的连接较弱，结构整体稳定性差。施工电梯支撑体系也无规范可依。因此，传统的施工电梯支撑体系在高度和稳定性方面已经难以满足日益发展的超高层建筑的施工要求，急需研发一种新型的施工电梯支撑体系来满足超高层实际施工要求。

同时，随着超高层建筑的高度不断被刷新，超高层建筑施工期的垂直运输问题已经成为制约超高层建筑施工技术进一步向前发展的一道瓶颈。通常情况下超高层建筑施工电梯多分散布置于结构外立面或电梯井道内，影响后期幕墙封闭及正式电梯施工，施工工期大幅延长。分散布置的施工电梯，每台电梯都需要有专门的水平运输通道，不仅在地面占用大量场地用以转运相关物料，在建筑物内部也需要使用大量运输空间，而且分散的布置形式对于物料及人员垂直运输的施工组织提出了很高的要求，管理难度非常之大。

"通道塔"就是在上述发展趋势下产生的一种新型支撑体系。"通道塔"的应用把室外施工电梯集中起来，减少了室外施工电梯对施工的影响，有效提高了管理效率和运输效率。"通道塔"符合施工电梯支撑体系"轻量化、集中化、工业化"的发展新趋势，具有广阔的发展及应用前景。目前，"通道塔"只在香港环球贸易广场施工过程中进行了初步应用，在天津 117 大厦的应用尚属大陆地区首次。

7.2.2.2　通道塔概况

天津 117 大厦"通道塔"垂直运输系统布置于主塔楼东侧，塔体为装配式钢结构体系，±0.000m 标高以上总高度为 500.610m，共涉及 107 个结构层，"通道塔"顶层对应楼层为 100 层，±0.000m 标高以下高度为 18.350m，是目前全球最高的装配式钢结构塔体。"通道塔"独立于塔楼主体结构，西侧与主楼外框结构连接，"通道塔"楼层与主楼结构层对应，通过搭设钢走道与塔楼连通。人员、设备、材料等通过附着于通道塔的 5 台施工电梯到达相应楼层高度，经通道塔平台和钢走道进入楼层内部，完成垂直运输工作。

"通道塔"垂直运输系统在天津117大厦的成功应用大幅降低了塔楼工程施工垂直运输的组织难度，为施工方和建设方创造了良好的经济效益。主要优势如下：

（1）施工电梯集中布置，将垂直运输通道集中起来，实现了施工人员、物料垂直运输的统一规划，大大节省了有限的施工现场用地，解决了建筑施工场地狭小不利垂直运输的问题。

（2）采用独立于主楼主体结构的电梯附着体系，解决了超高层建筑由于外立面变化带来的施工电梯与楼层之间走道搭设困难的难题。

（3）克服了传统超高层建筑施工电梯分散布置时，对结构外立面大面积附着或占用正式电梯井带来的工序穿插及工期问题，最大程度地减少了施工电梯对电梯井道的占用及幕墙封闭的阻碍，使得后续正式电梯、幕墙、装修施工提前插入；同时通道塔总体附着面积较小，有利于幕墙工程的提前封闭安装，有效节约了工期。

图 7.2-3　天津117大厦"通道塔"现场布置情况

（4）整个"通道塔"采用全方位式的安全防护系统，每个结构层全部设置安全防护网，设置安全防护门作为电梯的屏蔽门，保证了施工电梯垂直运输的安全。

（5）"通道塔"塔体为装备式钢结构，构件采用标准化设计，螺栓连接，安拆方便，所用构件及连接件均可周转重复使用，绿色环保（图7.2-3）。

7.2.2.3　通道塔的设计

1. 材料性质

通道塔所使用主要钢材为 Q345B 号碳素结构钢，其主要力学性能如表 7.2-1 所示。

Q345B 力学性能　　　　　表 7.2-1

牌号	等级	屈服点 σ_s(MPa,$\geqslant$)				抗拉强度 σ_b(MPa,$\geqslant$)	伸长率 δ_5(%,$\geqslant$)	冲击吸收功 A_{kv}(纵向)(J,$\geqslant$)			
		厚度(直径、边长)(mm)						$+20℃$	$0℃$	$-20℃$	$-40℃$
		$\leqslant16$	$>16\sim35$	$>35\sim50$	$>50\sim100$						
Q345GJ-c	A	345	325	295	275	470~630	21				
	B						21	34			
	C						22		34		
	D						22			34	
	E						22				27

2. 构件截面尺寸（表7.2-2）

3. "通道塔"主体结构设计

"通道塔"主体结构自下而上分两部分。

通道塔主要构件材料与截面尺寸

表7.2-2

构件类别	构件编号	标高(m)	截面尺寸(mm)（高×宽×腹板厚×翼缘厚）	材质	备注
钢框架柱	GKZ	BASE—L18	H600×600×32×34	Q345B	标准层一
		L19—L45	H550×550×26×30		标准层二
		L46—L66	H500×500×20×26		标准层三
		L67—L94M	H450×450×18×24		标准层四
		L95—L116	H400×400×16×22		标准层五
钢梁	GL1		HN298×149×5.5×8		所有楼层
水平支撑	GSC1		HN248×124×5×8		所有楼层
	GSC2		HM244×175×7×11		所有楼层
	GSC3				
	GSC4				
钢桁架	HJL1	上弦	HN400×200×8×13	Q345B	所有楼层
		腹杆	HM194×150×6×9		
		下弦	HN298×149×5.5×8		
	HJL2	上弦	HN400×200×8×13		
		腹杆	HM194×150×6×9		
		下弦	HN298×149×5.5×8		
	HJL3	上弦	HN298×149×5.5×8		
		腹杆	HM194×150×6×9		
		下弦	HN298×149×5.5×8		
地下室	GKL	B3—L1	HN400×200×8×13	Q345B	地下室
	GC	B3—L1	HW250×250×9×14		
附墙杆	FQG	L95—L116	H400×400×14×16	Q345B	
		L67—L94M	H350×350×12×14		
		L32—L65	H300×300×10×12		
		L7—L31	H250×250×8×10		
		L4、L5	H300×300×12×14		
走道梁	ZDZL	L95—L116	HM582×300×12×17	Q345B	ZDL4
		L67—L94M	HM482×300×11×15		ZDL3
		L41—L66	HM390×300×10×16		ZDL2
		L2—L40	HN396×199×7×11		ZDL1
走道次梁	ZDCL		工14	Q235B	所有楼层
花纹钢板	4mm厚		4mm厚花纹钢板	Q235B	所有楼层
花纹钢板加劲肋	槽8		槽8	Q235B	所有楼层

第一部分为钢结构框架—支撑体系，此部分结构位于−18.250～1.200m范围内，涉及负3层到1层。为避免占用地下室各层中设备管道的空间，"通道塔"在地下室空间仅在地下室楼板上下位置布置水平支撑，在地下室净空范围内设置柱间支撑，塔身柱脚基础设置在主楼基础筏板上。地下室布置如图7.2-4、图7.2-5所示。

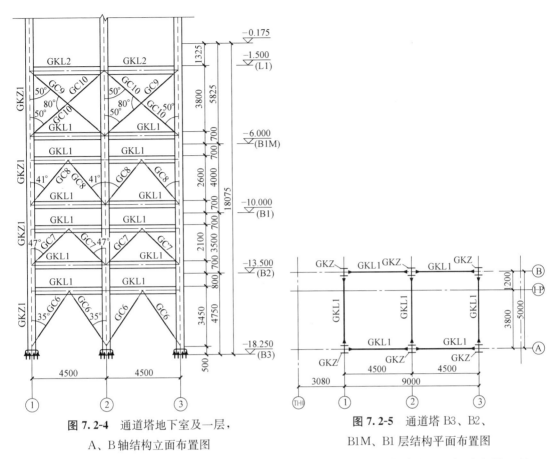

图 7.2-4 通道塔地下室及一层，
A、B 轴结构立面布置图

图 7.2-5 通道塔 B3、B2、
B1M、B1 层结构平面布置图

通道塔第二部分由钢框架组成，标准层主要构件为钢柱、桁架梁和水平支撑。处于 1.200～500.610m 标高范围内，涉及 1 层到 100 层。此部分总高度为 499.410m，结构层层高设置与天津 117 大厦结构层一致，为方便运输和考虑结构的沉降补偿，通道塔结构平台面标高比天津 117 大厦楼面标高每层高 550mm。通道塔标准层平台尺寸为 5m×9m，一面与主楼东面相连，另外三面配置施工电梯，通道塔标准层桁架布置如图 7.2-6 所示。

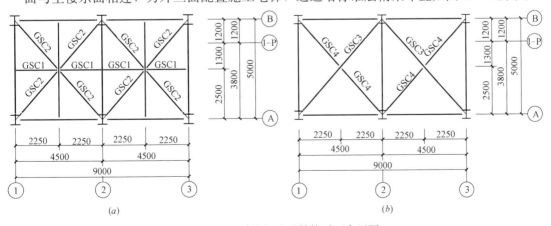

(a)   (b)

图 7.2-6 通道塔标准层结构平面布置图

(a) 上弦支撑平面布置；(b) 下弦支撑平面布置

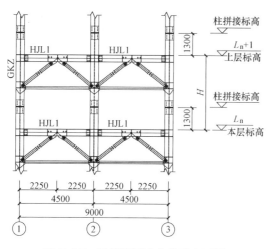

图 7.2-7 通道塔标准节典型立面图

整个结构为装配式钢结构，将标准节在工厂预制，然后随结构施工进度分层进行地面拼装，分层吊装，除柱、走道梁和附墙杆截面沿通道塔高度分段变化外，其他均采用标准设计，此做法不仅为工程竣工后的拆除提供了方便，也为通道塔的重复利用创造了条件，标准节阶段连接如图7.2-7 所示。使用过程中通道塔每个桁架标准层的楼面需铺设花纹钢板，并在四周设置安全护栏及防护钢板网，如图 7.2-8 所示。

4. "通道塔"与主楼结构连接设计

"通道塔"与天津 117 大厦主体结构由附墙杆和走道梁连接，形成有效的附着和水平运输通道。

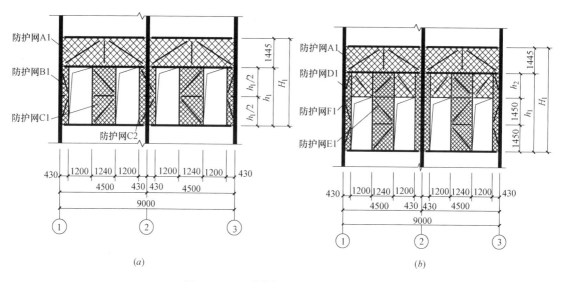

图 7.2-8 通道塔标准层防护网立面图

(a) A 防护网；(b) B 防护网

(1) 附墙杆设计

在通道塔框架部分每隔两个结构层设置一层附墙杆，附墙杆两端分别连接于通道塔每层桁架的上弦节点处和主楼东面的楼板上，如图 7.2-9 所示。

(2) 走道设计

在通道塔桁架楼面与主塔楼面之间层层搭设走道，走道梁搁置在主楼东面边梁之上。由于主楼 32 层以下的提前运营需求，为了最大限度降低通道塔连接杆件对主塔楼幕墙安装的影响，在 32 层提前运营之后的施工阶段，通道塔 32 层以下的走道梁、花纹钢板以及钢板网围护全部拆除，仅留下结构构件。

7.2.2.4 "通道塔"的安装与拆除技术

1. 构件概况

"通道塔"构件主要有 H 型钢柱、框架梁、水平支撑、钢桁架、附墙杆、走道梁及花纹钢板等钢构件组成，钢柱截面为 H500×500×18×24，米重 252.4kg/m，标准节长度为 3.5～6.8m，标准节最大重量为 16.89t；钢梁截面尺寸为 HN248×124×5×8；水平支撑截面为 HN248×124×5×8，桁架最大截面尺寸为 HN400×200×8×13。通道塔标准机构层采取地面拼装、整段吊装的方法进行施工。

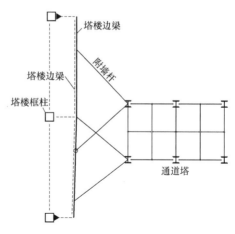

图 7.2-9 通道塔附墙杆布置图

附墙杆最大截面为 H450×450×14×16，最大长度为 13m，重 2.07t。塔楼混凝土楼板通过附墙杆分别与通道塔钢柱、楼层混凝土板、楼层梁等构件连接，附墙杆为每隔两层设置一道。走道梁最大截面为 HN692×300×13×20，花纹钢板 4mm 厚，间隔 500mm 设置一道 8 号槽钢。

2. 标准节地面拼装

标准节地面拼装采用卧拼方式，在拼装前需按照图纸尺寸进行测量放线。具体拼装流程如图 7.2-10 所示。

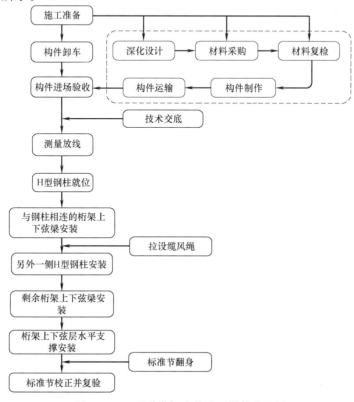

图 7.2-10 通道塔标准节地面拼装流程图

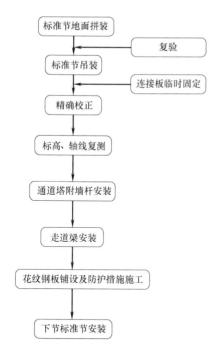

图 7.2-11　通道塔标准节吊装流程图

3. 标准节吊装

"通道塔"标准节平面尺寸为 5m×9m，桁架上弦距柱顶 1.3m，为确保吊装时通道塔标准节整体的稳定性，考虑在与桁架上弦连接处的 6 个钢柱上设置吊耳。同时，为了保证吊装平衡，在吊钩下挂设 3 根足够强度的钢丝绳进行吊装，钢丝绳规格为 $\phi 30$，卡环型号为 GD6.0，吊耳与钢柱采用单面坡口半熔透焊接。

标准节最重为 16.89t，所设置六个吊点，每个吊点承受重力为 28.15kN，根据《建筑钢结构施工手册》中计算公式可得钢丝绳直径 $d_2 = 28.15\text{kN}/500$，因此 $d = 7.5\text{mm}$，取安全系数为 4，钢丝绳直径为 30mm。吊装流程如图 7.2-11 所示。

4. 附墙杆安装

标准节就位后需及时将与之相连的附墙杆及走道梁安装就位，以便将通道塔标准节与主塔楼连接，形成稳定体系。附墙杆在通道塔框架部分每两个结构层设置一道，附墙杆采用 H 型钢，具体尺寸见表 7.2-3。

附墙杆类型表　　　　　　　　　　　　　　　　　　　表 7.2-3

构件类型	a(mm)	截面尺寸(mm) (高×宽×腹板厚×翼缘厚)	销轴直径(mm)	适用楼层	销轴材质	附墙杆材质
附墙杆 (FQG)	150	H300×300×12×14	M56(孔 61)	7F~31F	40Cr	Q345B
	175	H350×350×14×16	M56(孔 61)	32F~62MF		
	200	H400×400×14×16	M56(孔 61)	63MF~91F		
	225	H400×450×14×16	M56(孔 61)	93F~116F		

附墙杆与主楼连接节点分为与主楼次柱连接及与楼板连接两大类，与主楼次柱连接时，直接在次柱上焊接连接板，连接板焊接前需进行测量放线，确认精确位置后方可进行焊接连接。与楼层板连接时，需在楼层混凝土浇筑前预埋预埋件，连接板与预埋件分离，待混凝土强度达到设计要求后，附墙杆安装前进行连接板的测量放线，精确位置后进行连接板的安装，完成后再进行附墙杆的吊装施工。在楼层钢筋绑扎时进行附墙杆埋件及拉结筋的预埋，并将预埋件与拉结筋进行焊接连接，待楼层板混凝土浇筑完成且达到强度要求后方可进行附墙杆的吊装施工。

附墙杆连接方式为销轴连接，为确保销轴连接的质量，在附墙杆吊装前根据附墙杆的位置确定连接板与埋件板的连接位置，调整完成后再进行连接板的焊接固定，然后进行连接板与附墙杆的销轴连接。附墙杆上翼缘开设两个吊装孔，吊装时需在上翼缘设置防护栏杆并拉设上下两道镀锌钢丝安全绳。

5. 走道梁安装

钢梁安装时，在主梁上设置防护栏杆并拉设上下两道镀锌钢丝安全绳（图7.2-12），楼层钢梁边吊装边铺设水平安全网和楼层通道，将各个作业区域连成一体。

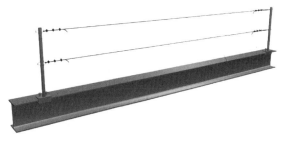

图 7.2-12　主梁拉设双安全绳

梁间安全网拉必须采用梁下拉设安全网的方式，走道梁安装完成后在安装檩条及压型钢板前须拉设安全网，待压型钢板铺设完后拆除安全网。

安全网连接件采用对拉螺栓式连接件，在梁下翼缘上用钢筋焊接钢筋环，每3m设置一个钢筋环，利用钢丝绳穿过安全网再穿过钢筋环连接安全网，对拉螺栓起到紧固钢丝绳作用，连接件方式如图7.2-13所示。

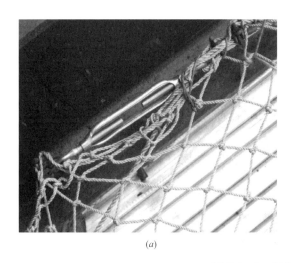

(a) (b)

图 7.2-13　安全网连接方式图

(a) 安全网连接件；(b) 梁间下拉式安全网

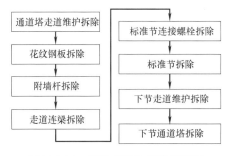

图 7.2-14　标准节整体拆除流程图

走道梁安装完成后进行花纹钢板的铺设施工，并在通道塔楼层走道板四周的安全防护网上设置高150mm的挡脚板，以防止碎物下落。

6. "通达塔"拆除流程

通道塔拆除施工可根据现场施工实际工况采取不同的拆除模式，拆除方式根据标准节构件的整散程度主要有以下三种情况

（1）整段标准节拆除，其拆除流程如图7.2-14所示。

（2）标准节分段拆除，拆除流程如图7.2-15所示。

（3）散件拆除流程，拆除流程如图7.2-16所示。

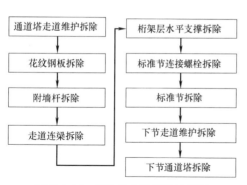

图 7.2-15　标准节分段拆除流程图

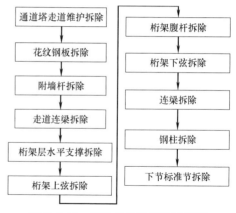

图 7.2-16　标准节散件拆除流程图

7. 通道塔拆除

（1）标准节拆除

标准节拆除时，采用安装时钢柱上设置的吊耳作为拆除吊装的吊耳，采用 3 根双绳 6 个吊点自串平衡吊装。标准节 6 个吊点绑扎完成后进行高强螺栓拆卸施工，高强螺栓拆除使用电动扭矩扳手进行拆除，高强螺栓拆卸完后，及时将连接板及废弃螺栓、垫片、螺母等回收，避免高空坠物伤人。

高强螺栓拆卸完后，使用屋面吊将标准节吊装至地面，然后在地面进行拆解，倒运出场，进行下节标准节的拆除。

（2）附属件拆除

附属件包括附墙杆、走道梁、标准节桁架层的水平支撑等构件。楼层防护网、踢脚板等防护拆除完成后依次进行花纹钢板、附墙杆、走道梁、桁架层水平支撑的拆除，由于附属件连接主要是高强螺栓连接和销轴连接，高强螺栓使用扭矩扳手进行拆除，在高强螺栓和销轴拆除时，其下部挂设焊接时使用的接火盆，避免高强螺栓或销钉掉落伤人。桁架层水平支撑采用麻绳捆绑吊装拆卸，其余附属件采用钢丝绳进行吊装。

7.2.3　施工电梯部署与施工关键技术

7.2.3.1　施工电梯平面布置情况

根据现场垂直运输需求与施工工况的变化，不同施工阶段施工电梯布置情况也在发生着变化。根据电梯布置情况的不同，将天津 117 大厦塔楼施工电梯布置情况划分为 5 个阶段，如表 7.2-4 所示。

施工电梯各阶段布置情况表　　　　　　　　　　　表 7.2-4

阶段	电梯配备	运输范围	工况
第一阶段	共布置 3 台双笼施工电梯 （1 号、7 号、8 号）	混凝土、钢结构、施工热源	核心筒 30F 以下；水平楼板 21F 以下
第二阶段	共布置 6 部双笼施工电梯 （1 号、2 号、3 号、6 号、7 号、8 号）	混凝土、钢结构、幕墙、砌体、机电、施工人员及零星材料	核心筒 30F～50F；楼板 21F～34F；通道塔安装完成；低区幕墙、砌体插入

续表

阶段	电梯配备	运输范围	工况
第三阶段	共布置6部双笼施工电梯（1号、2号、3号、4号、5号、6号）	混凝土、幕墙、砌体、机电、装饰、施工人员及其他零星材料	从第二阶段工况直至结构封顶；幕墙、装饰、机电进行施工
第四阶段	6台双笼施工电梯（2号、3号、4号、5号、6号、11号）	混凝土、钢结构、幕墙、砌体、机电、装饰、施工人员及其他零星材料	顶模拆除，通道塔（顶部标高500.610m）上至100F；土建、机电、装饰、幕墙施工
第五阶段	使用已安装的永久电梯作为施工电梯进行施工	机电、装饰、施工人员及其他零星材料	通道塔拆除，所有临时施工电梯拆除；后期机电、装饰收尾

根据表7.2-4对施工电梯平面布置情况的阶段划分，第一至第四阶段施工电梯具体布置情况如下：

1. 第一阶段（3部电梯、6个梯笼，图7.2-17）

（1）1号施工电梯用于将施工人员及相关材料运送至顶模，于顶模安装完成后投入使用；

（2）7号、8号施工电梯为外挂施工电梯，用于低区施工，于结构楼板施工至3F时投入使用。

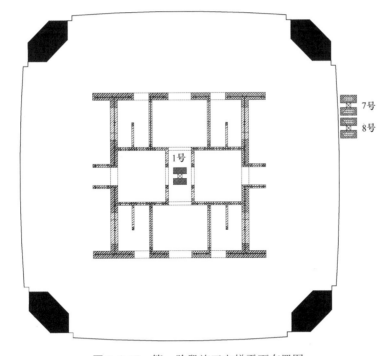

图7.2-17　第一阶段施工电梯平面布置图

2. 第二阶段（6部电梯、12个梯笼，图7.2-18）

（1）通道塔于水平楼板施工至21F后开始安装，2号、3号、6号为附着于通道塔的施工电梯，与通道塔同时进行安装；

（2）2号、3号、6号运输区段达到7号、8号电梯最高运输高度后，拆除7号、8号施工电梯。

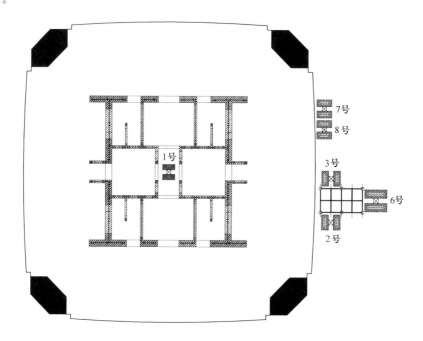

图 7.2-18 第二阶段施工电梯平面布置图

3. 第三阶段（6 部电梯、12 个梯笼，图 7.2-19）

（1）4 号、5 号通道塔施工电梯于 7 号、8 号拆除完成后进行安装

（2）1 号施工电梯于顶模钢平台拆除完成，11 号电梯能够独立担负核心筒垂直运输任务后开始进行拆除。

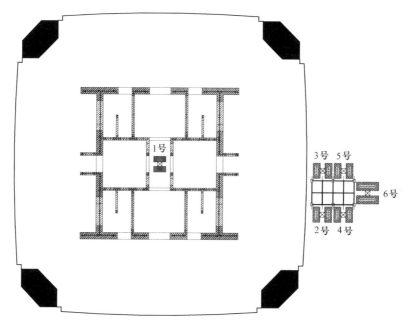

图 7.2-19 第三阶段施工电梯平面布置图

4. 第四阶段（6 部电梯、12 个梯笼，图 7.2-20）

（1）永久电梯安装至能够满足现场施工需求的数量后开始拆除通道塔及通道塔附着施工电梯；

（2）高区永久电梯安装完成后，拆除 11 号施工电梯。

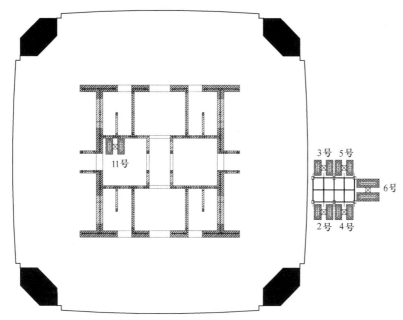

图 7.2-20　第四阶段施工电梯平面布置图

7.2.3.2　施工电梯选型

天津 117 大厦主楼所布置的 9 部施工电梯选型及详细安装技术参数见表 7.2-5。

施工电梯选型表　　　　　　　　　　　　　　　　　　　表 7.2-5

升降机编号	1 号	2 号、3 号、4 号、5 号	6 号	7 号、8 号	11 号
升降机型号	SC200/200G	SC200/200G	SC200/200G	SC200/200G	SC200/200G
额定载重量（kg）	2×2000	2×2000	2×2700	2×2000	2×2000
吊笼尺寸（长×宽×高）(m)	2.6×1.2×2.5	3.2×1.5×2.5	4.8×1.8×2.5	3.0×1.5×2.5	2.6×1.2×2.5
标准节总高度（m）	240	599	579	175	240
提升速度（m/min）	0～63	0～96	0～96	0～63	0～63
电机功率（德国）（kW）	2×3×18.5	2×3×18.5	2×3×22	2×3×18.5	2×3×18.5
变频器功率（kW）	2×3×37	2×3×37	2×3×45	2×3×37	2×3×37

续表

升降机编号	1 号	2 号、3 号、4 号、5 号	6 号	7 号、8 号	11 号
附墙类型	Ⅱ	Ⅱ	Ⅱ	Ⅱ	Ⅱ
附墙间距（m）	3.0～10.5	3.0～10.5	3.0～10.5	3.0～10.5	3.0～10.5
标准节悬臂高度(m)	7.5	7.5	7.5	7.5	7.5
标准节类型(mm)	650×650×1508	650×650×1508	650×900×1508	650×650×1508	650×650×1508
标准节配置	—	—	—	—	—
防坠安全器型号	SAJ50-2.0	SAJ50-2.0	SAJ50-2.0	SAJ50-2.0	SAJ50-2.0

注：1. 梯笼规格尺寸与额定载重根据垂直运输需求选定；
　　2. 6 号施工电梯为幕墙板块垂直运输专用电梯，其梯笼尺寸大于常规梯笼，需专门定制；
　　3. 1 号、11 号施工电梯尺寸受所处位置结构构件限制，其梯笼规格小于其他电梯。

7.2.3.3　核心筒施工电梯基础转换与活动附墙

1. 施工电梯基础托换

1 号施工电梯是顶模平台垂直运输的专用电梯，布置于核心筒结构中部，施工电梯可直接停靠至顶模钢平台，核心筒楼板施工过程中需在 1 号电梯运行区段的楼层中央部位预留洞口作为 1 号电梯垂直运行的通道。随着顶模平台的不断向上顶升，1 号电梯的附墙高度将会越来越高，运行区段穿过的楼层也将越来越多，受施工电梯附墙高度的限制，同时为了不影响下部水平结构的封闭施工，需对 1 号电梯基础进行分阶段转换，并更好的与"通道塔"施工电梯形成接力。1 号电梯转换基础采用的是钢结构电梯基础，基础位置从 B1F 开始向上进行转换，分别在 33F、48F、64F、82F、93F 设置转换基础，电梯基础转换架主要由 H 型钢和槽钢焊接而成，采用部分整体和散件拼装的方法进行安装，转换基础平面图与立面图如图 7.2-21、图 7.2-22 所示。与传统的混凝土基础相比，钢结构的电梯基础安拆方便，天津 117 大厦 1 号施工电梯共配置两套钢结构电梯基础，两套基础依次交替进行使用，可以在基础转换过程中相互替换实现循环利用。

2. 顶模平台施工电梯活动附墙

为保证施工电梯导轨在运行过程中的稳定性，施工电梯标准节在垂直方向上的悬挑长度不能过长，须限制在一定范围内，相邻两个附墙件间的距离也须满足相关的限制要求。为实现 1 号施工电梯本身的垂直运输功能，电梯梯笼要能够到达顶模平台上方，这就必须解决施工电梯导轨在顶升模架高度范围内的附墙问题。根据施工电梯两附墙杆间的距离限制和导轨悬挑长度的限制，在顶模平台高度范围内共设置两道附墙杆件，附墙杆与标准节之间采用与传统附墙形式相同的固定式连接，附墙杆与顶模平台的连接则采用的是与侧向钢桁架活动连接。

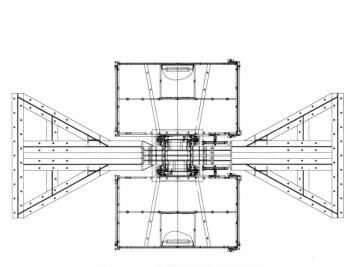

图 7.2-21 电梯转换基础平面图

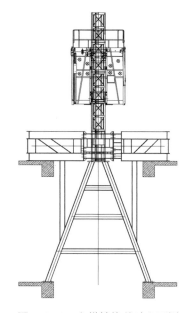

图 7.2-22 电梯转换基础立面图

随着核心筒结构施工的进行，顶升模架将不断进行爬升。顶模平台爬升前，电梯梯笼需停靠在最靠近电梯基础的转换层处，将活动附墙杆与电梯标准节固定处松开，并根据顶模爬升高度对电梯导轨进行加节。当顶模平台爬升时，活动附墙杆将沿钢桁架自行向上滑动，顶模爬升到位后，在已浇筑完成的剪力墙上对施工电梯进行传统附墙连接，之后将滑动到位的活动附墙杆与电梯标准节进行固定。

7.2.3.4 施工电梯电缆滑触线的应用

目前，超高层建筑建造所使用的施工电梯大部分采用的是外置随行电缆，施工电梯在运行过程中其电缆通常随梯笼一起运动。为了保证整个电缆的运行轨迹，通常会在电梯轨道支架上每隔一定的距离安装一个护圈，但是超高层建筑施工电梯运行距离长，施工电梯所使用的随行电缆非常之长，在大风天气，风力随着高度的增加逐步加大，高层风力和局部风力的骤然加大，会对随行电缆的运行轨迹产生巨大扰动，极有可能使电缆从护圈中滑出或在护圈内缠绕打结，造成电缆的损坏。同时，超高层建筑施工电梯运行速度快，运行位置高，司机很难在电缆发生问题后及时发现和处理相关异常情况，从而引发安全事故。天津 117 大厦采用了通道塔附着施工电梯，其单程运行高度近 500m，上述问题更加凸显。

天津 117 大厦采用"一种施工电梯的电梯滑触线装置"成功解决了上述问题。该装置由滑触线、集电器、滑触线塑料接头、滑触线固定件、导向器接线盒、导向器固定件、防坠装置和导电接头这几个部件组成。滑触线的作用是承载电源导入的电流输送到导电器。集电器作用是在滑触线内与导轨滑动接触导入电流，并向其他移动式电器提供电源的装置。滑触线塑料接头位于两根滑触线连接处，起到绝缘的作用。滑触线固定件起到固定滑触线的作用，同时防止滑触线下坠。导向器接线盒指示通电情况，同时推动集电器移动，并适度吸收传动误差和传动冲击。导向器固定件是吊笼的连接件，可利用吊笼的两个安全钩螺栓固定在安全钩上。防坠装置安装第一个标准节角铁中间，利用可调螺杆及防坠滑触线支撑滑触线，防止滑触线整体下坠（图 7.2-23）。导电接头用于快速连接导体与导体之间的接头。

图 7.2-23　施工电梯电缆滑触线现场应用情况

该装置不受风雨等恶劣天气影响，安全可靠，经济实用，而且最大优点是可随施工升降机标准节的高度随意加节，解决了原电缆使用寿命短、长度受限等问题。同时该产品附加值高，彻底改变了施工电缆线因局部破损而更换整条电缆线的弊端，大幅节约了施工成本。

第8章 钢结构深化设计与制作技术

8.1 技 术 背 景

8.1.1 钢板墙应用背景

20 世纪 70 年代，北美和日本研究的钢板墙结构，被研究学者普遍认为是一种新型的抗震结构形式。主要有抗震性能良好、结构自重轻、施工速度快等优点。

钢板墙目前主要分为 7 种，包括薄钢板墙与厚钢板墙、无加劲钢板墙、加劲板钢板墙、开缝钢板墙、钢-混凝土组合截面墙、低屈服点钢板墙、屈曲约束钢板墙。应用统计见表 8.1-1。

应用钢板墙部分建筑统计表　　　　　　　　　　　表 8.1-1

名称	层数	高度(m)	建设地点
天津高银 117 大厦	130	597	天津
深圳平安国际金融大厦	118	600	深圳
武汉中心	88	438	武汉
广州东塔	111	539.2	广州
北京银泰中心	63	250	北京
北京国贸大厦三期	74	330	北京
津塔大厦	75	336	天津

8.1.2 屈曲约束支撑应用背景

屈曲约束支撑的最大优点是其自身的承载力与刚度的分离。普通支撑因需要考虑其自身的稳定性，使截面和支撑刚度过大，从而导致结构的刚度过大，这就间接造成地震力过大，形成了不可避免的恶性循环。选用防屈曲支撑即可避免此类现象，在不增加结构刚度的情况下满足结构对于承载力的要求。

防屈曲支撑可为框架或排架结构提供很大的抗侧刚度和承载力，带有屈曲约束支撑的结构体系在建筑结构中已经得到广泛的应用。

目前广泛应用的屈曲约束支撑一般尺寸在 20m 以内，单重 50t 以内，支撑可以单根整体制作整体安装。国内场馆中应用的有上海世博中心、上海虹桥枢纽、东方体育中心等，高层及超高层项目有人民日报社报刊综合楼、海控国际广场、武汉保利文化广场。

8.1.3 巨型柱应用背景

巨型钢结构是近年发展起来的一种具有广阔应用前景的超高层建筑体系。从平面整体上看，巨型结构的材料使用正好满足了尽量开展的原则，可以充分发挥材料性能；从结构角度看，巨型结构是一种超常规的具有巨大抗侧刚度及整体工作性能的大型结构，是一种非常合理的超高层结构形式。

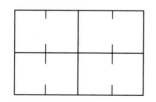

图 8.1-1 广州东塔巨型柱截面

尺寸：3500×5600；重量：11.28t/m

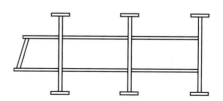

图 8.1-2 深圳平安中心巨型柱截面

尺寸：5560×2300；重量：11.396t/m

随着巨型结构越来越多的推广，巨型结构中巨型钢柱更得到了越来越多的应用，目前国内的广州东塔项目（图 8.1-1）、深圳平安项目（图 8.1-2）等超高层建筑都采用了巨型钢柱结构。并且这些巨型钢柱都具有截面尺寸巨大、异形截面和腔体众多的特点。

8.2 复杂节点深化设计技术

8.2.1 深化设计目的

钢结构深化设计的目的主要体现在以下几方面：

（1）通过深化设计，可以理清钢结构与各专业间的联系，保证钢结构在施工过程中与各专业间的无缝衔接，并给后续各专业施工创造良好条件。

（2）通过深化设计，对重要节点的受力和结构的整体安全性进行验算，确保所有的杆件和节点满足设计要求，确保结构使用安全。

（3）通过深化设计，对杆件和节点进行构造的施工优化，使杆件和节点在实际的加工制作和安装过程中能够变得更加合理，提高加工效率和加工安装精度。

（4）通过深化设计，将原设计的施工图纸转化为工厂标准的加工图纸，对杆件和节点进行归类编号，形成流水加工，大大提高加工进度。

8.2.2 复杂节点优化

8.2.2.1 巨型柱与桁架连接节点优化

巨型柱为六边形组合截面，断面尺寸较大，最大截面为 5.233m×11.233m，最大节点为第一道桁架与巨型柱连接节点（图 8.2-1），主要板厚 60mm，材质 Q390GJD，内部设 9 道隔板，为方便运输和安装，巨型柱牛腿伸出巨型柱本体 100mm 断开，牛腿单独成为构件。巨型柱沿截面分为 4 块，其中两侧箱体竖向分为 3 段，剩余梯形截面竖向分为 6

段，与箱型 3 段长度相同，整个节点共分为 18 根构件，最重构件 70.2t。本节点最大难点是分段难于划分，特别是牛腿伸进巨型柱部位，工厂、工地焊接空间小，薄厚板对接部位多，厚板焊接质量控制难度大，工地焊接缝多，深化设计时对细部分段划分、焊接工艺孔的预留以及板件之间交叉构造处理是一大难点（图 8.2-2），应重点从以下几个方面进行考虑：

（1）根据塔吊布置以及现场分段对巨型柱构件单元划分进行核实，使分段在满足运输、吊装的要求下，同时满足结构受力、构造、焊接要求，分段采取沿截面划分和沿柱高度划分的原则，尽量减少工地焊缝和竖焊缝，避免仰焊原则。单个构件单元控制在长 16.8m×宽 3.5m×高 2.8m 范围内。

（2）设置合理的现场用吊耳板。

（3）合理处理薄厚板对接过渡，尽量减少焊缝交叉。

（4）牛腿伸进巨型柱部位，建模时需仔细考虑工厂组装工序，确保焊接空间。

（5）工地焊接"活板"的开设预留是巨型柱建模时考虑的一个关键点，因巨型柱截面构造复杂，牛腿节点板之间间距小，隔板多，且多处隔板需现场焊接，在建模时需和安装人员开专题会探讨现场安装顺序及施工工艺，以便巨型柱建模时考虑合理和隔板现场焊接问题，同时设置合理的焊接人孔，确保上下柱对接时每道焊缝能很好地焊接。

（6）巨型柱内壁设置合理的栓钉，栓钉建模时需考虑焊接空间，对紧贴板件或正好布置在孔洞位置及板件位置的栓钉采取调间距或者取消的原则。

（7）在隔板上设置合理的灌浆孔和透气孔。

（8）建模过程中认真思考每个巨型柱构件的组装工序，做到坡口开设合理，厚板焊接部位构造满足焊接要求，防止厚板焊接时层状撕裂，同时满足施焊空间。

图 8.2-1　第一道桁架与巨型柱连接节点　　图 8.2-2　巨型柱与桁架、斜撑相交节点

8.2.2.2　桁架节点优化

环带桁架分为两种类型（图 8.2-3，图 8.2-4），最大板厚 100mm，材质均为高建钢，建模时，主要应从以下几个方面考虑。

（1）核实安装分段，建模时控制重量在安装吊重范围内，本工程桁架弦杆和腹杆均划分为独立的构件单元。

（2）设置合理的吊装耳板。

（3）现场对接部位设置合理的焊接手孔。

（4）次框架柱与弦杆及腹杆与弦杆连接时节点区域板件合并成一整块，避免焊缝重叠，使构造更加合理，减少应力集中及厚板层状撕裂。

第 3、5、7 道桁架为双层桁架，将弦腹杆在交叉位置节点板合并，避免多杆件相交焊缝重叠。

第 1、2、4、6、8、9 道桁为单层桁架，与次框架柱连接时，桁架弦杆节点板伸出 100mm 过渡，与腹杆和柱连接，很好地避免焊缝重合。

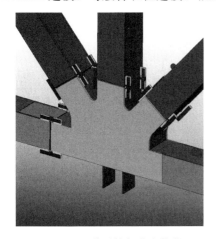 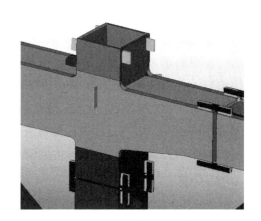

图 8.2-3　单层桁架节点优化　　　　　　图 8.2-4　双层桁架节点优化

8.3　大型复杂构件制作关键技术

8.3.1　巨型柱制作重点难点

8.3.1.1　焊接变形控制

天津 117 大厦外框采用了巨型柱，箱体截面净尺寸大，钢柱壁厚大部分为 80mm、100mm，材质为 Q345GJC、Q390GJD，截面复杂，如何控制焊接变形、保证焊接质量及构件几何尺寸精度，是本工程重难点之一。焊接中易产生扭曲变形、局部变形及整体变形，从而影响构件的外形尺寸精度，给现场安装带来难度。这是本工程的重点和难点。

8.3.1.2　整体精度控制

地下室巨型钢柱其最大平面尺寸达 22.8m×24m，单层高度最大达到 3.8m，且共分 6 层 41 个单元由现场对接完成。如何保证巨型柱的整体精度是直接关系到现场吊装顺利的重要因素。

各单元件重量及外形尺寸大，最大单元外形尺寸达：7300mm×1900mm×3590mm（长×宽×高）、重约 64t，对加工过程中的翻身、倒运，以及构件的发运提出了很高的要求。

8.3.1.3 超厚板焊接质量控制

超厚钢板居多，最厚达 100mm，且结构复杂，熔透焊缝多，焊接质量要求高。因此，如何防止焊接层状撕裂，消减焊接残余应力，确保厚板、超厚板焊接质量是本工程的重点。

8.3.2 巨型柱制作控制措施

针对上述本工程结构的特殊性，技术人员通过技术攻关，形成了一整套合理、有效的施工工艺。通过将各单元复杂节点逐一分解，优化各复杂单元装、焊接顺序，翻身步骤等，在提高各单元件尺寸精度，确保构件整体精度的前提下，大大提高了构件的生产效率，保证了现场安装工作的顺利进行和质量要求，进而满足整体建筑的结构使用和外观要求。具体关键措施如下：

（1）合理拆解，单元与总装阶段成型，慎重考虑各零件余量的加放。

（2）制定合理装配和焊接顺序，采用先进焊接工艺进行对称焊接。

（3）采取预拼装，根据拼装结果，对构件焊接余量加放等进行精确调整，及时修正可能出现的误差，确保构件精度。

（4）充分发挥以往工程的厚板、超厚板焊接经验及技术优势，针对本工程特点，按相关规范规定进行焊接工艺评定和焊工资格考试，从焊接顺序、焊接参数和坡口形式上控制焊接变形和应力，严格按焊接工艺评定结果进行预热及焊后保温，防止焊接层状撕裂，采用加热及振动相结合的方法消减焊接残余应力。

8.3.3 巨型柱制作技术

8.3.3.1 下料余量的加放

多腔体异形截面钢管混凝土巨型柱结构单层所分单元较多，并且形状各异、体积巨大，如按通常思维预先加设部分余量，待到整体焊接、矫正完成后再进行现场坡口多余部分长度的切割，必将带来构件反复翻身等复杂性操作。

考虑到巨型柱单元结构复杂，整体焊接完后现场坡口二次加工困难，制定的工艺思路要求零部件在下料、焊接和矫正后的长度正好在图纸尺寸长度允许偏差范围内。

以地下室一节巨型柱其中一个单元为例（8.3-1），介绍其制作前的工艺余量加设。其他单元余量的加放与此类似。

（1）柱脚底板：长度方向工艺放样加设 6~8mm 余量，基本按每米 1mm 余量考虑。

（2）巨型柱主壁板：长度方向工艺

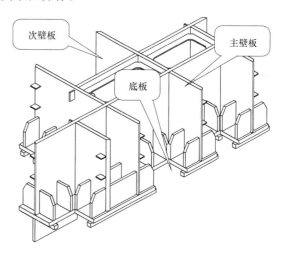

图 8.3-1　单元体示意图

放样也是按每米 1mm 余量考虑。

（3）巨型柱次壁板：长度方向不加设余量，下料公差按 0～＋2mm 执行。

（4）巨型柱高度方向：不加设余量，下料公差按±2mm 执行。

8.3.3.2　组装

（1）在底板上划出壁板、隔板及加劲肋的组立定位线，并将定位线延伸至板厚度方向，划线允许偏差不大于 0.5mm。

图 8.3-2　现场对接处加支撑管

（2）依次组装巨型柱主、次壁板，内隔板，组装时须注意坡口朝向，定位时对齐安装位置线，同时控制其与底板间的垂直度±1mm，壁板垂直度可通过花篮螺杆进行调节。

（3）整体组装完成后，在巨型柱现场对接开口处焊接钢管支撑，以防止构件焊接变形，影响开口现场对接精度（图 8.3-2）

8.3.3.3　焊接

1. 焊前预热

（1）焊前预热优先采用电加热（图 8.3-3），当个别区域无法放置电加热装置时，可采用火焰加热法进行预热并采用专用的测温仪器测量，预热温度达到 120～150℃ 即可施焊。

（2）火焰预热的加热区域应在焊缝坡口两侧，宽度应为焊件施焊处板厚的 1.5 倍以上，且不应小于 100mm。

（3）预热温度宜在焊件受热面的背面测量，测量点应在离电弧经过前的焊接点各方向不小于 75mm 处。

2. 厚板焊接

（1）在厚板焊接过程中，坚持一个重要的工艺原则即"多层多道焊"严禁摆宽道。采用多层多道焊，前一道焊缝对后一道焊缝来说是一个"预热"的过程；后一

图 8.3-3　电加热

道焊缝对前一道焊缝相当于一个"后热处理"的过程，有效改善了焊接过程中应力分布状态，利于保证焊接质量。

（2）厚板焊接需要较长时间才能施焊完成，因此加强对焊接过程的中间检查非常重要，如层间温度的控制应符合焊接工艺评定要求。

（3）保证背面清根质量，碳刨清根后坡口根部半径不得小于 8mm，坡口角度不小于20°，避免根部间隙过窄而产生裂纹，并在根部焊接前打磨清理坡口面的渗透层。

（4）控制焊缝金属在 800～500℃ 之间的冷却速度，并做好焊后处理工作，以防止冷裂纹的发生。

8.3.3.4　焊接变形控制

天津 117 大厦巨型柱结构复杂，均为超厚板焊接，厚板焊接层数多，焊缝金属填充量大，一旦发生变形，矫正难度加大。在焊接过程中，厚板的焊接变形主要是角变形，为减少焊接变形应采取以下措施：

（1）从技术的角度，前期充分分析各单元结构形式，由于结构复杂，有必要编写详细的《装、焊工艺卡》，指导操作人员装配。

（2）应采取分步组装焊接，结构各部分分别施工、焊接、矫正合格后再进行总装焊接（图 8.3-4）。

（3）焊接时严格按《装、焊工艺卡》控制好焊接顺序，在施焊时要随时观察其角变形情况，注意随时准备翻身焊接（图 8.3-5），以尽可能地减少焊接变形及焊缝内应力。

（4）对异型厚板结构要设置胎架夹具，对构件进行约束来控制变形，由于巨型柱厚板异形结构造型奇特，端面、截面尺寸各异，在自由状态下，尺寸精度难以保证，这就需要根据构件的形状，制作胎架夹具，将构件处于固定的状态下进行装配、定位、焊接，进而来控制焊接变形。

图 8.3-4　同时对称施焊　　　　　　　　图 8.3-5　勤翻身焊接

8.3.4　巨型柱预拼装技术

巨型柱因其单柱体量大，制作时分为多个单元，出厂前需进行预拼装，而其平面尺寸大，单元吊重大给预拼装带来了难度。

8.3.4.1　巨型柱预拼装要求

（1）预拼装前，首先用 H 型钢在地面上搭设预拼装胎架，胎架用全站仪进行测量，

图 8.3-6 一节巨型柱预拼装现场

保证所有点的水平度在±1mm 范围之内，相邻胎架的间距在 3m 之内；胎架必须有足够的刚度和强度，胎架设置后必须经专职检验员认可，方可使用。

（2）根据《钢结构施工质量验收规范》GB 50205—2001 规定，将巨型柱划分为检验批，进行预拼装。预拼装拟将塔楼巨型柱分六层作为预拼装单元，进行平面预拼装（图 8.3-6）。

（3）用地样结合吊线锤、全站仪等方法检验巨型柱各单元长度误差、标高误差等主要尺寸。

8.3.4.2 巨型柱预拼装流程

巨型柱各单元件经验收合格后，进入预拼装工序，具体预拼装流程如下：

放地样→布置胎架→检查、调整牙板标高→A 单元上胎架，对地样进行调整，检查侧板垂直度、杆件标高、平面定位尺寸等→依次上 M、E、D、F、B、C、H、G 单元件→检查→解体。

（1）制作拼装的平台，用钢板在地面上铺设预拼装的平台。按地下室（一节）巨型柱胎架布置图（图 8.3-7）在平台上布置 H 型钢胎架。

（2）放地样，在钢板平面上打出（一节）巨型柱的整体的地样，并经质检部检验合格后方能使用。预拼装前，所有的部件和零件都制作完毕，并且经过验收达到规范的要求（图 8.3-8）。

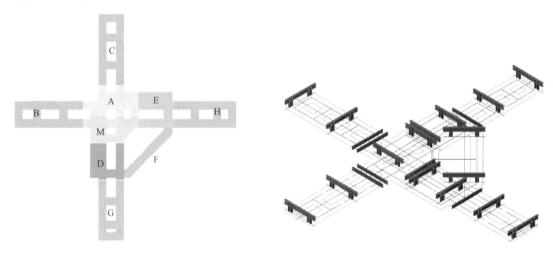

图 8.3-7 地下室一节巨型柱分段图

图 8.3-8 放地样、布胎架

（3）在胎架上放置 A 单元件，对照地样调整位置，检测侧板垂直度、杆件标高、平面定位尺寸，并将 A 单元件固定在胎架上（图 8.3-9）。

（4）在胎架上放置 M 单元件，对照地样调整位置，检测侧板垂直度、杆件标高、平面定位尺寸，并检查 A 单元件与 M 单元件相邻处拼接的剖口间隙、剖口错边，调整后将 M 单元件固定在胎架上（图 8.3-10）。

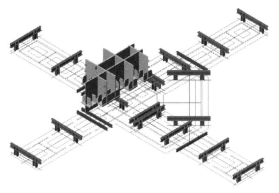

图 8.3-9 A 单元上胎架

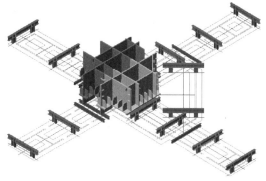

图 8.3-10 M 单元上胎架

（5）依照上述步骤依次安装 E、D、F、B、C、H、G 单元件（图 8.3-11）。

（6）预拼装完毕达到技术要求后，质量检验人员进行验收并经监理认可，做好预拼装记录。并在构件上打上构件的中心线，打上样冲眼。全部经过专职质检人员验收合格后，按照钢结构设计总说明的要求进行喷砂油漆，发往现场。

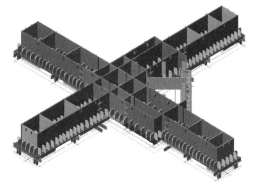

图 8.3-11 剩余单元上胎架

8.3.4.3 巨型柱预拼装精度控制

巨型柱预拼装允许偏差控制见表 8.3-1。

巨型柱预拼装允许偏差表　　　　　　　　　　表 8.3-1

构件类型	项目	允许偏差	检验方法
巨柱	预拼装单元总长 L	±5.0	用钢尺检查
	预拼装单元弯曲矢高	1/1500,且不应大于 10.0	用拉线和钢尺检查
	接口错边	2.1	用焊缝量规检查
	预拼装单元柱身扭曲	$h/200$,且不应大于 5.0	用拉线、吊线和钢尺检查
	顶紧面至一牛腿距离	±2.0	用钢尺检查
	对角线 L_1,L_2 距离	±3.0	用钢尺检查
	对角线 L_3,L_4 的误差 Δc	±5.0	用钢尺检查

8.3.4.4 巨型柱预拼装控制要点

（1）针对一节巨型柱各单元体积大、重量大，各分段单元现场对接口非常多等特性，在一节巨型柱预拼装胎架设计时，构件采取了合理的设计措施以保证其过程调节简便。根

据构件超重特性，将胎架固定于横铺钢板上方（图8.3-12），尽量避免过多胎架悬空设

图8.3-12　预拼装现场胎架布置

图8.3-13　预拼装过程

置，胎架上部设有双调节牙板，用于调节胎架布置后的整体平面度。牙板支点设置较多，便于构件上胎架后局部位置微调。

（2）从中间往两边依放置各单元件（图8.3-13），并对照地样调整位置，检测构件两侧壁板的垂直度、构件的标高及平面定位尺寸等。

（3）单元与单元间的分段对接口及整体标高通过调节牙板（图8.3-14）及连接耳板（图8.3-15）进行调整。

图8.3-14　通过调节牙板调整标高

图8.3-15　通过连接耳板调节对接口

第9章 BIM 技术研究与应用

9.1 BIM 应用背景

近十年来，BIM 技术在美国、日本、中国香港等发达国家和地区的建筑工程领域取得了大量的应用成果。我国正处于工业化和城市化的快速发展阶段，在未来 20 年具有保持 GDP 快速增长的潜力，而住建部编制的建筑业"十二五"规划明确提出要推进 BIM 协同工作等技术应用，普及可视化、参数化、三维模型设计，以提高设计水平，降低工程投资，实现从设计、采购、建造、投产到运行的全过程集成运用。

BIM 作为一种全新的理念，它涉及一个工程项目全生命期，从规划、设计、理论到施工维护技术一系列的创新，也包括管理的变革，国内外的学术界有一个共识：BIM 的应用是建筑领域的第二次革命，第一次革命就是我们所说的 CAD 的应用。CAD 的应用是一个技术层面的革命，现在的 BIM 的应用，不仅仅涉及到技术，更重要它还涉及管理的变革。

作为总承包管理项目，天津 117 大厦提出打造总承包管理行业标杆，秉持提升计划管理、设计管理、合约管理、招标采购管理、公共资源管理 五大核心业务能力。基于此，项目不仅在深化设计、虚拟建造、三维算量、施工协调等方面深化了 BIM 专业应用，更将 BIM 技术与项目总承包管理相结合，基于国际 IFC 数据标准，实现设计管理和施工管理全过程信息传递及共享，全面掌控施工各阶段信息，打造设计、施工、资源、商务等一体化 BIM 总承包管理体系。

在天津 117 大厦 BIM 工作实施过程中，制订了详细的实施标准，实施标准分为三部分，BIM 实施导则、BIM 系统技术标准、BIM 工作标准，BIM 工作自始至终均严格按照规范执行；成立了专家小组，开展了基于 BIM 的三维算量课题研究，开发并完善了 REVIT 模型导入算量软件的插件，实现了深化设计模型与商务管理之间信息共享，达到了一次专业建模满足技术和商务两个应用要求的目标；将 BIM 模型应用到远程质量验收系统和消防预演系统中，开阔了 BIM 技术应用的广度和深度。

9.2 BIM 实施策划及规范标准的制定

9.2.1 BIM 实施策划

依据中国建筑行业 BIM 的实践经验，参考国内外相关标准和应用研究成果，并结合天津 117 大厦建设发展的需求，制定 BIM 实施策划。本工程 BIM 技术应用的总体目标为：应用 BIM 技术构造协同工作环境，支撑总承包管理。

9.2.1.1 BIM 实施策划定义

（1）提高深化设计的质量和效率；

（2）提升总承包进度计划的管理能力；

（3）提高现场施工方案的合理性与科学性；

（4）提高成本管理的可靠性；

（5）提高干系人之间信息沟通效率。

9.2.1.2 BIM 实施策划包含的内容

（1）设定 BIM 应用目标：在这个建设项目中将要实施的 BIM 应用（任务）和主要价值。

（2）制定 BIM 实施流程。

（3）确定 BIM 应用范围：模型中包含的元素和详细程度。

（4）组织的角色和人员安排：确定项目不同阶段的 BIM 规划协调员，以及 BIM 成功实施所需的技术人员。

（5）沟通程序：包括 BIM 模型管理程序（例如命名规则、文件结构、文件权限等）以及典型的会议议程。

（6）技术基础设施：BIM 实施需要的硬件、软件和网络基础设施。

（7）模型质量控制程序：保证和监控项目参与方都能达到规划定义的要求。

9.2.1.3 BIM 实施策划应用方向

本工程 BIM 系统应用方向：进行本工程建造过程中信息的建立与集成，实现工程总承包管理。具体为：在整个工程深化设计、施工进度、资源管理及施工现场等各个环节，进行信息的建立与收集，最终形成完整的竣工信息模型，从而完成工程全生命周期管理环节中施工环节的信息建立，保证从设计到施工的 BIM 信息的延续性和完整性（表 9.2-1）。

天津 117 大厦 BIM 应用 表 9. 2-1

BIM 目标	BIM 应用
加强项目设计与施工的协调	基于 BIM 模型完成施工图综合会审和深化设计
减少施工现场碰撞冲突	碰撞检测
优化施工进度计划及流程	4D 施工模拟
快速评估变更引起的成本变化	自动构件统计
通过工厂制造提升质量管理	预制、预加工构件的数字化加工
预制、预加工构件跟踪管理	结合 RFID 技术实现预制、预加工构件跟踪管理
施工现场远程监控和管理	远程验收系统和 RFID 技术实现施工现场远程实时监控和管理
为物业运营提供准确的工程信息	结合远程验收系统和 RFID 技术交付 BIM 竣工模型

本工程 BIM 实施策划具体要求为：在施工全过程中对深化设计、施工工艺、工程进度、施工组织及协调配合方面高质量运用 BIM 技术进行模拟管理，实现工程项目管理由

3D 向 4D、5D 发展，提高本工程管理信息化水平，提高工程管理工作的效率，为本工程全生命周期管理中提供施工管理阶段数字化信息，充分保障业主后期工程运营管理。

9.2.2 BIM 实施规范标准

9.2.2.1 BIM 实施规范标准定义

BIM 实施规范标准的核心作用是满足信息共享、保障协同工作。在以项目团队的形式进行工作时，沟通是最重要的。该"规范标准"旨在确保项目的所有相关方都能够以相同的语言进行沟通。结合工程的具体特点制定，满足整个工程总承包项目应用需求，实现以下目标：

（1）确保在整个 BIM 专项应用过程中产出高质量的、形式统一的应用成果。

（2）确保数字化 BIM 模型在应用过程中的数据共享，从而保障 BIM 应用效果。

（3）通过采用协调一致的 BIM 工作方法，最大限度地提高工作效率。

9.2.2.2 BIM 规范标准制定

BIM 工作标准分五部分：整体实施方案、工作规范、整体模型构建标准、专项应用标准、交付标准（图 9.2-1）。

图 9.2-1 天津 117 大厦 BIM 实施标准

1. 整体实施方案

整体实施方案包含实施目的、体系架构、资源环境、协同管理和工作流程五个方面。

制定符合项目需求的 BIM 实施目标，组建 BIM 实施团队，对工作环境、工作方式进行整体梳理，在以 BIM 团队的形式进行工作时，沟通是最重要的，该"标准"旨在确保项目的所有相关方都能够以相同的工作方式进行沟通。

2. 工作规范

根据本工程 BIM 应用"信息共享、协同工作"的要求，结合工程的具体特点制定详细 BIM 团队工作编制方案，制定满足整个工程总承包项目应用需求的 BIM 工作规范，实现高效的数据共享从而保障 BIM 应用效果；通过采用协调一致的 BIM 工作方法，最大限度地提高工作效率。

3. 整体模型构建标准

通过采用协调一致的 BIM 工作方法，最大限度地提高生产效率，制定标准、设置和最佳实践，确保在整个 BIM 实施过程中产出高质量的、形式统一的模型、图纸以及其他分析报告；确保数字化 BIM 模型与文件结构的正确，从而实现高效的数据共享，同时使多专业团队既能在内部，也能在对外的 BIM 环境中进行协作。

4. 专项应用标准

结合工程的具体特点在可视化、施工模拟、施工协调、优化深化设计、可出图化、灾害模拟、应尽疏散、能耗分析等方面制定专项应用标准，制定满足整个工程总承包项目应用需求的 BIM 专业应用。

5. 交付标准

交付标准及验收标准，制定一系列交付要求并书面化、表格化，对建立的各专业模型、碰撞检测报告、预算数据、专项应用成果、分析数据进行分阶段分部位验收，保证 BIM 数据的正确性及对 BIM 实施成果的总结。

9.2.2.3 BIM 规范标准设置

在 BIM 模型标准中所包含的大量基础标准数据（如：物资编码、产品构件编码、成本项主资源类型等）需要被 BIM 建模工具和项目管理业务系统所共享。通过系统基础数据设置、软件工具配置功能等手段将这些标准数据加载到相应的系统中，从而实现其共享。具体为：

（1）Revit、MagiCAD、Tekal 等工具通过族文件、共享参数文件等进行定义或设置，同时根据 BIM 模型标准对 IFC 文件接口参数进行定义或配置。

（2）设置 BIM 建模策略、模型大纲、BIM 建模流程、命名规则、模型定位及拆分、模型校审及安全等内容。

（3）项目管理业务系统通过基础数据初始化过程将共享的基础标准数据加入到系统中。

（4）在 BIM 应用过程中，如果共享基础标准数据出现变化，及时进行线下协调，并由人工对相关系统的基础数据进行修改。

9.2.2.4 BIM 管理系统规范

通过阶段管理层面的整合，将各自为战的业务系统纳入一个统一的信息化平台框架中，为后面数据层面的整合打下了良好的基础。这个基础平台应当具备以下要素：

（1）基础数据统一：组织结构、岗位、用户、角色等基础数据在各个应用子系统中保持一致。

（2）3A 统一：实现认证（Authentication）、授权（Authorization）和审计（Audit）的统一。3A 统一是组织安全设施的基础，能对用户身份和内容安全进行有效的保护和控制。

（3）统一的信息门户：提供统一的信息门户作为各应用模块的入口，能够不断整合新的信息资源，可根据资源整合需要进行内容配置，可根据用户需要进行个性化界面定制，提供门户层面的模块访问权限管理。

（4）面向服务的体系架构（SOA）：具体应用程序的功能是由一些耦合并且具有统一接口定义方式的服务组件组合构建而成，对迅速变化的业务环境具有良好适应力。

9.2.2.5　BIM 数据管理规范

BIM 应用过程中会产生大量的 BIM 数据文件，必须制定科学合理的 BIM 数据管理规范及相应的数据文件管理系统，对其进行有效的管理。为此，统一采用项目管理业务系统所提供的数据文档管理功能，并制定专门的 BIM 数据文件管理规范。

1. BIM 数据文件元数据管理

当 BIM 应用环节提交数据文档到系统时，系统将生成文档元数据实体，对文档名称、文档代码、文档信息类型、上传时间、文档版本、文档状态、文档责任人信息进行描述。

2. BIM 数据文件存储管理

采用云平台设置 BIM 数据文件的文件柜层次树。使用 Revit 软件搭建模型，分别在云平台设置建筑专业和结构专业的中心文件，两专业之间通过 Revit 软件的模型链接（复制监视）整合在一起，各专业之间模型可以分层建立，也可按照功能分区建立（主要以施工图纸为准）。

9.2.2.6　BIM 应用过程控制

BIM 应用属于建筑施工、项目管理和信息技术三个专业相结合的现代高技术应用领域，相比传统的项目管理，具有不同的技术特点。能否对 BIM 应用过程实现科学、高效的过程管控，是能否达到 BIM 应用目标的一个关键问题。为此，我们将 BIM 应用过程管理纳入项目过程管理中，采取以下针对性措施：

（1）BIM 应用团队必须参加每周的工程例会和深化设计协调会，及时了解设计和工程进展状况。

（2）BIM 应用团队每周一召开 BIM 应用协调会，建设单位、项目部各部门主管参加 BIM 应用协调会。由 BIM 应用团队组长汇报 BIM 应用工作进展情况以及遇到的困难，需要联合解决的问题，并进行问题会商，及时对问题给予处理和解决。

（3）将 BIM 应用技术交底纳入项目部工程技术交底体系，作为工程技术交底的重要内容之一。

（4）按照项目部项目管控的统一要求对 BIM 应用工作的绩效指标、工作计划和考核进行管理。

（5）将 BIM 应用过程质量评价和验收纳入项目工程质量检查验收体系，在 BIM 应用建模和实施过程中（而不是在最终成果提交后）对各个建模或实施责任者的标准规范的执行情况和工作成果质量进行评价和验收。

9.3　BIM 技术在项目总承包管理中的研究及应用

9.3.1　BIM 平台介绍

9.3.1.1　整体架构

整体架构为由"两个平台（BIM 集成信息平台、总承包项目管理平台）＋云存储＋

两个端（PC 端、移动端）"组成的三维可视化工程总承包项目管理系统（图 9.3-1）。

图 9.3-1　基于 BIM 的工程总承包项目管理系统架构

通过两个平台的搭建，把 BIM 与计划管理、商务管理、资料管理、质量安全管理等业务应用点结合。

9.3.1.2　平台目标

（1）在数据标准和接口方面，建立 BIM 集成信息平台与四个专业（包括广联达土建算量、钢结构 Tekla、机电 MagiCAD 及装修专业软件）的数据接口，构件数据导入 90％以上，减少手工重复录入的工作量。同时，实现与其他系统，如进度软件（微软 Project）、Excel 等工具软件的数据接口，实现各级数据交换，解决基于 BIM 的建筑 BIM 管理平台的基础性问题，从而减少手工重复录入模型及其他信息的工作量。

（2）提高项目日常工作的效率及准确性。利用 BIM 模型快捷准确的工程量统计能力，按照流水段或者期间段统计工程量，为日常的物资计划、甲方报量、向上级的月度/季度统计报量、分包统计及结算提供便捷、可操作的信息化手段，提高手工工作效率及数据准确率。

（3）为项目管理及决策提供全面、准确、及时的基础数据。利用 BIM 集成信息平台信息全面、分类细、统计快捷的优势，按照项目管理层的要求，对项目进行统计分析，如各个部位的主要材料节超情况、各个部位成本节超情况、形象进度等。

（4）通过本工程的实施，培育出一批通晓 BIM 专业技术的复合型人才。

9.3.1.3　平台简介

基于数据库的 BIM 集成平台如图 9.3-2 和图 9.3-3 所示。基于 WEB 及数据库的总承包项目管理平台如图 9.3-4 所示。

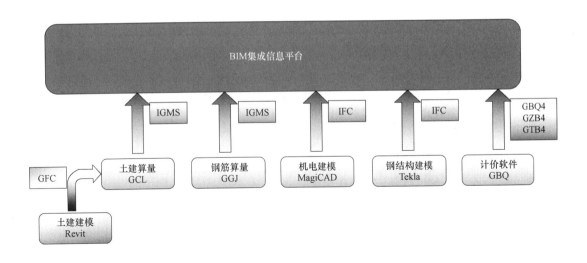

图 9.3-2 BIM 集成信息平台及专业软件数据关系图

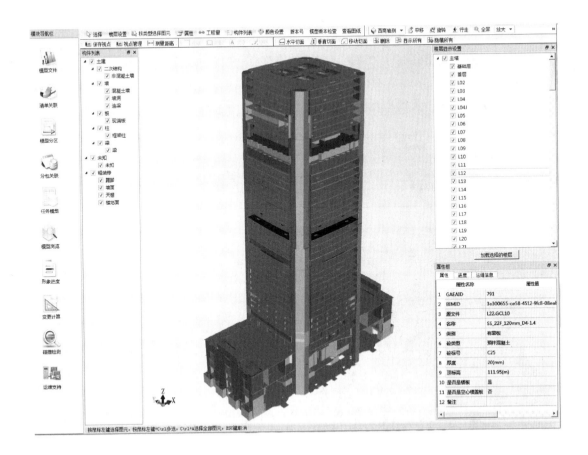

图 9.3-3 BIM 集成信息平台界面

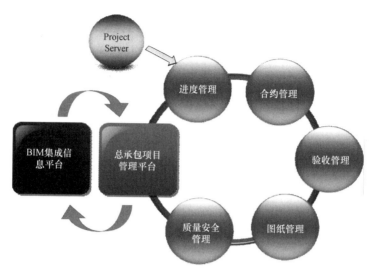

图 9.3-4　总承包项目管理平台业务关系图

9.3.2　深化设计管理

9.3.2.1　设计漫游及碰撞

通过技术方案交流会，针对施工过程中的重难点问题，通过整合模型进行模型三维浏览和漫游模拟等可视化展示，有效促进团队对细节问题进行沟通。在设计例会上，通过使用 Naviswork 整合模型及模型漫游视频进行设计交底，使设计交底更加直观形象。

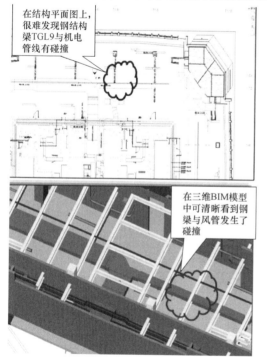

图 9.3-5　碰撞检查报告

组织各专业深化会议，将建筑、结构、机电专业设计模型导入碰撞检查工具（Naviswork），进行碰撞检查分析，发现设计碰撞问题并生成碰撞检查报告（图9.3-5）。通过模型浏览，现场提出修改建议，各分包单位依据修改建议进行深化模型的调整，项目深化设计部进行碰撞问题跟踪记录。

9.3.2.2 图档管理

图纸资料的管理是项目信息管理的重要内容，也是信息化程度比较高的部分。本工程BIM项目中的图纸资料管理包括以下功能：

（1）集中的文档管理。文档可以集中存储于服务器端，不同用户均可以通过网络进行访问。

（2）目录级别的权限管理，可以控制不同目录上的访问权限。

（3）审核流程。可以灵活设置文件发布的审核流程，在变更、洽商、会审时启动不同流程。

（4）文档版本管理。可以跟踪管理文档每次发布的内容。

（5）文档关系管理。可以设置图纸、文档相互之间的关联、替代关系。

（6）模型与文档关联。图纸、资料等可以关联到模型上，并且，图纸资料中的图纸号、变更号、会审号等信息可以进入模型构件的属性中（9.3-6）。

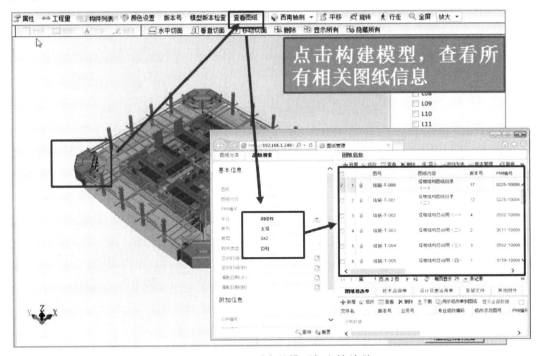

图 9.3-6 BIM平台的模型与文档关联

9.3.3 进度计划管理

计划管理是项目管理的主线，涉及工作面协调、施工机械协调、资源协调、合同结算支付、分包协调等多项内容（图9.3-7）。

BIM系统进度及任务模块包括以下内容：

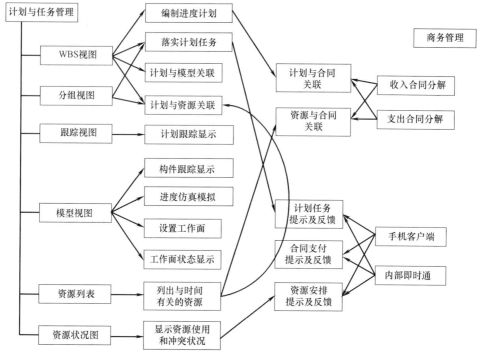

图 9. 3-7　BIM 系统进度及任务模块

1. 进度编制

进度编制使用微软 Project server 编制，并且可以与 BIM 平台实现数据接口。Project 进度数据（WBS、工期、开始时间、结束时间等）可以导入到 BIM 平台中。

2. 计划与模型管理

计划节点可以与某层级（整个项目、楼层、某类构件、具体的某一个构件）的模型节点关联，关联后可以自动设置计划节点的专业属性、楼层属性、构件类型属性。

3. 任务落实与反馈

任务落实到工序，即：指定工序的"总包责任人""分包单位""分包责任人"。并能链接显示分包单位和责任人信息，以便沟通联系。责任人可以是多位。

形成【任务单】，即：按"所属专业、所属楼层、构件类型、工序种类、时间段、分包单位、责任人等"多个维度提取计划任务形成【任务单】，以手机客户端或内部即时通讯的方式通知给相关责任人，落实计划任务。任务单可以更新调整。

计划任务反馈，即：相关责任人可以通过手机客户端和内部即时通，反馈计划任务的安排问题及实际完成情况，包括：实际开始时间、实际完成时间和相关信息、相关文档图片等。

计划任务提示：计划编制人可以设置工作任务提示规则，如：提前开始提示天数、提示间隔周期等，系统按规则自动提示相关责任人，提示在手机或内部即时通中同时进行，以声音和短信方式提示。责任人可以取消提示。

4. 计划跟踪显示

计划界面的提示报警：没有开工的任务为原色，已经开工没延期的为蓝色，已经开工正常结束的为绿色，已经开工已延期的为黄色（关键路径任务为红色）。

构件视图的提示报警：没有开工的构件和工序图标为灰色，其他与计划界面一致。

5. 施工进度模拟

用户可以按照进度查看工程，也可以查看任意一时间段施工情况，并且可以查看该时间段成本、工程量与物资消耗情况。

6. 流水段设置与管理

用户可以模型平面上设置一个任意的空间为一个流水段，软件自动建立流水段与模型构件的关联关系。可以将流水段与任务进行关联。

7. 配套工作库

通过配套工作库的概念，有效地管理影响进度计划任务项的相关工作；用户可以在进度计划的每一个任务项上挂接相应的配套工作，根据进度计划的推进，相关配套工作会推送给相关责任人，并针对项目和部门生成配套工作的落实情况报表（图 9.3-8）。

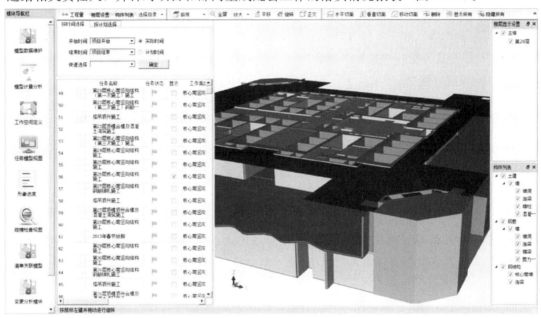

图 9.3-8　配套工作库

解决方案：

基于总承包项目管理平台开发定制客户化的计划管理模块；

用户将 Project Server 的进度信息导入到计划管理模块中；

在计划管理模块进行计划分析及流水段状态查询；

在计划管理模块进行配套工作的挂接及模型挂接；

推送相关代办工作至各业务部门及各相关负责人；

进度预警信息实施监控。

9.3.4　商务合约管理

9.3.4.1　基于 BIM 的三维算量

1. 三维算量优势

基于 BIM 的三维算量，与传统方式的建模算量不同，但又密不可分。广义上理解，基于 BIM 的三维算量，就是利用设计院深化设计后的三维模型，直接得到工程量。如果该方法可行，可节省二次建模的时间，在招标阶段即可显著缩短算量周期，提高工程算量精确度，并可随着 BIM 模型精细程度变化，随时进行工程量的计算。然而目前主流的 BIM 建模软件，如 Revit 建筑结构系列，受到扣减规则等本地化的制约，直接得到的实体量不能满足国内本地化的算量需求。

针对上述问题，本工程提出并应用了一种基于 BIM 模型进行工程量快速计算方法：将使用 Revit 创建的 BIM 模型，通过接口（插件）的方式，导入国内主流算量软件——广联达土建算量 GCL 中，从而避免二次建模，使传统的算量建模体力劳动转变为基于算量模型规则的模型检查和模型完善（如钢筋模型）等工作。基于上述方法，使得 Revit 模型在工程量计算过程中得到有效应用，并为后续的钢筋翻样、施工指导及施工过程管理提供准确的模型基础。

上述快速计算方法主要包含符合工程量计算要求的 Revit 建模规范和 Revit 模型导入广联达 GCL 土建算量软件插件两部分内容。

2. Revit 建模规范

目前，虽然国内各设计院都在着手建立自己的三维设计规范，但仍缺乏行业内公认的、可执行的三维设计规范。同时，BIM 目前处于快速发展阶段，上游的 BIM 模型如果不能很好地传递、应用到下游，则会严重阻碍 BIM 的持续发展。因此，为了有效实现本工程提出的三维算量方法，有必要制定相适应的三维建模规范。

由于 Revit 软件建模自由度很高，模型构件种类繁多，导致不同的设计人员可能使用多种不同的方式表达一样的设计内容。为了保证模型传递的准确性，需要考虑工程量计算要求，对设计人员的建模方式进行额外的约束。因此，本工程研究制定了 "Revit 三维设计模型与造价算量模型交互规范"。并通过不断地尝试和改进，最终形成了统一的技术文件，以保证模型导出率为 100%。

Revit 中针对土建专业的构件类别有限，因此实际建模时常常使用替代构件或自定义族进行定义。为了更好地承接到造价算量模型中，根据造价算量国际规范要求对 Revit 中构件做了相应的规范和要求。该规范对三维设计建模做相应约束，以实现三维设计模型与下游造价模型无缝衔接，并可延续应用到施工及运维阶段，有效地实现三维设计模型和造价算量模型的交互承接。

规范包括两大部分：设计本身的图元建模规范（仅限于三维设计和造价算量交互易出问题的部分）和构件定义规范两大部分。本规范主要以三维建模工具 Revit 和造价建模工具 GCL2013 为基准制定。

3. Revit 模型导入 GCL 算量软件插件

为实现模型在 Revit 软件和 GCL 软件之间的传递，本工程研究开发了 Revit 模型导入 GCL 算量软件插件（简称 "插件"）。该插件实现了一键式将 Revit 模型导入国内专业算量软件（广联达系列算量软件），用于工程计量、计价。该插件在 Revit 软件中安装，适用于 Revit2013、2014、2015 等版本，如图 9.3-9 所示。

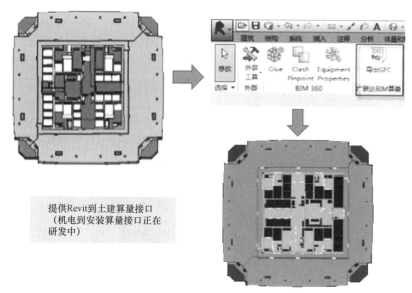

图 9.3-9 Revit 模型导出 GFC 模型插件示意图

由于 IFC 标准太过宽泛、针对性不强等问题，同时 Revit 对 IFC 标准的支持也不满足工程量计算模型的导出。因此，在该插件的开发过程中，使用了广联达标准 GFC 标准作为 Revit 和 GCL 两个软件之间的数据交互格式。广联达 GFC 数据标准是专门针对造价工程制定的 BIM 数据格式标准，可以理解为 IFC 标准的一个子集。

图 9.3-10 为使用本文方法进行的两个项目案例测试。从测试的结果看，Revit 构建图元有效转换率达到 100%，属性信息转换率达到 98% 以上。

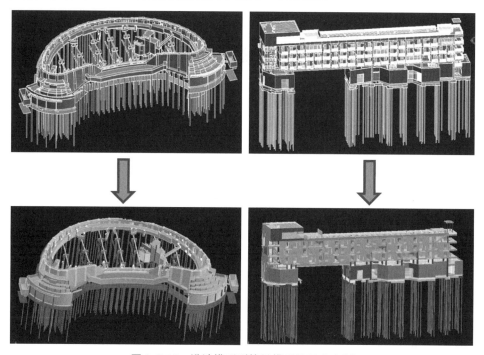

图 9.3-10 设计模型到算量模型的导入案例

4. 工程应用

（1）基于上述制定的规范，对所建立的 Revit 模型进行检查和修改，使 Revit 模型符合工程量计算和插件使用的要求，如图 9.3-11 所示。

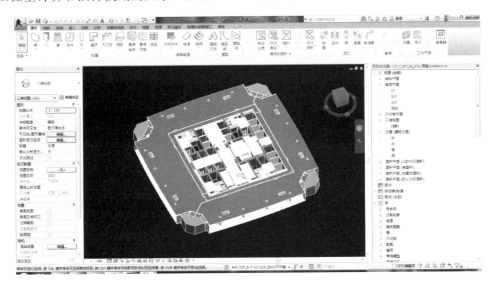

图 9.3-11　Revit 构建的天津 117 项目模型

（2）通过转换插件，导出 GCL 软件可以读取的 GFC 格式模型文件，然后在 GCL 中直接读取，如图 9.3-12 所示。

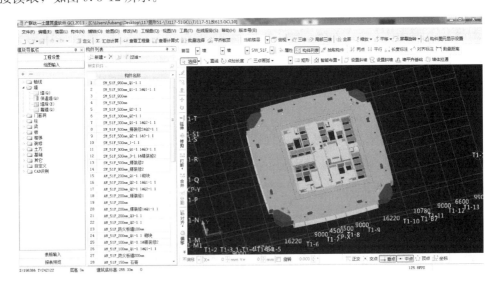

图 9.3-12　通过插件导入到 GCL 后的算量模型

为了更好地进行对比分析，以 51F 为试点，在 GCL 软件中新建了 GCL 模型进行算量，以此为依据和以 Revit 为基础导出的模型进行比对，对比结果见表 9.3-1 和表 9.3-2。

Revit 土建模型转换成 GCL 模型转换率   表 9.3-1

序号	构件	设计模型图元数（RV）	导入算量软件图元	模型导入率
1	筏板	9	9	100.00%
2	基础梁	97	97	100.00%
3	集水坑	8	8	100.00%
4	独立基础	8	8	100.00%
5	垫层	12	12	100.00%
6	坡道	1	1	100.00%
7	墙	2929	2929	100.00%
8	梁	407	407	100.00%
9	连梁	837	837	100.00%
10	板	379	379	100.00%
11	柱	1532	1532	100.00%
12	构造柱	224	224	100.00%
13	过梁	144	144	100.00%
14	栏板	93	93	100.00%
15	压顶	106	106	100.00%
	合计	6786	6786	100.00%

Revit 模型转换工程量与 GCL 工程量对比   表 9.3-2

序号	项目名称	单位	工程量			
			GCL 工程量	REVIT 模型转换工程量	量差	量差百分比
1	C60 连梁	m³	23.24	23.59	0.35	1.51%
2	300mm 厚 C60 直形墙	m³	24.73	24.73	0.00	0.00%
3	500mm 厚 C60 直形墙	m³	213.73	214.64	0.91	0.43%
4	900mm 厚 C60 直形墙	m³	346.23	345.93	−0.30	−0.09%
5	C30 混凝土楼板（120mm 厚）	m³	219.06	221.47	2.41	1.10%
6	C30 混凝土楼板（150mm 厚）	m³	68.02	67.6	−0.42	−0.62%
7	加气混凝土砌块 200	m³	182.45	180.7	−1.75	−0.96%
8	加气混凝土砌块 100	m³	24.36	24.38	0.02	0.08%
9	加气混凝土砌块 150	m³	4.03	4.08	0.05	1.24%
10	防火板墙节点 150mm	m²	336.73	332.93	−3.80	−1.13%
11	防火板墙节点 200mm	m²	5.20	5.3	0.10	1.92%
12	石膏板墙节点 150mm	m²	797.07	792	−5.07	−0.64%
13	石膏板墙节点 100mm	m²	134.70	134.2	−0.50	−0.37%
14	防静电架空地面(D4-1.3)200mm 厚	m²	1865.81	1831.84	−33.97	−1.82%

表 9.3-1、表 9.3-2 的对比结果表明：Revit 土建模型转换率达 100%；工程量转换率 98% 以上，工程量计算偏差率小于 0.2%。

通过应用本工程提出的快速计算方法，解决了 Revit 软件不能按照国内规范直接进行工程量计算的难题。商务预算人员可以直接在 GCL 算量模型上开展工作，避免了二次建模，工作效率提高 30% 以上。可以预见，全面推行上述计算方法，可为今后的商务及后续应用带来极大便利。

在应用本方法初期，也出现了由于没有严格按照规范建模（例如墙重叠、板重叠等）导致进入 GCL 软件后，合法性不通过的问题。因此，了解规范内容，形成正确识图及建模的习惯，有利于高效率的进行模型转换。

9.3.4.2 合约管理

1. 面临难题

（1）合同信息分散，集中汇总难，查询难度大；

（2）合同数量庞大、时效条款众多、缺乏预警提示，相关工作缺失，造成经济损失。

2. 解决方案

各种合同及报量、结算、支付信息集中汇总到台账，任意时间段内可查看以下内容：

（1）收支合同对比；

（2）收入或支出合同变更、报量、结算、实际收支情况；

（3）单个合同变更、报量、结算、实际收支情况；

（4）主动提醒，给合同设置节点，自动完成向业主请款和对分包结算付款的提醒；

（5）按照不同业务环节（按照变更索偿、业主报量、承包结算、进度监控、工程范围、甲指分包、图纸等使用场景）会用到的合同条款，进行条款分类，便于有针对性地查看合同相关条款（图 9.3-13）。

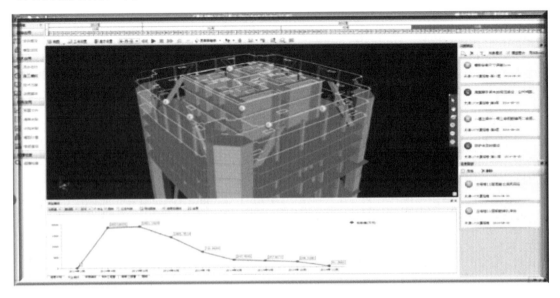

图 9.3-13 合同履行资金计划

9.3.5　公共资源管理

1. 总平面管理

由于现场施工范围大、环境复杂，采用 BIM 技术进行施工现场总平面可视化管理，建立所有分区及大型设备的三维模型，对施工平面组织、材料堆场、现场临时建筑及运输通道进行模拟，对建筑机械等安排进行调整，从而校验施工现场场平布置图（图9.3-14），提出修改意见。

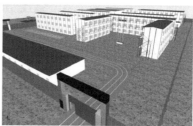

图 9.3-14　场平布置图

2. 垂直运输管理

为高效运用超高层建筑施工的生命线——塔吊和施工电梯，将其吊重、运力等性能参数录入到 BIM 模型中，根据工程进度进行垂直运输需求分析和安全性分析，合理安排各专业材料运输时间，确保材料及时运至作业面的同时，提高设备的使用效率。

9.3.6　质量安全模块

传统项目质量安全问题通过例会，采用 PPT 照片＋文字描述的方式进行问题展示，传达给相关责任人。这种模式的问题在于：问题的解决不能得到实施反馈，整改结果没有信息化管理。因此，提供质量安全模块，将质量安全问题及跟踪反馈以模型为载体，通过总承包项目管理平台进行管理和查询。真正做到信息化管理。

借助三维可视化图形处理技术，与施工项目实际质量安全管理流程相结合，利用模型平台＋项目管理平台，实现质量安全过程管理可视化、可追溯、可监控。

（1）在 BIM 5D 模型平台开发质量安全检查模块（图 9.3-15），实现质量安全管理过程中发现问题的模型定位、问题记录、形象展示和状态监控，即：

① 通过三维模型定位质量安全问题发现位置进行质量标识和安全标识；

② 对发现的问题进行记录和描述，指定责任人、计划整改日期，查看整改状态，项

目质量安全问题可追溯，通过系统一览无余，实现全面监控；

③ 可上传现场发现问题的照片和处理后的照片，对整改前和整改后状态进行展示、对比，为项目例会展示质量安全问题提供窗口平台。

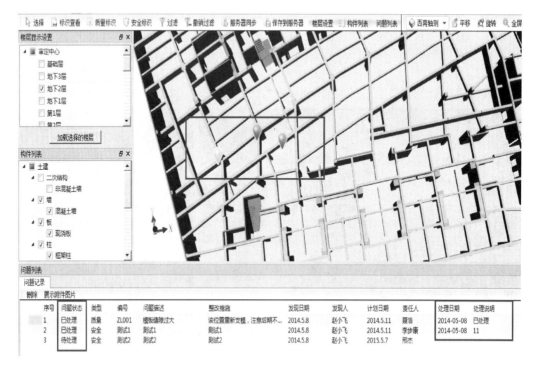

图 9.3-15　BIM 平台质量安全模块界面

（2）在总承包项目管理平台上开发质量安全模块，对发现的质量安全问题分派到责任人，并完成处理过程，即：

① 获取模型平台的质量安全问题到项目管理平台，方便管理人员和相关责任人查看并进行处理

② 对发现的问题分派责任人，相关责任人通过管理平台完成问题的处理，记录处理时间和处理说明，并上传处理后照片及其他附件。

（3）实现模型平台与项目管理平台的数据交互和信息共享，即：

① 模型平台与管理平台数据实时交互，模型平台的问题记录与管理平台的问题处理无缝衔接；

② 模型平台中的问题展示窗口整合两个平台数据，实时展现整改前和整改后的问题描述、图片、状态及时间（图 9.3-16）。

（4）移动终端的质量安全问题记录与上传：在施工现场通过移动终端（iPad 等）定位位置、拍照、记录问题并上传。

9.3.6.1　远程验收系统

本工程开发了远程质量验收系统，系统由远程监控和视频采集、图档管理、验收报表、多媒体交互、归档管理、无线网络六个子系统组成，工作人员通过移动端设备，在现

图 9.3-16 质量安全问题整改对比

场采集视频数据，验收专家坐在会议室即可通过观看现场采集回来的视频数据进行验收工作，同时可调用相应的电子图纸及 BIM 模型作为验收参考，最终形成一致的验收报告，联合签名存档到系统（图 9.3-17）。

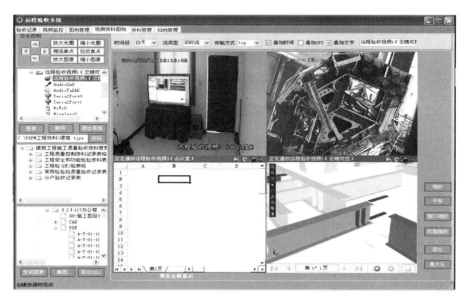

图 9.3-17 远程验收子系统界面

1. 业务功能总体规划

根据以上的具体分析，本系统主要由以下几个功能子系统构成：

（1）远程监控和视频采集子系统

从前端 CCP 塔吊眼监控终端采集相应的现场视频全局信息，以确认验收区域；通过 CCP 便携监控箱可以实现移动便携监控，以支持远程验收。

（2）图档管理子系统

可对本工程的相关图纸、BIM 模型，尤其是和验收相关的图纸及模型进行管理，在验收过程中可以随时调出相应的图纸及 BIM 模型以便进行验收参考。

（3）验收报表子系统

包括验收相关的所有应填表格，通过这个子系统可以完成相关验收结论和报表等内容的填写与维护。

（4）多媒体交互子系统

用于处理验收参加人员之间，特别是验收指挥中心和现场人员的语音等信息的交互。

（5）归档管理工具

对本系统形成的文档进行归档和查询，是授权应用的独立软件。

2. 系统目标

天津 117 大厦由于层数较高，且施工技术难点较多，施工现场较复杂，为此经常需要采用联合检查的方式进行验收，为了保证安全和节约人力物力方面的考虑，本系统需要做到：

（1）满足多部门协同验收的需要；

（2）保证相关专家的安全；

（3）确保钢结构工程的质量，保证交流沟通；

（4）对几百米高度处进行验收，省却在工地办公室与所验收楼层之间行走的时间；

（5）文件记录电子化，通过信息共享提高生产效率；

（6）在对几百米高度处验收时，确保员工的人身安全。

通过本系统最终可以实现：

（1）对工程进行拍照和录像，包括实时录像和定时录像等；

（2）完成对主体结构施工质量的验收，特别是钢结构质量的验收；

（3）对人员不能到达处的工程质量，可利用本系统借助其他工具进行质量验收；

（4）利用本系统，在质量验收的过程中可与现场人员进行文字、图像及声音互通和交流；

（5）本系统的检查记录自动生成电子文档，且便于检索；生成电子文档中包含文字（表格）、现场实物照片、图纸详图及编号、参加验收人员签名等；

（6）可以通过互联网远程邀请相关专家参与验收；

（7）文件记录电子化，通过信息共享提高生产效率。

9.3.6.2 消防预演系统

基于 BIM 的消防预案系统运用 BIM、虚拟现实、物联网、多角色交互等技术，对消防预案进行模拟及演练，同时对各子项目制作的预案进行统一管理，可直观、迅捷地再现项目消防设施及现场环境的详细信息，为现场指挥决策提供身临其境仿真效果（图 9.3-18）。

"三维消防预案系统"核心功能包括：

（1）全景鸟瞰功能，宏观了解单位周边毗邻、街道路和相关救援设施；

（2）全景漫游功能，身临其境地感受现场环境，第一视角熟悉周边情况；

（3）建筑楼体透视功能，直观查看建筑整体结构，疏散通道、出入口等；

（4）逐层查看功能，直接进入建筑任何目标层，查看详细内部结构及该层的相关设施；

（5）快速跳转功能，可以通过按钮触发快速进入重点区域，查看相关设施的详细信息。

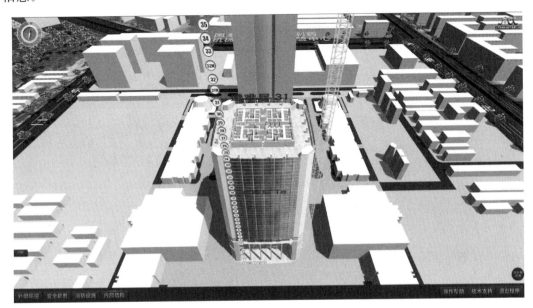

图 9.3-18　消防预演系统界面

9.4　应 用 效 果

9.4.1　建立三大 BIM 实施体系

三大 BIM 实施体系即策划体系、专项应用体系和综合应用体系。

策划体系对 BIM 全生命周期进行策划，制定工作规范、流程，形成 BIM 实施标准，对后续工作的开展起指导作用。

专项应用体系依据策划体系建立的各种标准，进行各专业应用点实施，标准化的专业应用为 BIM 实施综合管理提供准确的数据支持。

综合管理体系中，通过基于 BIM 的总承包项目管理系统的计划管理、生产管理、商务管理的实施，做到项目全员参与，为本工程总承包精细化管理提供数据支持。

三大体系依据天津 117 大厦构建，同时考虑了其他项目的特点，亦可用于其他项目，同时也为其他项目提出了更高的要求。

9.4.2　专项应用效果

（1）BIM 可视化让现场施工交底更直观、准确、易懂；应用 BIM 碰撞检查发现图纸错误及应用 BIM 技术进行的三维交底更直观、准确、易懂（图 9.4-1），提高了施工质量、避免返工，节省工期、节约成本。

图 9.4-1　模型漫游

（2）通过开发研究模型轻量化功能，提高模型加载速度和压缩比例，几何文件压缩 30 倍，内存占用压缩 3.5 倍，加载效率提高 5 倍，解决了本工程模型体量很大，各专业模型集成后，没有软件能够一次性加载的问题。

（3）在钢结构及机电安装方面，应用 BIM 进行的深化设计，提前解决设计存在的问题，生成施工详图及构件清单，减少材料损耗，提高工厂下料效率。如图 9.4-2 和图 9.4-3 所示。

图 9.4-2　机电预制加工及预拼装技术

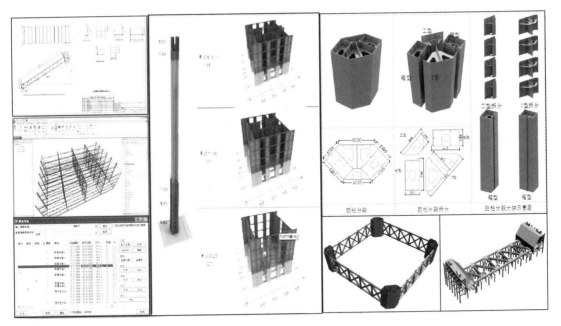

图 9.4-3　钢构件预制加工及预拼装技术

（4）基于 BIM 的三维算量，实现了设计模型与商务管理之间信息共享，达到了一次专业建模满足技术和商务两个应用要求。提高商务算量工作效率 30% 以上，精度误差小于 2%。

9.4.3　综合应用效果

（1）基于 BIM 的进度管理应用，是对传统的工作方式、工作流程、管理模式的一种变革，大大提升了进度管理能力。提高了计划的可行性，避免了项目返工，缩减了工期。

（2）基于 BIM 的图档管理应用，解放了工程人员每天花大量时间进行图纸汇总和查询的时间，查询图纸效率提高了 70% 左右，提高了分包协调管理能力和信息沟通效率，避免了传统模式信息交互不顺畅造成工程拆改返修。

（3）通过使用 BIM 平台，将不同软件创建的模型数据格式进行统一的转换，形成一个可以使用的完整模型数据；通过建立统一的 BIM 规范及标准，为各专业深化设计模型进行统一的管理，以满足模型整合及后期模型数据的要求。解决了深化设计模型完成后在实际工程过程中很难被利用，需要二次建模的难题。